UG NX 10 中文版曲面设计
从入门到精通

麓山文化 编著

机械工业出版社

本书从工业产品设计的角度出发，将曲面设计基础知识与工业产品造型设计相结合，通过 3 个大型综合实例+14 个产品设计实例+150 多个曲面操作实例+1200 分钟的高清视频教学，详细介绍了 UG NX 10 中文版产品曲面设计的流程、方法与技巧。

全书共 12 章，前 8 章介绍 UG NX 10 曲面设计的基础知识，使 UG 初学者能够迅速掌握曲面设计的基本方法，主要内容包括：UG NX 10 曲面设计基础、构造和编辑曲线、由曲线创建曲面、由曲面创建曲面、自由曲面、曲面编辑、曲面分析和逆向工程造型；第 9 章重点介绍 UG NX 10 新增的曲面造型功能——创意塑型；最后 3 章结合三个经典工业产品曲面造型设计实例，综合实战演练前面所学知识，并积累实际工作经验。

全书语言通俗易懂、层次清晰；内容安排上系统全面，将基础知识讲解与实际应用相结合，边讲边练，逐步精通。书中所有案例全部来自工程实践，具有很强的实用性、指导性和良好的可操作性，利于读者举一反三，快速上手与应用。

本书配套光盘包括全书所有实例素材文件和长达 1200 分钟的高清语音视频教学，可以在家享受老师课堂般的生动讲解，有助于提高学习效率和兴趣。

本书既是广大初、中级用户快速掌握 UG 曲面设计的实用指导书，也可作为大中专院校计算机辅助设计课程的指导教材。

图书在版编目（CIP）数据

UG NX10 中文版曲面设计从入门到精通/麓山文化编著.—4 版.—北京：机械工业出版社，2015.3
　ISBN 978-7-111-49642-7

Ⅰ．①U…　　Ⅱ．①麓…　　Ⅲ．①曲面—机械设计—计算机辅助设计—应用软件　Ⅳ．①TH122

中国版本图书馆 CIP 数据核字(2015)第 049935 号

机械工业出版社（北京市百万庄大街22号　邮政编码100037）
策划编辑：曲彩云　　　责任印制：刘　岚
北京中兴印刷有限公司印刷
2015 年 4 月第 4 版第 1 次印刷
184mm×260mm · 28 印张 · 688 千字
0001－3000 册
标准书号：ISBN 978-7-111-49642-7
　　　　　ISBN 978-7-89405-730-3（光盘）
定价：69.00 元（含 1DVD）

凡购本书，如有缺页、倒页、脱页，由本社发行部调换
电话服务　　　　　　　　　　网络服务
服务咨询热线：010-88361066　机工官网：www.cmpbook.com
读者购书热线：010-68326294　机工官博：weibo.com/cmp1952
　　　　　　　010-88379203　金书网：www.golden-book.com
封面无防伪标均为盗版　　　　教育服务网：www.cmpedu.com

前　言

　　Unigraphics（简称 UGS）软件由美国麦道飞机公司开发，于 1991 年 11 月并入世界上最大的软件公司——EDS（电子资讯系统有限公司），该公司通过实施虚拟产品开发（VPD）的理念提供多极化的、集成的、企业级的软件产品与服务的完整解决方案。2007 年 5 月 4 日，西门子公司旗下全球领先的产品生命周期管理（PLM）软件和服务提供商收购了 UGS 公司。UGS 公司从此更名为"UGS PLM 软件公司"（UGS PLM Software），并作为西门子自动化与驱动集团（Siemens A&D）的一个全球分支机构展开运作。

　　UG 从第 19 版开始改名为 UG NX 1，此后又相继发布了 NX 2、NX 3、NX 4、NX 5、NX 6、NX 7、NX 8、NX 9，当前最新版本为 UG NX 10。这些版本均为多语言版本，在安装时可以选择所使用的语言（UG NX 10 全面支持中文）。并且 UG NX 的每个新版本均是前一版本的更新，在功能上有所增强。而各个版本在操作上没有大的改变，因而本书可以适用于 UG NX 各个版本的学习。

1、内容介绍

　　本书共分 12 章，依次介绍 UG NX 10 曲面设计基础、构造和编辑曲线、由曲线创建曲面、由曲面创建曲面、自由曲面、曲面编辑、曲面分析、逆向工程造型、创意塑型以及综合应用实例等。具体内容如下。

　　第 1 章：UG NX 10 曲面设计基础：从工业设计和计算机辅助设计的角度，介绍 UG NX 10 曲面设计的基础知识，并从数学的角度介绍了曲线和曲面的结构特征和连续性，此外还介绍曲面设计的主要思路和构建曲面的方法和技巧。

　　第 2 章：构造和编辑曲线：介绍在 UG NX 10 建模环境中构造和编辑曲线的方法，以及创建常用空间曲线的方法和技巧，为复杂曲面和自由曲面的创建打好坚实基础。并结合电锤手柄、弯头管道和手机上壳曲面 3 个实例，讲解构造和编辑曲线具体操作和技巧。

　　第 3 章：由曲线创建曲面：重点介绍曲线创建曲面的几种主要建模方法，包括曲线生成曲面、直纹面、通过曲线组、通过曲线网格、扫掠曲面和剖切曲面。并通过具体实例——照相机外壳和轿车车身曲面的制作，讲解由曲线创建曲面具体操作和技巧。

　　第 4 章：由曲面创建曲面：重点介绍曲面操作功能，包括桥接曲面、N 边曲面、过渡曲面、延伸曲面、规律延伸、修剪曲面、轮廓线弯边、抽取曲面、偏置曲面、大致偏置曲面。并结合 MP3 耳机外壳和手柄套管外壳实例，详细介绍曲面创建曲面的操作技巧。

　　第 5 章：自由曲面：介绍自由曲面设计的基本知识，包括曲面上的曲线、四点曲面、整体突变、艺术曲面、曲面变形、样式圆角、样式拐角、样式扫掠。并通过具体实例——钓竿支架和鼠标外壳的制作，详细介绍自由曲面的具体操作和技巧。

　　第 6 章：曲面编辑：本章主要介绍曲面的编辑功能，包括修剪的片体、修剪和延伸、X 成形、扩大曲面、片体边界、更改阶次、更改刚度、更改边等功能。并结合空气过滤罩和轿车方向盘实例，讲解曲面编辑的具体操作和技巧。

　　第 7 章：曲面分析：介绍了曲面建模过程中常用的分析方法，包括曲线分析、距离测

量、角度测量、检测几何体、偏差测量、截面分析、高亮线分析、曲面连续性分析、曲面半径分析、曲面反射分析、曲面斜率分析等。并结合触摸手机上壳和旋盖手机上壳实例，详细讲解曲面分析的具体操作和技巧。

第 8 章：逆向工程造型：介绍由点、点云构建曲面的方法，概述逆向工程造型的一般方法，并通过具体实例——电吹风逆向造型的制作，详细介绍逆向造型的基本方法。

第 9 章：创意塑型：创意塑型是 UG NX 10 新增加的造型功能，主要用来创建一些外观不规则、或是很难通过常规曲面建模来产生的模型。本命令的添加丰富了 UG 建模的种类，也有助于提高设计人员所能设计的外形的能力。本章介绍由框架线、框架面构建自由曲面的方法，并通过具体实例——机油壶的制作，详细介绍创意塑型的基本操作。

第 10 章：QQ 玩具造型。本章通过一个 QQ 玩具造型的设计，着重训练网格曲面，以及投影曲线、曲面上的曲线、组合投影等工具的操作，并总结了该实例创建的难点和要点。

第 11 章：汽车机油壶造型。本章以汽车机油壶造型设计为例，讲解艺术样条、网格曲面、扫掠、偏置曲面、修剪的片体、缝合等工具的运用，通过该实例可以更加熟练曲线绘制和曲面编辑工具的运用。

第 12 章：剃须刀曲面造型。本章以剃须刀曲面造型为例，讲解如何灵活运用特征建模工具和自由曲面建模工具，简化建模步骤的技巧。

2、主要特色

☐ **图解式的操作精讲，看图便会操作** 本书针对每个实例的每个操作，均用流程图表达其具体的操作技巧。对各个步骤每个小步操作（比如下拉列表框选项选择，按钮的单击，文本的输入等）均标注顺序号。这样使得本书中的每个实例，作者甚至不用看步骤的文字说明，依次按照图解即可创建出本书的每个实例，可以提高学习效率，在短时间内掌握本书的全部内容。

☐ **高清视频教程，提高学习兴趣和效率** 本书提供配套光盘，光盘中提供了所有实例配套的模型文件、全部实例操作均为高清视频文件。结合本书内容，通过实例操作与视频辅助，可以让读者轻松掌握 UG NX 10 的使用方法。

3、创作团队

本书由麓山文化编著，具体参加编写的有：陈志民、江凡、张洁、马梅桂、戴京京、骆天、胡丹、陈运炳、申玉秀、李红萍、李红艺、李红术、陈云香、陈文香、陈军云、彭斌全、林小群、刘清平、钟睦、刘里锋、朱海涛、廖博、喻文明、易盛、陈晶、张绍华、黄柯、何凯、黄华、陈文轶、杨少波、杨芳、刘有良、刘珊、赵祖欣、齐慧明、梅文、彭蔓、毛琼健、江涛、袁圣超等。

由于编者水平有限，书中错误、疏漏之处在所难免。在感谢您选择本书的同时，也希望您能够把对本书的意见和建议告诉我们。

编者邮箱:lushanbook@qq.com

读者 QQ 群：327209040

麓山文化

目 录

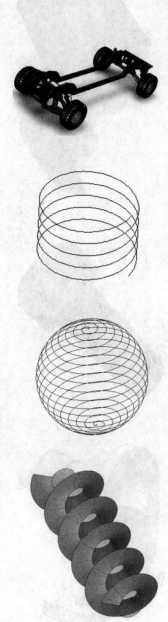

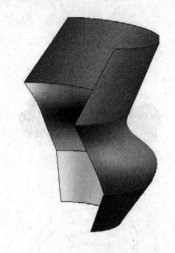

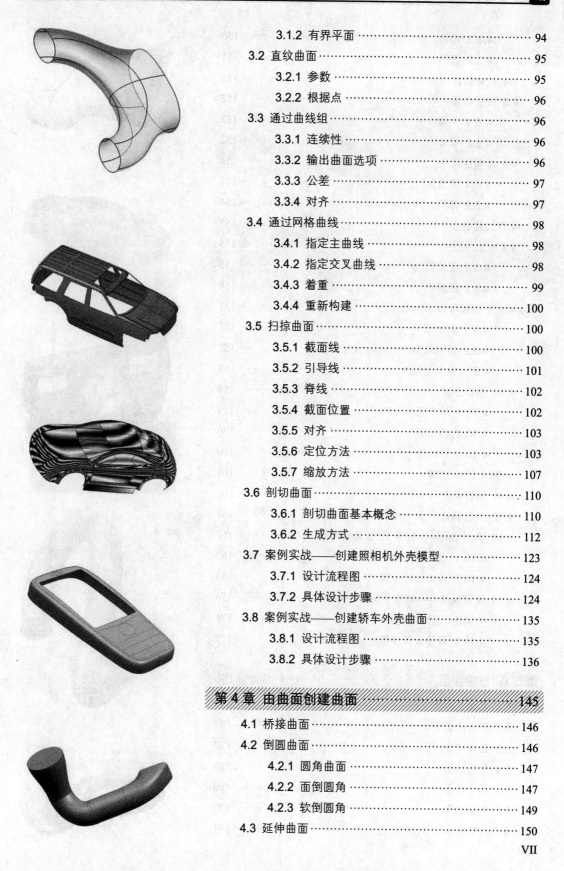

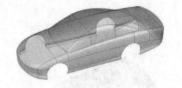

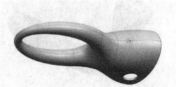

第 1 章
UG NX 10 曲面设计基础

学习目标:

- ➤ UG NX 10 曲面设计概述
- ➤ UG NX 10 新增曲面功能
- ➤ 曲面的数学模型
- ➤ 曲线-曲面的连续性
- ➤ 曲面造型设计思路
- ➤ UG NX 10 曲面设计方法和特点

流畅的曲面外形已经成为现代产品设计发展的趋势。利用 UG 软件完成曲线式流畅造型设计，是现代产品设计迫在眉睫的市场需要，也是本书的核心内容和写作目的。

工业产品的设计水平，是一个国家科学技术、文化素质水平的标志。要在工业产品设计中立于不败之地，必须具备适应产品变革的设计理念，并有效利用设计软件快速将理念转换为模拟产品，然后将其加工制造成真实的产品。在现代 CAD 应用软件中，对 3D 曲面建模的精确描述和灵活操作能力已经是评定三维 CAD 辅助设计功能是否强大的重要标志。UG 作为当今世界最为流行的 CAD/CAM/CAE 软件之一，由于其功能强大，可对产品进行建模、加工、分析设计，能够快速、准确地获得工业造型设计方案。特别是使用 UG 建模功能，不仅能进行实体模型创建，对于形状复杂的曲面产品设计也得心应手，充分体现了在产品设计方面的极大优越性。

本章主要介绍 UG NX 10 曲面造型的基础知识，并从数学的角度介绍曲线和曲面的结构特征和连续性，此外还介绍了曲面设计的主要思路和构建曲面的方法和技巧。

1.1 UG NX 10 曲面设计概述

在现代工业设计环境中，三维 CAD 软件已经随着社会发展的步伐一步一步地革新和转变，特别是在曲面造型技术的发展和突变中，更是取得了日新月异的飞跃。小至一款简单的日用小饰品，大到电器以及汽车等工业品的发展，都体现了这方面的变化和发展。

在这些工业设计中，强大的三维软件 UG、Pro/E 等是用来创建此类曲面的主要应用软件，使不同的产品能够更快速准确地解决自由曲面造型的问题。这些工程三维软件共同的特点是能够提供工业设计师进行概念设计、创意建模和渲染出不同的真实效果。它们不仅能够完成工业设计的要求，而且具有功能强大的结构建模能力，对于整个工程的制造生产更是提供了强大的支持。

1.1.1 曲面造型的发展概况

随着计算机图形显示对真实性、实时性和交互性要求的日益增强，几何设计对象向着多样性、特殊性和拓扑结构复杂性靠拢这一趋势日益明显，以及图形工业和制造工业迈向一体化、集体化和网络化步伐的日益加快，曲面造型技术近几年得到了长足的发展，主要表现在研究领域的急剧扩展。

从研究领域来看，曲面造型技术已从传统的研究曲面表示、曲面求交和曲面拼接、扩展到曲面变形、曲面重建、曲面简化、曲面转换和曲面等距性。

1. 曲面变形

传统的约束曲面模型仅允许调整控制顶点或权因子来局部改变曲面形状，至多利用层次化模型在曲面特定点进行直接操作；一些简单的基于参数曲线的曲面设计方法，如扫描、旋转法和拉伸法也仅允许调整生成曲线来改变曲面形状。计算机动画和实体造型业迫切需要发展与曲面表示方式无关的变形方法或形状调配方法，于是产生了自由变形法、基于弹性变形或热弹性力学等物理模型的变形法、基于求解约束的变形法、基于几何约束的变形法等曲面变形技术、以及基于多面体对应关系的曲面形状调配技术。

2．曲面重建

在精致的轿车车身设计或人脸类雕塑曲面的动画制作中，通常利用油泥制模，再进行三维型值点采样。在医学图像可视化中，也常用 CT 扫描来得到人体脏器表面的三维数据点。

从曲面上的部分采样信息来恢复原始曲面的几何模型，称为曲面重建。采样工具为激光测距扫描器、医学成像仪、接触探测数字转换器、雷达或地震探测仪器等。根据重建曲面的形式，它可分为函数型曲面重建和离散型曲面重建。前者的代表如离散点集拟合法，后者的常用方法是建立离散点集的平面片逼近模型。

3．曲面简化

与曲面重建一样，曲面简化这一研究领域目前也是国际热点之一。其基本思想是从三维重建后的离散曲面或造型软件的输出结构（主要是三角网络）中去除冗余信息，同时又保证模型的准确度，以利于图形显示的实时性、数据存储的经济性和数据传输的快速性。对于多分辨率曲面模型而言，这一技术还有利于建立曲面的层次逼近模型，进行曲面的分层显示、传输和编辑。具体的曲面简化方法有网格顶点剔除法、网格边界删除法、最大平面逼近多边形法以及参数化重新采样法。

4．曲面转换

同一张曲面可以表示为不同的数学形式，这一思想不仅具有理论意义，而且具有工业应用的现实意义。例如，NURBS 曲面设计系统与多项式曲面设计系统之间的数据传递和无纸化生产工艺。

5．曲面等距性

曲面等距性在计算机图形及加工中有着广泛的应用，因而成为这几年的热门课题之一。例如，数控机床的刀具路径设计就要研究曲线的等距性。但从数学表达式中容易看出，一般而言，一条平面参数曲线的等距曲线是有理曲线，这就超越了通用 NURBS 系统的使用范围，造成了软件设计的复杂性和数值计算的不稳定性。

此外，曲面造型在表示方法上也进行了极大地革新，以网格细分为特征的离散造型与传统的连续造型相比，大有后来居上的创新之势，这种曲面造型方法能够创建出生动逼真的特征动画和雕塑曲面。

1.1.2　UG NX 10 曲面常用术语

在创建曲面的过程中，许多操作都会出现专业性概念及术语，为了能够更准确地理解创建规则曲面和自由曲面的设计过程，了解常用曲面的术语及功能是非常必要的。

1．曲面和片体

在 UG NX 10 中，片体是常用的术语，主要是指厚度为 0 的实体，即只有表面，没有

重量和体积。片体是相对于实体而言的，一个曲面可以包含一个或多个片体，并且每一个片体都是独立的几何体，可以包含一个特征，也可以包含多个特征。在 UG NX 10 中任何片体、片体的组合以及实体上的所有表面都是曲面，实体与片体如   图 1-1 所示。

  曲面从数学上可分为基本曲面（平面、圆柱面、圆锥面、球面、环面等）、贝塞尔曲面、B 样条曲面等。贝塞尔曲面与 B 样条曲面通常用来描述各种不规则曲面，目前在工业设计过程中非均匀有理 B 样条曲面已作为工业标准。

2. 曲面的行与列

  在 UG NX 10 中，很多曲面都是由不同方向的点或曲线来定义。通常把 U 方向称为行，V 方向称为列。曲面也因此可以看作 U 方向为轨迹引导线对很多 V 方向的截面线做的一个扫描。可以通过网格显示来查看 UV 方向曲面的走向，如   图 1-2 所示。

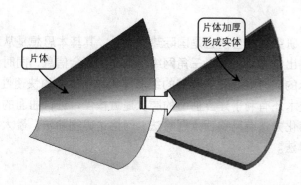

图 1-1 实体与片体

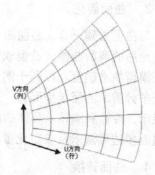

图 1-2 曲面的行与列

3. 曲面的阶次

  阶次属于一个数学概念，它类似于曲线的阶次。由于曲面具有 U、V 两个方向，所以每个曲面片体均包含 U、V 两个方向的阶次。

  在常规的三维软件中，阶次必须介于 1~24 之间，但最好采用 3 次，因为曲线的阶次用于判断曲线的复杂程度，而不是精确程度。简单一点说，曲线的阶次越高，曲线就越复杂，计算量就越大。一般来讲，最好使用低阶次多项式的曲线。

4. 曲面片体类型

  实体的外曲面一般都是由曲面片体构成的，根据曲面片体的数量可分为单片和多片两种类型。其中单片是指所建立的曲面指包含一个单一的曲面实体；而曲面片是由一系列的单补片组成的。曲面片越多，越能在更小的范围内控制曲面片体的曲率半径等，但一般情况下，尽量减少曲面片体的数量，这样可以使所创建的曲面更加光滑完整。

5. 栅格线

  栅格线仅仅是一组显示特征，对曲面特征没有影响。在"静态线框"显示模式下，曲面形状难以观察，因此栅格线主要用于曲面的显示，如图 1-3 所示。

1.1.3　曲面的分类

在工程设计软件中，曲面概念是一个广义的范畴，包含曲面体、曲面片以及实体表面和其他自由曲面等，这里不再细致介绍此类名称上面的一些分类方法，而是根据工艺属性和构造特点来分类并介绍曲面的类型。

1. 根据曲面的构造方法分类

在计算机辅助绘图过程中，曲面是通过指定内部和外部边界曲线进行创建的，而曲线的创建又是通过单个或多个点作为作为参照来完成。因此可以说曲面是由点、线和面构成，分别介绍如下。

❏　点表示曲面

点构造方法生成的曲面是非参数的，即生成的曲面与构造点没有关联性。当构造点进行编辑、修改后，曲面将不会产生关联性的更新，所以这种方法一般情况下不多用。例如在设计时最常见的极点和点云，如图 1-4 所示。

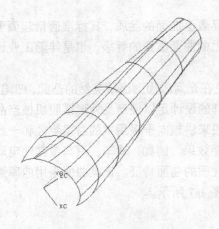

图 1-3　栅格显示效果

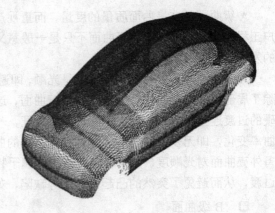

图 1-4　汽车外壳点云

❏　线生成曲面

曲线构造方法与点不同，通过曲线可生成全参数化的曲面特征，即对构造曲面的曲线进行编辑、修改后，曲面会自动更新，这种方法是最常用的曲面构造方法。例如有界平面、拉伸曲面、网格曲面、曲面扫描，如图 1-5 所示。

❏　已有曲面生成曲面

这种方法又叫派生曲面构造方法，是指通过对已有的曲面进行桥接、延伸、偏置等来创建新的曲面。对于特别复杂的曲面，仅仅利用曲线的构造方法有时很难完成，此时借助于该方法非常有用。另外，这种方法创建的曲面基本都是参数化的，当参考曲面被编辑时，生成曲面会自动更新。例如汽车车身的曲面设计，如图 1-6 所示。

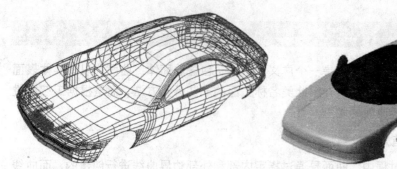

图 1-5　轿车外壳曲线　　　　　　　图 1-6　跑车外壳曲面片体

2. 根据工艺属性分类

随着现代社会的不断发展，UG、Pro/E、CATIA 和 SolidWorks 等三维软件广泛应用于工业产品的设计领域。随着美学和舒适性要求的日益提高，对各个工业性产品，如汽车外壳等提出了 A 级曲面的概念，对比 A 级曲面从而衍生出 B 级曲面和 C 级曲面等不同的品质要求。

❑ **A 级曲面**

A 级曲面并非是曲面质量的度量，而重视产品表面曲面的品质，其标准通常起源于客户工程的需求及要求。A 级曲面不只是一般意义上的曲面质量的等级，也是伴随工业设计的发展而产生的一种通称。

A 级曲面最重要的一个特性就是光顺，即避免在光滑表面上出现突然的凸起、凹陷等。除了局部细节需要曲率逐渐变化的过渡曲面，这样的设计足以使产品外形摆脱机械产品生硬的过渡连接。另一个特性是除了细节特征，一般来讲趋向于采用大的曲率半径和一致的曲率变化，即无多余的拐点，体现完美柔和的曲面效果。例如，轿车、汽车或其他电动设备外壳曲面对光顺度、美学要求比较高、属于特优质的曲面特征。该类曲面采用曲率逐渐过渡，从而避免了突然的凸起、凹陷等缺陷，如图 1-7 所示。

❑ **B 级曲面**

一般汽车内部钣金件、结构件大部分都是初等解析几何面构成，这部分曲面与 A 级曲面设计立足点完全不同，它注重性能和工艺要求，而不必过于考虑人性化的设计。在满足性能及工艺要求后就可以认为达到要求，这一类曲面通常称为 B 级曲面。

对于一个产品来说，从外观上看不到的地方都可做成 B 级别曲面，例如底板等大型不可见的曲面零部件，如图 1-8 所示。这样无论对于结构性能，还是加工成本来说，都是有益的。

❑ **C 级曲面或要求更低的曲面**

这种曲面在 CAD 工程中比较少用，例如用于汽车内部结构支撑件，如内部支架等。一般是使用者或客户不能直视的部分。大多情况下用在雕塑和快速成型等方法创建而成的曲面，在 CAD 工程中一般做成 B 级曲面。

图 1-7　A 级曲面创建轿车壳体

图 1-8　B 级曲面创建越野车底盘

1.2　UG NX 10 新增曲面功能

　　UG NX 10 在 UG NX 9 的基础上新增了许多功能，也对现有的一些命令进行了改进。本书由于篇幅所限，只介绍新增的常规命令和曲面命令。

1.2.1　UG NX 10 常规新增功能

　　UG NX 10 以全新的 Ribbon 界面代替了之前版本的菜单栏和工具条界面，使功能区更紧凑，工具按钮的位置更清晰，提高了设计效率。除了界面的变化，UG NX 10 在功能方面也有多项革新，\的常规新增功能简单介绍如下：

1.　操作界面更新

　　UG NX 10 的操作界面是用户对文件进行操作的基础，如图 1-9 所示为选择了新建"模型"文件后 UG NX 10 的初始工作界面，工作界面主要由选项卡、功能区、上边框条、菜单按钮、导航区、工作区（绘图区）及状态栏等部分组成。在绘图区中已经预设了三个基准面和位于三个基准面交点的原点，这是建立零件最基本的参考。

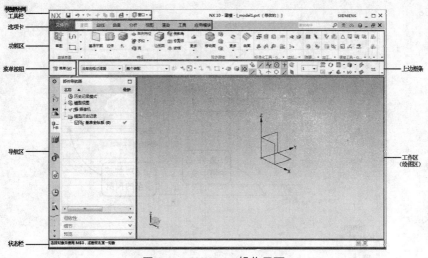
图 1-9　UG NX 10 操作界面

可以发现 UG NX 10 的界面风格与之前版本的不一样，是类似于 Windows 的浅绿色轻量级风格。如果要转换为以前的经典黑色操作界面的话，可以在菜单按钮中选择"首选项"→"用户界面"选项，打开"用户界面首选项"对话框（也可以通过快捷键 Ctrl+2 来打开），然后在其中的"NX 主题"下拉列表中选择"经典"选项，即可将 UG NX 的界面转换为以前的风格，如图 1-10 所示。

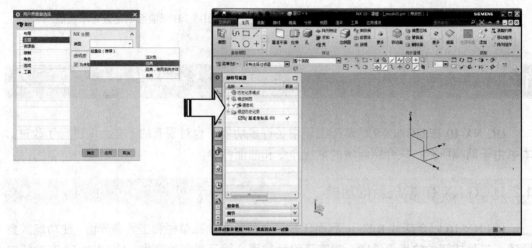

图 1-10 设置 UG 界面主题

考虑到读者在接触 UG NX 10 之前使用的是低版本的 UG，所以本书插图一律采用经典模式的界面，以符合读者的使用和观看习惯。

2. UG NX 10 全面支持中文

相比于之前的 UG 版本，UG NX 10 最大也最为直观的改进就是对于文件、文件路径中文名的支持。以前版本的 UG 文件名只能由字母、符号和数字组成，而 UG NX 10 可以直接指定中文名称，路径中的文件夹也可以包含中文，不需要做任何参数上的更改。如图 1-11 所示。

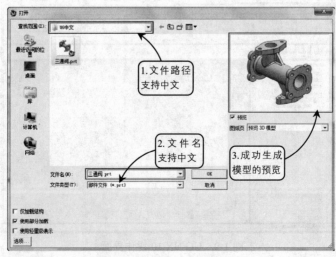

图 1-11 UG NX 10 支持中文

3. 新增"极点"捕捉

在上边框条的捕捉区域中，新增加了"极点"捕捉，如图 1-12 所示。可以对曲面和曲线的极点进行捕捉。

> 新增"极点"捕捉

图 1-12　新增"极点"捕捉

1.2.2　UG NX 10 曲面新增功能

UG NX 10 的曲面造型功能更为强大，也更易掌握。在 UG NX 9 的曲面模块上进行修整和完善，新增了"创意塑型"功能，对部分命令也进行了调整。

1. 新增"创意塑型"功能

创意塑型是 UG NX 9 新增加的测试用可选功能，而 UG NX 10 在此基础之上进行了补充和完善，并正式加入到 UG 的命令组中。创意塑型是一种快速建模，类似于 3Ds max 中的建模方式，不依靠数据，而是依靠体素元素进行建模，建模过程相当于捏橡皮泥。相较于传统的建模方式，具有快速、灵活的特点，是未来建模的趋势，也是 UG NX 的重点发展方向。

创意塑型的建模可以直接从体素形状开始，操控周围的"箱子"以根据需要使形状变形。可以将箱子的各个面细分成所需数量，以更好地进行控制。使用创意塑型功能可轻松创建平滑过渡，并且有许多选项可用于创建形状。最终产品为高质量的 B 曲面，可作为编辑性很好的 NX 特征，并且所需时间不到以前方法的一半。这样，您就可以快速实现理念概念化而无需专业知识。创意塑型可以与其他造面和设计工具结合（或一起）使用。

在菜单按钮中选择"插入"→"创意塑型"选项 创意塑型(Z)...，即可以进入"创意塑型"模块，功能区界面变更如图 1-13 所示。

图 1-13　"创意塑型"模块

在"创意建模"的"创建"选项卡中，包含有"体素形状""拉伸框架""放样框架""扫掠框架""管道框架"等主要创建方法。每一种命令的操作方法都与"建模"模块下的大体相同，只不过截面"草图"需要转换为"折线"，所创建出来的模型也包含"框架顶点"，如图 1-14 所示。

通过编辑"框架顶点"，对其进行拖移，便可以得到任意的模型，如图 1-15 所示。

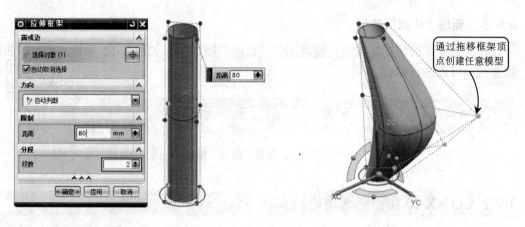

图 1-14 "拉伸框架"对话框　　　　　　　图 1-15 对 "框架顶点" 进行拖移建模

2. "修剪和延伸"命令的调整

"修剪与延伸"分为两个独立命令。以前版本在使用"修剪与延伸" 命令时，只能对模型进行简单的延伸与剪切式修剪，而新版本中新增"延伸片体" 命令，且能在"偏置"文本框中输入负值，对曲面进行缩短。该命令在第 6 章有详细介绍。

1.3 曲面的数学模型

曲面是空间具有两个自由度的点的轨迹，常见的有平面、旋转面和二次曲面。二次曲面指任何 N 维的超曲面，其定义为多元二次方程的解的轨迹。

1.3.1 曲线-曲面的结构特征

在工程设计时，造型曲线是创建曲面的基础，曲线创建得越平滑，曲率越均匀，则获得曲面的效果将越好。此外使用不同类型的曲线作为参照，可创建各种样式的曲面效果，例如使用规则曲线创建规则曲面，而使用不规则曲线将获得不同的自由曲面效果。

1. 曲线的结构特征

曲线可看作是一个点在空间连续运动的轨迹。按点的运动轨迹是否在同一平面，曲线可分为平面曲线和空间曲线；按点的运动有无一定规律，曲线又可分为规则曲线和不规则曲线。

因为曲线是点的集合，所以画出曲线上的一系列点的投影，并将各点的同面投影依次光滑连接，得到该曲线的投影，这是绘制曲线投影的一般方法。若能画出曲线上一些特殊的点，如最高点、最低点、最左点、最右点、最前点及最后点等，则可更确切地表示曲线。

❑ 曲线的投影性质

曲线的投影一般仍为曲线，如图 1-16 所示曲线 L，当它向投影面进行投影时，形成一个投射柱面，该柱面与投影平面的交线必为一曲线，故曲线的投影仍为曲线。属于曲线的点，它的投影属于该曲线在同一投影面上的投影。如图 1-16 所示点 D 属于曲线 L，则它的投影点 d 必属于曲线的投影 I；属于曲线某点的切线，它的投影与该曲线在同一投影面的投影仍相切于切点的投影。

❑　**曲线的阶次**

由不同幂指数变量组成的表达式称为多项式。多项式中最大指数称为多项式的阶次，例如：$6X^3+3X^3-8X=10$(阶次为 3 阶)，$5X^4+6X^3-7X=10$（阶次为 4 阶）。

曲线的阶次用于判断曲线的复杂程度，而不是精确程度。简单一点说，曲线的阶次越高，曲线就越复杂，计算量就越大。而使用低阶曲线更加灵活，更加靠近它们的极点，使得后续操作（显示、加工、分析等）运行速度更快，也便于与其他 CAD 系统进行数据交换，因为许多 CAD 只接受 3 次曲线。

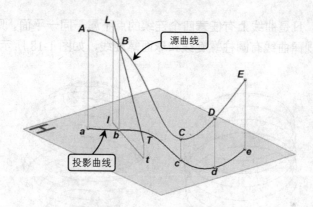

图 1-16　曲线投影到指定平面上

使用高阶曲线常常会带来如下弊端：灵活性差，可能引起不可预知的曲率波动，造成与其他 CAD 系统数据交换时的信息掉失，使得后续操作（显示、加工、分析等）运行速度变慢。一般来讲，最好使用低阶多项式，这就是为什么在 UG、Pro/E 等 CAD 软件中默认的阶次都为低阶的原因。

❑　**规则曲线**

规则曲线就是按照一定规律分布的曲线特征。规则曲线根据结构分布特点可分为平面和空间规律曲线，分别介绍如下：

平面规则曲线：凡曲线上所有的点都属于同一平面，则该曲线称为平面曲线。常见的圆、椭圆、抛物线和双曲线等可以用二次方程描述。平面曲线除具有上节所述的投影性质外，还有下列投影性质：平面曲线所在的平面平行于某一投影面时，则在该投影面的投影，反映曲线的实形，如图 1-17 所示；平面曲线所在的平面垂直于某一投影面时，则在该投影面的投影，积聚成一条直线；平面曲线上某些奇异点的投影保持原有性质，即曲线的拐点、尖点及两重点投影后仍为曲线投影的拐点、尖点及两重点。此外，抛物线、双曲线、椭圆的投影为椭圆。

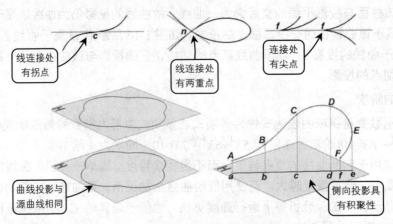

图 1-17　创建平面规则曲线

空间规则曲线：凡是曲线上有任意四个连续的点不属于同一平面，则称该曲线为空间曲线。常见的空间规律曲线有圆柱螺旋线和球面螺旋线，如图 1-18 所示。

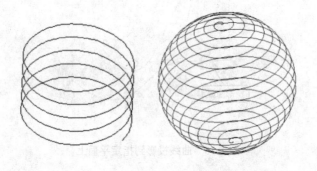

图 1-18　圆柱和球面螺旋曲线

不规则曲线又称自由曲线，是指形状比较复杂、不能用二次方程准确描述的曲线。自由曲线广泛用于汽车、飞机、轮船的计算机辅助设计中。其涉及的问题有两个方面：一是对已知自由曲线，通过交互方式加以修改，使其满足设计者的要求；二是由已知的离散点确定曲线。使用平面离散点获得曲线特征，则必须首先通过拟合方式形成光滑的曲线。离散点确定了曲线的大致形状，拟合就是强制曲线沿着这些点绘制出样条曲线，通常情况下为创建更加光滑的曲线，可将几个曲线段彼此首尾相连拼接，这就要求曲线连接处有连续的一阶和二阶导数，从而保证各曲线段的光滑连接。拟合曲线可以通过下面两种方法获得。

插值拟合：该方法要求构造的曲线依次通过一组离散点（称为型值点）并满足光滑性要求，称作插值样条曲线。在设计的最初阶段，型值点的确定往往是不精确地，需要修改，而插值曲线不能直接通过修改离散点的坐标控制和修改曲线的形状，如图 1-19 所示。以插值方法构造的自由曲线，一般用于绘图或动画设计。

逼近拟合：要求构造的曲线最逼近所给定的数值点（称为控制点），称作逼近样条曲线。将控制点用直线段连接起来，称为曲线的控制图（或称为控制多边形），如图 1-20 所示。包含一组控制点的凸多边形边界称为"凸包"，每个控制点均在凸包之内或凸包边界上，曲线以凸包为界，保证沿控制点平滑前进。凸包提供了曲线与控制点区域间的偏差测量。

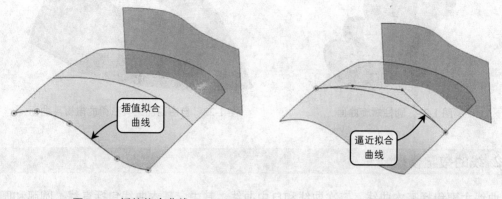

图 1-19　插值拟合曲线　　　　　　　图 1-20　逼近拟合曲线

2．曲面的结构特征

在工程上经常会遇到各种曲面，如某些机器零件的表面、飞机机身、汽车外壳以及船体表面等，为了表示这些曲面，必须熟悉曲面的形成和创建方法。由于曲线分为规则与不规则曲线，则使用这些曲线参照所获得的曲面同样有规则和不规则曲面两类，分别介绍如下。

❑　规则曲面

规则曲面可看作是一条母线按照一定规律运动所形成的轨迹，母线在曲面上的任何一个位置统称为曲面的素线，而控制母线做规则运动的一些不动的几何元素称为导元素。按母线的形状不同，常见的规则曲面可分为直纹和曲纹曲面。其中，直母线形成的曲面称为直纹曲面，它又可分为单曲面和扭曲面；由曲母线形成的曲面称为曲纹曲面，它又可分为定线曲面和变线曲面。

既然规则曲面由母线沿导元素运动而成，故表示一个曲面时，必须首先表示该曲面的母线及导元素，这样该曲面的性质就被确定。然后为了清晰起见，还需画出该曲面上的轮廓线及外视转向线。对于复杂的曲面，还需表示出曲面上的某些素线或交线。例如利用柱状面创建螺旋输送器曲面特征，正螺旋柱状面的两条曲导线皆为圆柱螺旋线，连续运动的直母线始终垂直于圆柱轴线，效果如图 1-21 所示。

❑　不规则曲面

随着现代汽车和飞机制造工业的发展，对自由曲面建模提出了更高的要求，现代研究方法突破了许多运动学理论和工程实践问题。有效解决了不规则曲面的设计难题，使用不同的方法可创建不同的自由曲面。一条自由曲线可以由一系列的曲线段连接而成。类似地，一个自由曲面也可以看作一系列曲面拼合而成，如图 1-22 所示。

图 1-21　圆柱螺旋曲面

图 1-22　自由曲面工具获得的电熨斗曲面

1.3.2　线的数学模型

曲线主要包括基本曲线、二次曲线和自由曲线。其中，基本曲线包括直线、圆弧和圆等。二次曲线包括椭圆、双曲线、抛物线、螺旋线和一般二次曲线等。自由曲线又分为 Bézier（贝塞尔）曲线、B 样条曲线和非均匀有理 B 样条曲线等。自由曲线是一般函数不能表达的曲线。现实生活中这种曲线比比皆是，如汽车发动机的气道等。基本曲线和二次曲线比较简单，不再叙述，下面主要对自由曲线进行简要的介绍。

1.　Bézier（贝塞尔）曲线

Bézier 曲线的每一段 k 阶曲线可以表示如下：

$$p_k(u) = \sum_{i=0}^{k} Q_i C(k,i) u^i (1-u)^{k-i} \quad u \in [0,1] \tag{1-1}$$

其中
$$C(k,i) = \frac{k!}{i!(k-i)!}$$

Bézier 曲线是曲线造型中的一个里程碑，它以逼近原理为基础，应用 Bézier 曲线逼近自由曲线或由设计师勾画的草图，真正起到"辅助设计"的作用。Bézier 曲线在 CAD/CAM 领域发挥了重要的作用。

Bézier 曲线也有其缺点。首先，Bézier 曲线不具备局部性，即特征多边形的每一个控制点都对曲线的形状产生影响，修改一处就会影响整条曲线的形状，故不能作局部修改；其次，当曲线的形状复杂时，需要增加特征多边形的顶点数，曲线的幂次也随之增高，从而增加了计算量；最后，当曲线的幂次较高时，Bézier 曲线的形状与其定义的多边形有较大差异时，不够直观。吸收 Bézier 曲线的优点，去除其缺点，就产生了 B 样条曲线。

2.　B 样条曲线

B 样条曲线的参数方程表示如下：

$$r(u) = \sum_{i=0}^{k} Q_i N_{k,i}(u) \tag{1-2}$$

其中Q_i是控制点，$N_{k,j}(u)$为基函数，k为B样条曲线的阶次。B样条曲线的基函数可以递推为：

$$N_{1,i}(u)=\begin{cases}1 & u_i \leq u \leq u_{i+1}\\0 & 其他\end{cases}$$

$$N_{k,i}(u)=\frac{u-u_i}{u_{i+k-1}-u_i}N_{k-1,i}(u)+\frac{u_{i+k}-u}{u_{i+k}-u_{i+1}}N_{k-1,i+1}(u)$$

其中u_i为节点值。若节点值等间隔，则对应均匀B样条曲线，否则为非均匀B样条曲线。三阶B样条曲线的形式为：

$$P_i(u)=\frac{1}{6}\begin{bmatrix}u^3 & u^2 & u & 1\end{bmatrix}\begin{bmatrix}-1 & 3 & -3 & 1\\3 & -6 & 3 & 0\\-3 & 0 & 3 & 0\\1 & 4 & 1 & 0\end{bmatrix}\begin{bmatrix}Q_i\\Q_{i+1}\\Q_{i+2}\\Q_{i+3}\end{bmatrix} \qquad （1-3）$$

均匀B样条曲线的特点是节点等距分布，由于各节点集形成B样条函数相同，故可看作同一条B样条曲线的简单平移。一般情况下，应用均匀B样条方法可获得满意的结果，而且计算效率高。但均匀B样条曲线存在如下问题：1）不能贴切地反映控制顶点的分布特点；2）当型值点分布不均匀时，难以获得理想的插值曲线。对于这两种情况，可借助非均匀B样条曲线以获得良好的效果。此外，在自由曲线设计中经常会遇到传统的圆锥曲线，但无论是均匀B样条曲线还是非均匀B样条曲线都不能对其作精确表示。在此种情况下，需要应用均匀有理B样条曲线，即NURBS曲线。NURBS曲线可以用同一的方式表示一条由直线、圆锥曲线和自由曲线构造的复合曲线。

1.3.3 曲面的数学模型

上节介绍了Bézier曲线与B样条曲线的数学模型，则使用这些曲线模型所获得的曲面同样有Bézier曲面与B样条曲面模型，分别介绍如下：

1. Bézier曲面

Bézier曲面的参数表示形式如下：

$$r(u,v)=\sum_{i=0}^{k}\sum_{j=0}^{k}Q_{ij}N_i(u)N_j(v) \qquad u\in[0,1] \quad v\in[0,1] \qquad （1-4）$$

其中 $$N_i(u)=\frac{k!}{i!(k-i)!}u^i(1-u)^{k-i} \quad N_j(u)=\frac{k!}{j!(k-j)!}u^j(1-u)^{k-j}$$

控制多边形的4个角点落在曲面的4个角点上，其他控制点一般不在曲面上，控制多边形4条边界即定义了曲面的4条边界。三阶Bézier曲面可以表示为如下形式。

$$r(u,v)=UMQM^TV^T \qquad （1-5）$$

其中

$$U = \begin{bmatrix} 1 & u & u^2 & u^3 \end{bmatrix} \qquad F = \begin{bmatrix} 1 & v & v^2 & v^3 \end{bmatrix}^T$$

$$M = \begin{bmatrix} 1 & 0 & 0 & 0 \\ -3 & 3 & 0 & 0 \\ 3 & -6 & 3 & 0 \\ -1 & 3 & -3 & 1 \end{bmatrix} \qquad Q = \begin{bmatrix} Q_{00} & Q_{01} & Q_{02} & Q_{03} \\ Q_{10} & Q_{11} & Q_{12} & Q_{13} \\ Q_{20} & Q_{21} & Q_{22} & Q_{23} \\ Q_{30} & Q_{31} & Q_{32} & Q_{33} \end{bmatrix}$$

它表示可以用 16 个控制点确定三阶 Bézier 曲面。Bézier 曲面与 Bézier 曲线一样不具有局部修改性。只要修改一处控制点，曲面就发生变化。曲面片之间不具有曲率连续性，如果要达到曲率连续的条件就要对控制点提出要求。为解决这个问题，引入 B 样条曲面，B 样条曲面同 B 样条曲线一样较好地解决了这个问题。

2. B 样条曲面

B 样条曲面表示形式如下：

$$r(u,v) = \sum_{i=0}^{k} \sum_{j=0}^{k} Q_{ij} N_{k,i}(u) N_{k,j}(v) \tag{1-6}$$

其中 $N_{k,i}(u)$、$N_{k,i}(v)$ 与 B 样条曲线的基函数完全相同。三阶 B 样条曲线的参数表示方式为：

$$r(u,v) = \sum_{i=0}^{3} \sum_{j=0}^{3} Q_{ij} N_{3,i}(u) N_{3,j}(v) \tag{1-7}$$

它是由 16 个控制点确定一个曲面片。三阶 B 样条曲面内部的二阶曲率是连续的。

1.4 曲线-曲面的连续性

1.4.1 曲线的连续性

曲线的连续性包括位置连续性（G0）、相切连续性（G1）、曲率连续性（G2）和流连续性（G3）这 4 种连续性，分别说明如下：

1. 位置连续性（G0）

曲线的位置连续性是指新构造的曲线直接连接两个端点。例如在构造桥曲线 1 和曲线 2 的桥接曲线时，指定桥接曲线的连续性为位置连续后，桥接曲线将曲线 1 和曲线 2 的两个端点连结起来。构造的曲线不与曲线 1、曲线 2 相切，如图 1-23a 所示。

2. 相切连续性（G1）

曲线的相切连续性是指在位置连续的基础上，新构造的曲线将在曲线 1 和曲线 2 的端点处与曲线 1 和曲线 2 相切。例如在构造曲线 1 和曲线 2 的桥接曲线时，指定桥接曲线的连续性为相切连续后，桥接曲线在曲线 1 的端点处与曲线 1 相切，同样地，桥接曲线在曲线 2 的端点处与曲线 2 相切，如图 1-23b 所示。

3. 曲率连续性（G2）

曲线的曲率连续性是指在相切连续的基础上，新构造的曲线在曲线 1 和曲线 2 的端点处与曲线 1 和曲线 2 的曲率大小和方向相同。例如在构造曲线 1 和曲线 2 的桥接曲线时，指定桥接曲线的连续性为曲率连续后，桥接曲线在曲线 1 的端点处不仅要与曲线 1 相切，而且还要与曲线 1 在端点处的曲率大小和方向相同，同样的，桥接曲线在曲线 2 的端点处与曲线 2 相切，且曲率大小和方向也相同，如图 1-23c 所示。

4. 流连续性（G3）

曲线的流连续性是指在曲率连续的基础上，新构造的曲线在曲线 1 和曲线 2 的端点处与曲线 1 和曲线 2 的曲率变化率连续。例如在构造曲线 1 和曲线 2 的桥接曲线时，指定桥接曲线的连续性为流连续后，桥接曲线在曲线 1 的端点处不仅要与曲线 1 的曲率相同，而且还要与曲线 1 在端点处的曲率变化连续，同样的，桥接曲线在曲线 2 的端点处与曲线 2 曲率相同，且曲率变化率也相同，如图 1-23d 所示。

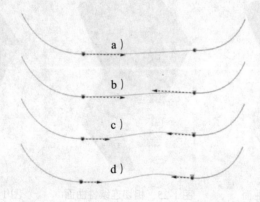

图 1-23　曲线的连续性

从上述说明中可知，位置连续性（G0）、相切连续性（G1）、曲率连续性（G2）和流连续性（G3）对曲线的连续性要求依次增高。

1.4.2　曲面的连续性

曲面的连续性一般包括位置连续性（G0）、相切连续性（G1）和曲率连续性（G2），这 3 种连续性分别说明如下：

1. 位置连续性

曲面的位置连续性是指新构造的曲面与相连的曲面直接连接起来即可，不需要在两个曲面的相交线处相切。例如，在采用"通过曲线组曲面"创建曲面时，指定新创建的曲面和连接曲面之间的连续性为位置连续，则新创建的曲面和相连曲面之间直接连接即可，相交线处不需要相切，如图 1-24 所示。

2． 相切连续性

曲面的相切连续性是指在曲面位置连续的基础上，新创建的曲面与相连曲面在相交线处相切连续，即新创建的曲面在相交线处与相连曲面在相交线处具有相同的法线方向。例如，在采用"通过曲线组曲面"创建曲面时，指定新创建的曲面和连接曲面之间端的连续性为相切连续性，则新创建的曲面和相连曲面在相交线处具有相同的法线方向，如 图 1-25 所示。

3． 曲率连续性

曲面的曲率连续性是指在曲面相切连续的基础上，新创建的曲面与相连曲面在相交线处曲率连续。例如，在采用"通过曲线组曲面"创建曲面时，指定新创建的曲面和连接曲面之间端的连续性为曲率连续性，则新创建的曲面和相连曲面在相交线处曲率连续，如图 1-26 所示。

从上述说明中可知，位置连续性（G0）、相切连续性（G1）和曲率连续性（G2）对曲面的连续性要求也依次增高，关于曲面的连续性分析将在第 7 章作详细介绍。

  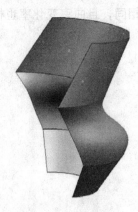

图 1-24　位置连续性曲面　　　　图 1-25　相切连续性曲面　　　　图 1-26　曲率连续性曲面

1.5 曲面造型设计思路

在使用 CAD/CAM 软件进行三维造型设计中会发现，尽管现有的 CAD/CAM 软件提供了十分强大的曲面造型功能，但对于习惯于实体建模的读者，面对众多造型功能普遍感到无从下手，即使是一些有经验的造型人员，也常常在造型思路或功能使用上存在一些误区，使产品造型的正确性和可靠性打了折扣。为突破这个造型思路或功能上的设计误区，需要尽快掌握曲面设计的一般学习方法和步骤，这样在进行曲面设计的过程中，才能有清晰的设计思路和方法，从而准确、有效地完成设计任务。

1.5.1　曲面造型的学习方法

UG 软件有着强大的曲面设计功能，要想在短时间内达到学会使用 UG 曲面造型的目标，掌握正确的学习方法是十分必要的。在最短的时间内掌握曲面造型技术应注意以下几点。

1. 学好必要的基础知识

应学习必要的基础知识，包括自由曲线（曲面）的构造原理，这对正确地理解软件功能和造型思路是十分重要的。不能正确理解也就不能灵活运用 UG 曲面造型功能，必然给日后的造型工作留下隐患，使学习过程中出现反复。所以说学习和掌握曲线和曲面的一些基本知识是很重要的一个环节。

2. 针对性地学习软件

每个 CAD/CAM 软件一般都包含多个工程设计模块，初学者往往陷入其中不能自拔。其实在实际工作中能用得上的只占其中很小一部分，完全没有必要求全。因此需要针对性地学习常用的、关联性的知识，真正领会其基本原理和应用方法，做到融会贯通。

3. 重点学习造型基本思路

造型技术的核心是造型的思路，而不在于软件功能本身。大多数 CAD/CAM 软件的基本功能大同小异，要在短时间内学会这些功能的操作并不难，但面对实际产品时却又感到无从下手，这是许多自学者常常遇到的问题。只要真正掌握了造型的思路和技巧，无论使用何种 CAD/CAM 软件都能成为造型高手。

1.5.2　曲面设计的基本步骤

曲面设计主要分为三种应用类型，一是原创产品设计，由草图建立曲面模型；二是根据平面效果或图纸进行曲面造型，即所谓图纸造型；三是逆向工程，即点测绘造型。下面以其中的图纸造型为例，简要概述曲面设计的基本步骤。

1. 造型分析

在对一个产品进行造型设计之前，首先需要熟悉和掌握该产品的各个曲面内容和特点，然后在此基础上确定创建的思路和方法，这是实现整个产品的起步环节，同样也是最重要的一个提纲挈领的一步。同时确定正确的造型思路和方法，这一个阶段也是整个造型前期工作的核心，它决定以下设计过程的操作方法。可以说，在 CAD/CAM 软件上画第一条线之前，已经在其头脑中完成了整个产品的造型，做到"胸有成竹"。

造型分析阶段主要工作包括：详细分析产品的各个曲面，将产品分解成单个曲面或面组；然后确定每个面组的生成方法，例如直纹曲面、拔模曲面或扫描曲面等；确定各曲面之间的连接关系，如相切、自由以及倒角、裁剪等。

2．造型设计

造型设计是将造型分析的内容通过 CAD/CAM 软件转化为可视性效果的过程。获取造型的方法有很多，包括根据图纸在 CAD/CAM 软件中画出必要的二维视图轮廓，并将各视图变换到空间的实际位置。针对各曲面的类型，利用各视图中的轮廓线完成各曲面的造型。然后根据曲面之间的联接关系完成倒角、裁剪等工作，以获得完整的曲面设计效果。

1.5.3 曲面造型设计的基本技巧

在进行产品实体造型设计中，许多产品的外观形状都由自由型曲线曲面组成，其共同点是必须保证曲面光顺。曲面光顺从直观上可以理解为保证曲面光滑而且圆顺，不会引起视觉上的凹凸感。从理论上是指具有二阶几何连续，不存在奇点与多余拐点，曲率变化较小以及应变较小等特点。要保证构造出来的曲面既光顺又能满足一定的精度要求，就必须掌握一定的曲面造型技巧。

1．化整为零，各个击破

用一张曲面去描述一个复杂的产品外形是不切实际和不可行的，这样构造的曲面往往会不够光顺，产生大的变形。这时可根据应用软件的曲面造型方法，结合产品外形情况，将其划分为多个区域来构造几张曲面，然后将其缝合，或用过渡面与其连接。

UG NX 系统中创建的曲面大多是定义在四边形域上，因此，在划分区域时，应尽量将各个子域定义在四边形域内，即每个子面都具有四条边。而在某一边退化为点时构成三角形域，这样构造的曲面也不会在该点处产生大的变形。

2．建立光顺的曲面片控制线

曲面的品质与生成它的曲线及控制曲线有着密切的关系。因此，要保证光顺的曲面，必须有光顺的控制线。要保证曲线的品质主要考虑 3 点，首先必须满足精度要求，其次是为创建光滑的曲面效果，在创建曲线时，曲率主方向尽可能一致，并且曲线曲率要大于作圆角过度的半径值。

在建立曲线时，利用投影、插补、光顺等手段生成样条曲线，然后通过其曲率图来调整曲线段的函数次数、曲线段数量、起点及终点结束条件、样条刚度参数值等来交互式地实现曲线的修改，达到其光顺的效果。有时通过线束或其他方式生成的曲面发生较大的波动，往往是因为构造的样条曲线的 U、V 参数分布不均或段数参差不齐引起的。这时可通过将这些空间曲线进行参数一致性调整，或生成足够数目的曲线上的点，再通过这些点重新拟合曲线。

在曲面片之间实现光滑连接时，首先要保证各连接片间具有公共边，更重要的一点是要保证各曲面片的控制线连接要光滑，这是保证曲面片连接光顺的必要条件。此时，可通过修改控制线的起点、终点约束条件，使其曲率或切向矢量在接点保持一致。

3．将轮廓线"删繁就简"再构造曲面

产品造型曲面轮廓往往是已经修剪过的，如果直接利用这些轮廓线来构造曲面，常常难以保证曲面的光顺性，所以造型时在满足零件几何特点的前提下，可利用延伸、投影等

方法将三维轮廓线还原为二维轮廓线，并去掉细节部分，然后构造出"原始"曲面，再利用面的修剪方法获得曲面外轮廓。

4. 从模具的角度考虑

产品三维造型的最终目的是制造模具。大多产品的零件由模具生产出来，因此，在三维造型时，要从模具的角度去考虑。在确定产品拔模方向后，应检查曲面能否出模，是否有倒扣现象（即拔模角为负角），如发现有倒扣现象，应对曲面的控制线进行修改，重构曲面。这一点往往被忽视，但却是非常重要的。

5. 曲面光顺评估

在构造曲面时，要检查所建曲面的状态，注意检查曲面是否光顺、是否扭曲、曲率变化情况等，以便及时修改。检查曲面光顺的方法可将构成的曲面进行渲染处理，即通过透视、透明度和多重光源等处理手段产生高清晰度的逼真性和观察性良好的彩色图像，再根据处理后的图像光亮度的分布规律来判断出曲面的光顺度。图像的明暗度变化比较均匀，则曲面光顺度好；如果图像在某区域的敏感度与其他区域相比变化较大，则曲面光顺度差。

另外，可显示曲面上的等高斯曲率线，进而显示高斯曲率的彩色光栅图像，从等高斯曲率线的形状与分布、彩色光栅图像的明暗区域及变化，可直观地了解曲面的光顺情况。

1.6　UG NX 10 曲面设计方法和特点

1.6.1　UG NX 10 自由曲面功能介绍

1. UG CAD 模块建模方法

UG 软件的 CAD（计算机辅助设计）技术作为先进生产力的推动者，极大地改变了产品造型设计的模式，促进了工业造型设计高速发展。工业造型设计已经由传统的手工绘图设计、二维图形设计逐渐转为利用计算机进行三维 CAD 造型设计。

三维 CAD 造型技术也称建模技术，它是 UG 技术的核心。UG 软件在建模技术上的研究、发展和应用，代表了 CAD 软件技术的先进水平，它的发展经历了线框建模、实体建模、特征建模、曲面建模。在设计过程中有更多的灵活性，允许参数按需添加，不必强制模型全部约束，在设计过程中有完全的自由度，设计改变可以很方便地进行，允许传统的产品设计过程按需有效地与基于特征的建模组合。

□　实体建模

使用 UG NX 10 实体建模功能，能够方便地建立二维和三维线框模型、扫描和旋转实体，包括参数化的草图绘制工具，并且可进行必要地布尔运算和参数化编辑。图 1-27 所示为在基本实体中回转切割获得的螺栓实体效果。

□　特征建模

特征建模设计可以以工程特征术语定义，而不是低水平的 CAD 几何体。特征被参数

化定义为基于尺寸和位置的尺寸驱动编辑。为了基于尺寸和位置的尺寸驱动编辑参数化地定义特征，已经存储在一共同目录中的用户定义特征也可以添加到设计模型上，特征可以相对于任一个其他特征或对象定位，也可以被引用阵列复制，以建立特征的相关集或是个别地定位或是一个简单图案和阵列中定位。图 1-28 所示为使用多种特征工具创建的齿轮泵外壳实体模型。

图 1-27　螺栓实体建模

图 1-28　齿轮泵外壳特征建模

❑　自由曲面建模

自由曲面建模完全与实体建模集成，并允许自由形状独立建立之后作用到实体设计。许多自由形状建模操作可以直接产生或修改实体，并且和实体一样与对应几何体相关，允许重访早期设计决策及自动更新下游工作。图 1-29 所示的剃须刀实体模型外表面是用直纹、网格曲面创建基本曲面特征，并利用缝合、修剪片体和偏置等工具进行曲面编辑，从而获得的完整的曲面设计效果。

2．UG NX 10 曲面在工业设计中的作用

无论从审美观点还是实用方面，曲面都是现代产品工业设计中不可或缺的组成要素。曲

图 1-29　剃须刀外壳实体模型

面设计方法不仅是工业设计人员所必须掌握的，也正在成为更广大的工程技术人员的必修内容。在工业设计中，强大的三维软件 UG、Pro/E 等是创建此类曲面的主要途径，使不同的产品能够更快速准确地解决自由曲面造型的问题，大大缩短了整个设计开发或变更的周期，而且能够准确、迅速地体现设计者的意图。

自由形状特征是 UG NX CAD 模块的重要组成部分，也是体现 CAD/CAM 软件建模能力的重要标志。只使用特征建模方法就能够完成设计的产品是有限的，绝大多数实际产品的设计都离不开自由形状特征。UG NX 10 曲面在工业设计中的作用介绍如下：

❑　曲面建模

现代产品的设计主要包括设计与仿形两大类。无论采用哪种方法，一般的设计过程是：根据产品的造型效果（或三维真实模型）进行曲面数据采样、曲线拟合、曲面构造，生成

计算机三维实体模型，最后进行编辑和修改等。而对于标准特征建模方法所无法创建的复杂形状，它既能生成曲面（在 UG NX 10 里称为片体，即为零厚度的实体），也能生成实体，可采用自由形状特征工具创建。

构建简单自由曲面　根据产品外形要求，首先建立用于构造曲面的边界曲线，或者根据实样测量的数据点生成曲线，使用 UG NX 10 提供的各种曲面构造方法构造曲面。一般来讲对于简单的曲面，可以一次完成建模，即使是相对复杂的规则几何曲面，也可通过拉伸、旋转、扫描、扫掠、网格曲面等多步操作获得。图 1-30 所示的自由特征由网格曲面工具获得。

构建复杂自由曲面　而实际产品的形状往往比较复杂，通常情况下都难以一次完成。对于复杂的曲面，首先应该采用曲线构造方法生成主要或大面积的片体，然后进行曲面的过渡连接、光顺处理、曲面的编辑等来完成整体造型。图 1-31 所示创建的吉普汽车曲面模型，不仅需要创建曲面，还需要对曲面连接部位进行必要地光滑连接和过渡处理。

> **提　示**：UG NX 10 自由形状特征的构造方法繁多，体基于面，面依靠线，用好曲面的基础是曲线的构造。在构造曲线时应该尽可能仔细精确，避免缺陷，如曲线重叠、交叉、端点等，否则会造成构建曲面不成功、后续加工困难等一系列问题。

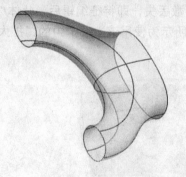

图 1-30　螺栓实体建模

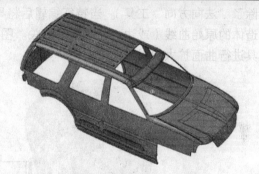

图 1-31　吉普汽车外壳模型

❑　**编辑曲面**

几乎所有的设计工作都离不开修改和完善，精确和高效地更新设计模型是使用 CAD 技术的主要优点之一。大多数自由形状特征是参数化特征，通过编辑特征参数。或者改变生成片体/实体的原始几何体，可以非常方便地参数化编辑自由形状的特征。同时，还可以使用其他非参数编辑方法。

编辑这些曲面特征也是曲面设计的主要内容。创建的曲面可进行复制、镜像、阵列、偏置和修剪等多种编辑操作。总之，曲面设计在整个建模设计中既是最灵活的，也是最复杂的建模方法。

参数化编辑方法　在自由曲面建模过程中，可使用"编辑特征"工具栏中的工具辅助进行现有曲面参数化编辑操作。即特征编辑后，片体/实体与构造体的原始曲线（或边、面等）相关联。图 1-32 所示使用"可回滚编辑"工具对之前创建的艺术样条进行编辑。

UG NX 10 中文版曲面设计从入门到精通

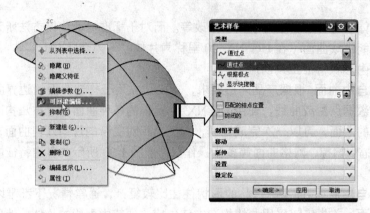

图 1-32　艺术样条的可回滚编辑

非参数化编辑方法 UG NX 10 的强大曲面造型功能不仅体现在参数化编辑方面,更为重要的是 UG NX 10 具有 3ds Max、Rhino 等非参数化 3D 软件的某些编辑功能。可在"曲面""曲线""自由曲面"功能区中使用编辑工具辅助构建曲线框架或连接曲面。

此外,UG NX 10 还可以使用专门的曲面编辑工具进行参数化和非参数化边界,即在"编辑曲面"选项卡中选择工具进行曲面编辑,这些编辑方法大多是非参数化的编辑方法(除了"法向方向"工具)。当特征编辑后将导致参数丢失,即特征编辑后,片体/实体与构造体的原始曲线(或边、面等)不相关。图 1-33 所示为使用该选项卡中的"扩大全面"工具进行曲面扩大编辑操作。

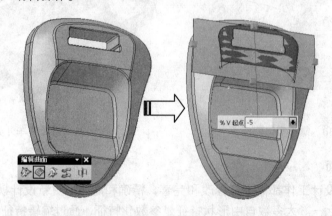

图 1-33　扩大曲面

❑　曲面分析

曲面分析用于分析曲面的变形、波动和缺陷等情况,并使用各种色彩直观地显示分析结果,也可以使用表面反射功能分析环境在曲面上的反射效果。表面分析还可以获得诸如高斯半径、斜率等一系列数据分析结果,并且还可对分析显示结果进行动态地旋转和缩放,如图 1-34 所示为对轿车外壳的曲面反射分析。曲面分析的详细方法将在第 7 章中介绍。

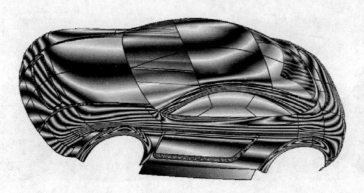

图 1-34   轿车外壳的曲面反射分析

1.6.2   UG NX 10 曲面造型方法

UG NX 10 以其混合建模、自由曲面建模、数控编程等特点闻名于 CAD/CAM 界。其曲面造型集中在 CAD 模块中，并且与实体建模和特征建模完全集成。UG NX 10 曲面建模整合在实体建模和特征建模的基础上，使其曲面造型功能非常强大。UG NX 10 常用的曲面造型方法简要介绍如下：

1.   拉伸曲面

拉伸曲面是指一条直线或者曲线沿其垂直与绘图平面的一个或相对应的两个方向所形成的曲面，如图 1-35 所示。拉伸曲面实质是扫掠曲面的一种特殊情况，即扫掠引导线为直线。在曲面造型中经常用于创建模型中的切割面，由于不需要创建引导线，所以运用非常频繁。

2.   回转曲面

回转曲面是指一条直线或曲线绕一个中心轴线，按照特定的角度旋转所形成的曲面特征，如图 1-36 所示。在 UG NX 10 中，拉伸曲面和回转曲面实质是由实体建模的拉伸和回转转化而来，所以在"拉伸"和"回转"工具中有设置"实体"和"片体"的选项。

3.   扫掠曲面

扫掠曲面是指一条直线或曲线沿某一曲线或曲面路径形成的曲面特征。该类型曲面的控制方法比较多，不仅可以利用一条直线或曲线沿某一直线或曲线路径形成曲面，而且可以利用一条直线或曲线沿多条曲线路径形成曲面，当然还有更多的控制方法。扫掠曲面将在本书第 3 章作详细介绍，这里不再叙述，如图 1-37 所示，即为创建简单扫掠曲面。

4.   有界平面

有界平面是指将在一个平面上封闭曲线生成片体特征，所选取的曲线其内部不能相互交叉，且曲线必须在一个平面上。有界平面能够创建参数化的特定形状的平面，简单且容易操作，使用也颇为频繁，如图 1-38 所示。

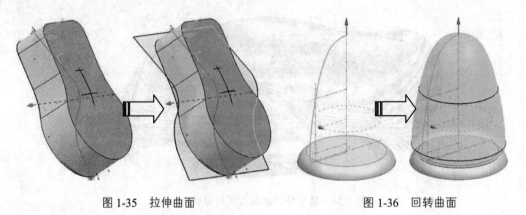

图 1-35　拉伸曲面　　　　　　　　　　　图 1-36　回转曲面

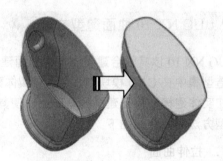

图 1-37　扫掠曲面　　　　　　　　　　　图 1-38　有界平面

5.　直纹面

直纹曲面是指通过空间的两条截面曲线串生成的曲面，如　　　　　　图 1-39 所示。其中通过的曲线轮廓就称为截面线串，所创建的曲面只具有位置连续性，所以一般用于模型的大块曲面或分割面，不适合用于连接光滑的曲面。

6.　通过曲线组

通过曲线组是指通过空间的一系列截面线串(大致在同一方向)创建曲面，如　　　　　图 1-40 所示。通过曲线创建曲面与直纹面的创建方法相似，区别在于：直纹面只使用两条截面线串，并且两条线串之间总是相连的，而通过曲线组最多可允许使用 150 条截面线串。通过曲线组创建的曲面可以具有相切连续性，可以用于连接比较光滑的曲面。

7.　通过曲线网格

通过曲线网格是指使用一系列在两个方向上的截面线串创建曲面，如图 1-41 所示。通过曲线网格是 UG NX 10 中功能最强的曲面造型功能，几乎所有的曲面都可以通过曲线网格形成。而且通过曲线网格形成的曲面具有相切连续性和曲率连续性，非常适合创建产品的外观。通过创建正确的网格，选择正确的主曲线和交叉曲线，以及选择对应曲线的相切面，可以创建光顺度很高的曲面。

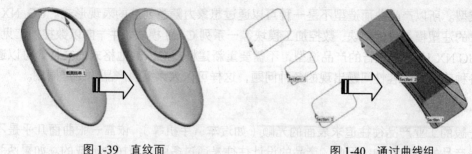

图 1-39　直纹面　　　　　　　　　　　图 1-40　通过曲线组

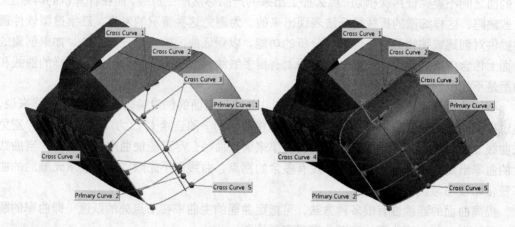

图 1-41　通过曲线网格

1.6.3　UG NX 10 曲面造型的特点

与线框特征、实体特征以及 3D 动画软件制作（3ds Max 等软件）相比，以及与参数化建模著称的 Pro/E 软件相比，UG NX 10 曲面模块具有其他软件无法媲美的优点，分别介绍如下：

1. 灵活性

UG NX 10 可以进行混合建模，需要时可以进行全参数设计，而且在设计过程中不需要定义和参数化新曲线，可以直接利用实体边缘。可使用草图工具进行全参数化草图设计；曲线工具虽然参数化功能不如草图工具，但用来构建线框图更为方便；实体工具完全整合基于约束的特征建模和显示几何建模的特性，因此可以自由使用各种特征实体、线框创建等功能；自由曲面建模工具更是在融合了实体建模和特征建模基础上的超强设计工具，能够设计出工业造型设计产品的复杂曲面外形。

2. 加工性

产品造型都必须为最终的产品提供专业的服务，也就是说曲面设计的产品必须具有可加工性。因此，曲面的设计必须服从一定的客观规律，必须符合当前的加工水平和加工工艺，即必须通过一定的加工方法制造出来。并且大多数情况下要求使用现有最经济的方式

加工成型。所以产品曲面造型不是一种可以通过想象力随意创造的表现形式。UG NX 具有专业的注塑模具设计模块、数控加工模块等一系列 CAM 模块，并一向以数控加工见长。采用 UG NX 10 直接进行的产品造型，不需要重新建模或导入其他格式的文件，可以避免由于各种软件的兼容性问题出现的各种问题，这样可以大大缩短产品的生产周期。

3. 光顺性

一般的工业产品往往追求表面的光顺（如汽车、手机等），依靠一张曲面几乎是不可能获得产品的整体结构。因此，产品的设计往往是通过多张曲面拼合而成的。如果两张拼合的面之间不能保证两次相切，那么加工出来的产品必然产生折线，而在计算机的屏幕上，这些缺陷、这样细微的折线是无法表现出来的。为避免这种情况的发生，三维造型软件通常提供对创建或编辑后的曲面进行分析的功能，以保证曲面的光顺性。另外，如果创建的曲面上包含尖点或拐点，或者一种曲面上有很多皱纹、凹凸不平，都可认为这样的曲线和曲面是不光顺的。

要使曲面尽可能获得光顺效果，可分别从曲线和曲面的创建编辑入手，对于曲线来说，通过提高曲线的阶次是很有效的方法，例如将曲线的一阶连续 C 改为二阶连续 C^2；避免在曲线上出现拐点，可通过查看曲线的曲率来调整曲线；尽可能使曲率变化均匀，当曲线上的曲率出现大幅度改变时，尽管没有多余的拐点，曲线仍不光顺，因此要求光顺后的曲率变化比较均匀。

提高曲面的连续性有很多种方法，可指定曲面的主曲率在节点处的跃度（即曲率的跳跃）足够小，并且使曲面的高斯曲率尽可能均匀。

第 2 章
构造和编辑曲线

学习目标：

➢ 绘制基本曲线
➢ 高级曲线操作
➢ 编辑曲线
➢ 案例实战——创建电锤手柄曲面
➢ 案例实战——创建弯头管道曲面
➢ 案例实战——创建手机上壳曲面

在所有 3D 软件中，构造和编辑曲线是最重要、最基础的操作，不论再简单的实体模型，还是复杂多变的曲面造型，一般都是从绘制曲线开始的，只有成功的曲线才能创建出各类靓丽的 CAD 曲面模型。在工业产品设计过程中，由于大多数曲线属于非参数性曲线类型，在绘制过程中具有较大的随意性和不确定性。因此在利用曲线构建曲面时，一次性构建出符合设计要求的曲线特征比较困难，中间还需要通过各种编辑曲线特征的工具进行编辑操作，这样才能创建出符合设计要求的曲线。

本章主要介绍 UG NX 10 曲线的构造和编辑方法。主要包括直线、圆弧、圆、矩形、多边形、样条曲线、二次曲线、螺旋线、文本曲线等的绘制；截面曲线、偏置曲线、投影曲线、镜像曲线、桥接曲线和连结曲线等一系列曲线操作；以及对创建的各类曲线进行编辑的方法。

2.1 绘制基本曲线

2.1.1 点和点集

点是构造图形的最小几何元素，它不仅可以按照一定的次序和规律来构造直线、圆和圆弧等基本图元；还可以通过大量的点云集来构造面和点集等特征。

1. 点

在 UG NX 10 中，点可以建立在任何位置，许多操作功能都需要通过定义点的位置来实现。绘制点主要用来创建通过两点的直线，以及通过矩形阵列的点或定义曲面的极点来直接创建自由曲面。单击选项卡"曲线"→"点"按钮＋，打开"点"对话框，如图 2-1 所示。

在该对话框中提供了 3 种创建点的方法：直接输入点的坐标值来确定点、选取点的类型创建点、利用偏置方式来指定一个相对于参考点的偏移点。这里介绍两种常用的创建点的方法。

❑ 直接输入坐标值创建点

"点"对话框的"输出坐标"选项组用于设置点在 X、Y、Z 方向上相对于坐标原点的位置。可在 X、Y、Z 坐标文本框中直接输入点的坐标值，设置后系统会自动完成点的定位与生成。此外，如果用户定义了偏置方式，此选项的文本框标识也会随着改变，如图 2-2 所示。

❑ 选取点的类型创建点

该方式是通过选取点捕捉的方式来自动创建一个新点。例如，要创建圆柱顶面圆心上的一点，可以在"类型"下拉列表中选择"圆弧中心/椭圆中心/球心"选项，然后选择圆柱顶面的圆，此时系统会自动创建出圆心，如图 2-3 所示。

图 2-1　"点"对话框　　　　　　　　图 2-2　利用相对 WCS 坐标创建点

2．点集

点集是通过已经存在的已知曲线生成一组点。它可以是曲线上现有点的复制，也可以通过已知曲线的某种属性来生成其他的点集。单击选项卡"曲线"→"点集"按钮 ，打开"点集"对话框，如图 2-4 所示。此时可在"类型"下拉列表中选择下面 3 种点集方式。

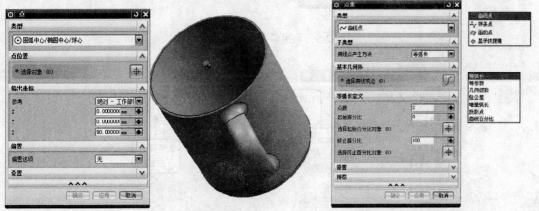

图 2-3　选取点类型创建点　　　　　　图 2-4　"点集"对话框

□　曲线点

曲线点主要用于在曲线上创建点群。选择"曲线点"选项，则该对话框中的"子类型"下拉列表中有 7 种创建点集的方式。本书以"等圆弧长"为例介绍此类型点集的创建方法。

"等圆弧长"方式创建点集是在点集的起始点和结束点之间按照等圆弧长来创建指定数目的点集。首先需要选取要创建点集的曲线，并确定点集的数目，然后输入起始点和结束点在曲线上的位置（即占曲线长的百分比，如起始百分比输入 0，结束百分比输入 100，表示起始点就是曲线的起点，结束点就是曲线的终点），效果如图 2-5 所示。

□　样条点

该类型是通过已知样条线的定义点、结束或控制点来创建点集。定义点是指绘制样条线时所需要定义的点。结点是指连续样条的端点，它主要针对多段样条。样条的控制点取决于样条线是由多少点形成的，拖动样条线的控制点，可以改变控制点的位置，从而改变

样条线的形状。本书以"定义点"为例介绍此类型点集的创建方法。

　　"定义点"方式是利用绘制样条曲线时的定义点来创建点集。其操作方法是：当绘制样条曲线时，预先输入一些点绘制曲线，然后再创建点集时把原来的点调出来使用，效果如图 2-6 所示。

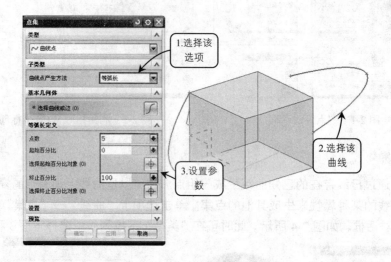

图 2-5　利用等圆弧长创建点集

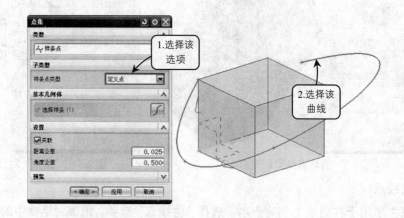

图 2-6　利用定义点创建点集

❑　面的点

　　该类型是通过现有曲面上的点或该曲面的控制点来创建点集。其中曲面的范围包括平面、一般曲面、B-曲面以及其他自由曲面等类型。选择该选项，该对话框中的"子类型"下拉列表中将会出现"模式"、"面百分比"和"B 曲面极点"3 种创建点集的方式。本书以"面百分比"为例介绍此类型点集的创建方法。

　　面百分比"方式是以曲面上表面的参数百分比的形式来限制点集的分布范围。选取该选项，然后选取曲面，并在（U、V 方向上的最小和最大百分比）文本框中分别输入相应数值来设定点集相对于选定表面 U、V 方向的分布范围，如图 2-7 所示。

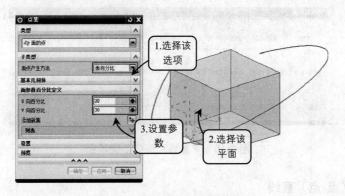

图 2-7 利用面百分比创建点

2.1.2 直线

在 UG NX 10 中，直线是通过空间的两点产生的一条线段。直线作为组成平面图形或截面最小图元，在空间中无处不在。例如，在两个平面相交时可以产生一条直线，通过棱角实体模型的边线也可以产生一条边线直线。直线在空间中的位置由它经过的点以及它的一个方向向量来确定。在 UG NX 10 中，可以通过以下 4 种方法创建直线：

➤ 方法一：选取相关的平面在草图中创建直线，这是 CAD 类软件最基本的方法。

➤ 方法二：通过在选项卡"曲线"中单击"基本曲线"按钮来创建直线，"基本曲线"对话框中包括创建直线、圆弧、圆形和倒圆角等 6 种曲线功能，如图 2-8所示。

➤ 方法三：在菜单按钮中选择"插入"→"曲线"→"直线"选项，指定直线的起点和终点来创建直线，"直线"对话框如图 2-9 所示。

➤ 方法四：通过 UG NX 10 提供的直线快捷工具按钮进行创建。

其中前 3 种创建方法相对比较简单，本书详细介绍第 4 种方法。

图 2-8 "基本曲线"对话框

图 2-9 "直线"对话框

单击"曲线"选项卡最右侧的符号"▼"，并在弹出的快捷菜单中勾选"直线和圆弧"选项，即添加"直线和圆弧"选项组，选项组中包括了所有直线的创建方法，如图 2-10所示，下面分别介绍。

UG NX 10 中文版曲面设计从入门到精通

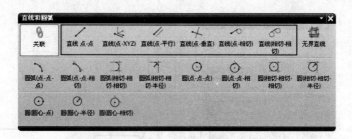

图 2-10　"直线和圆弧"选项组

1. 绘制（点-点）直线

通过两点创建直线是最常用的创建直线方法。单击"直线和圆弧"选项组中的 ╱ 图标，弹出"直线（点-点）"对话框，在工作区中选择直线的起点和终点，方法如图 2-11 所示。

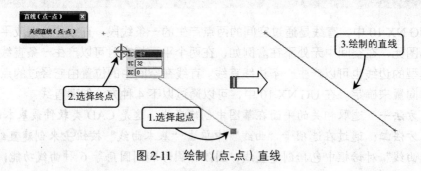

图 2-11　绘制（点-点）直线

2. 绘制（点-XYZ）直线

"点-XYZ"方式创建直线是指定一点作为直线的起点，然后选择 XC、YC、ZC 坐标轴中的任意一个方向作为直线延伸的方向。

单击"直线和圆弧"选项组中的 ╲ 图标，弹出"直线（点-XYZ）"对话框，在工作区中指定直线的起点，移动鼠标至 YC 方向，同时在鼠标移动过程中会显示坐标方向，然后在"长度"文本框中输入直线长度值，即可创建直线，方法如图 2-12 所示。

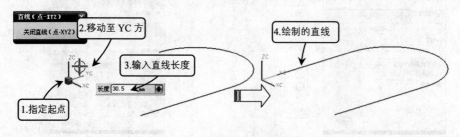

图 2-12　绘制（点-XYZ）直线

3. 绘制（点-平行）直线

"点-平行"方式创建直线是指通过指定一点作为直线的起点，与选择的平行参考线平行，并指定直线的长度。单击"直线和圆弧"选项组中的 ╱ 图标，弹出"直线（点-平行）"

对话框，在工作区中指定直线的起点，移动鼠标选择图中的直线为平行参照，然后在"长度"文本框中输入直线长度值，方法如图 2-13 所示。

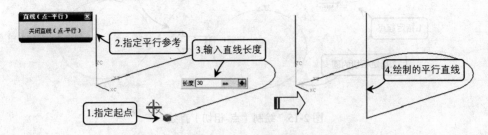

图 2-13　绘制（点-平行）直线

4．绘制（点-垂直）直线

"点-垂直"方式创建直线是指通过指定一点作为直线的起点，再定义直线指定参考直线方向拉伸。单击"直线和圆弧"选项组中的 ✗ 图标，弹出"直线（点-垂直）"对话框，在工作区中指定直线的起点，移动鼠标选择图中的直线为垂直参照，然后在"长度"文本框中输入直线长度值，方法如图 2-14 所示。

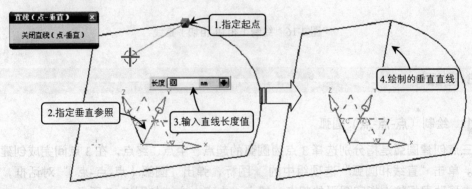

图 2-14　绘制（点-垂直）直线

5．绘制（点-相切）直线

"点-相切"方式创建直线是指首先指定一点作为直线的起点，然后选择一相切的圆或圆弧，在起点与切点间创建一直线。单击"直线和圆弧"选项组中的 ⟨ 图标，弹出"直线（点-相切）"对话框，在工作区中指定直线的起点，移动鼠标选择图中的圆或圆弧确定切点，方法如图 2-15 所示。

6．绘制（相切-相切）直线

通过"相切-相切"方式可以在两相切参照（圆弧、圆）间创建直线。单击"直线和圆弧"选项组中的 ⟨ 图标，弹出"直线（相切-相切）"对话框，在工作区中指定相切的参照圆弧或圆即可创建直线，方法如图 2-16 所示。

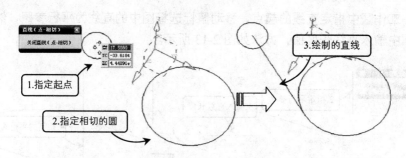

图 2-15 绘制（点-相切）直线

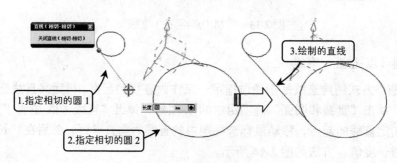

图 2-16 绘制（相切-相切）直线

2.1.3 圆弧

1. 绘制（点-点-点）圆弧

三点创建圆弧是指分别选择 3 点为圆弧的起点、中点、终点，在 3 点间完成创建一个圆弧。单击"直线和圆弧"选项组中的 图标，弹出"圆弧（点-点-点）"对话框，在工作区中移动鼠标依次指定圆弧的起点、终点、中点，方法如图 2-17 所示。

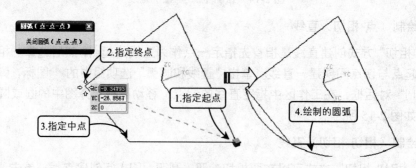

图 2-17 绘制（点-点-点）圆弧

2. 绘制（点-点-相切）圆弧

"点-点-相切"创建圆弧是指经过两点，然后与一直线相切创建一个圆弧。单击"直线和圆弧"选项组中的 图标，弹出"圆弧（点-点-相切）"对话框，在工作区中移动鼠标依次指定圆弧的起点、终点和相切参照，方法如图 2-18 所示。

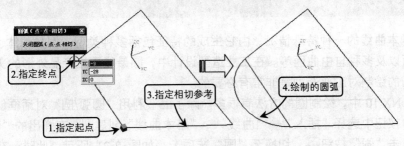

图 2-18　绘制（点-点-相切）圆弧

3.　绘制（相切-相切-相切）圆弧

"相切-相切-相切"创建圆弧是指经过 3 条曲线创建一个圆弧。单击"直线和圆弧"选项组中的□图标，弹出"圆弧（相切-相切-相切）"对话框，在工作区中移动鼠标依次指定 3 条相切参照曲线，方法如图 2-19 所示。

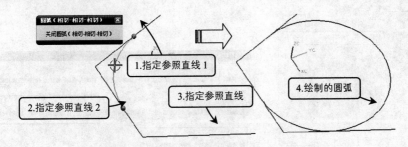

图 2-19　绘制（相切-相切-相切）圆弧

4.　绘制（相切-相切-半径）圆弧

"相切-相切-半径"创建圆弧是指经创建相切并指定半径的圆弧。单击"直线和圆弧"选项组的□图标，弹出"圆弧（相切-相切-半径）"对话框，在工作区中移动鼠标依次指定两条相切参照曲线，方法如图 2-20 所示。

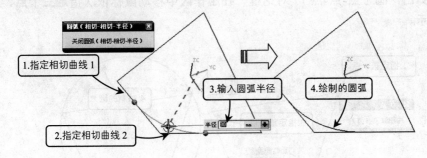

图 2-20　绘制（相切-相切-半径）圆弧

2.1.4 圆

圆是基本曲线的一种特殊情况，由它生成的特征包括多种类型，例如球体、圆柱体、圆台、球面以及多种自由曲面等。在工业造型设计中，圆最能表达产品外形的美感，所以正确掌握圆的绘制对工业造型是非常有必要的。

在 UG NX 10 中，绘制圆的方法有很多。除了上节利用"圆弧/圆"对话框创建圆，还可以在菜单按钮中选择"插入"→"曲线"→"基本曲线"创建圆，在弹出的"基本曲线"对话框中单击"圆"按钮⊙，切换至"圆"选项卡，如图 2-21 所示。此时，在该选项卡中只有"增量"复选框和"点方法"列表框处于激活状态，其中的"多个位置"复选框主要用于复制与上一个圆形相同的圆。本节主要介绍通过"直线和圆弧"选项组创建 7 种类型的圆，选项卡如图 2-22 所示。

图 2-21　"基本曲线"对话框

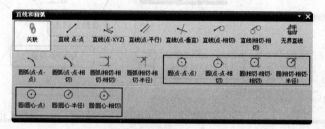

图 2-22　"直线和圆弧"选项组

1. 绘制（点-点-点）圆

"点-点-点"创建圆是指在圆周上指定三点来创建圆。单击"直线和圆弧"选项组中的⊙图标，弹出"圆（点-点-点）"对话框，在工作区中移动鼠标依次指定三个点，方法如图 2-23 所示。

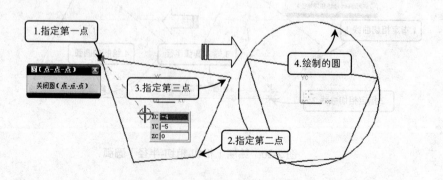

图 2-23　绘制（点-点-点）圆

2. 绘制（点-点-相切）圆

"点-点-相切"创建圆是指通过两点并且与一直线相切创建圆。单击"直线和圆弧"选项组中的 ⊙ 图标，弹出"圆（点-点-相切）"对话框，在工作区中移动鼠标依次指定三个点，方法如图 2-24 所示。

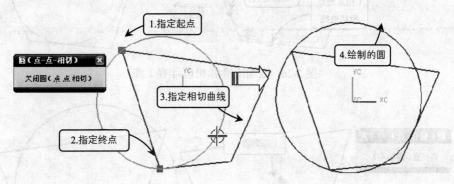

图 2-24　绘制（点-点-相切）圆

3. 绘制（相切-相切-相切）圆

"相切-相切-相切"方法是指通过创建与 3 条曲线相切的圆。单击"直线和圆弧"选项组中的 ⊙ 图标，弹出"圆（相切-相切-相切）"对话框，在工作区中移动鼠标依次指定三条相切参考曲线，方法如图 2-25 所示。

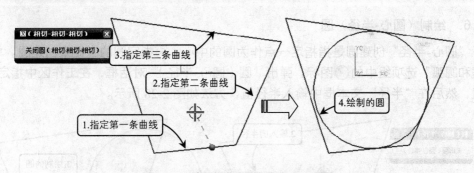

图 2-25　绘制（相切-相切-相切）圆

4. 绘制（相切-相切-半径）圆

"相切-相切-半径"创建圆是指通过相切于两处曲线并指定半径值创建圆。单击"直线和圆弧"选项组中的 ⊙ 图标，弹出"圆（相切-相切-半径）"对话框，在工作区中移动鼠标依次指定两条相切参考曲线，然后在"半径"文本框中输入半径值，方法如图 2-26 所示。

5. 绘制（圆心-点）圆

"圆心-点"创建圆的方法通过指定一个点为圆心，并制定另一点作为圆周经过的点来创建圆。单击"直线和圆弧"选项组中的 ⊙ 图标，弹出"圆（圆心-点）"对话框，在工作区中移动鼠标依次指定两个点，确定圆心和圆周经过的点的位置，方法如图 2-27 所示。

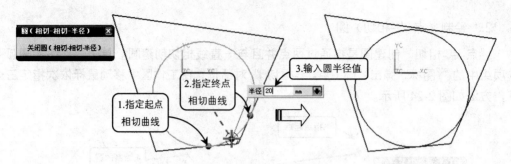

图 2-26　绘制（相切-相切-半径）圆

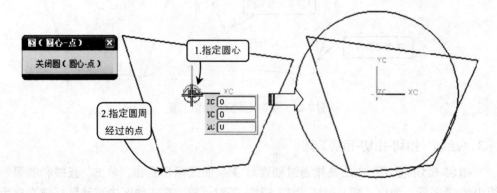

图 2-27　绘制（圆心-点）圆

6.　绘制（圆心-半径）圆

　　"圆心-半径"创建圆是指指定一点作为圆的中心，再指定圆的半径来创建圆。单击"直线和圆弧"选项组中的⊘图标，弹出"圆（圆心-半径）"对话框，在工作区中指定圆心位置，然后在"半径"文本框中输入半径值，方法如图 2-28 所示。

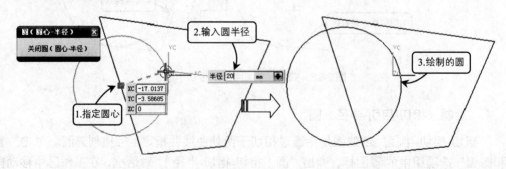

图 2-28　绘制（圆心-半径）圆

7.　绘制（圆心-相切）圆

　　"圆心-相切"方式是指指定一点作为圆的中心，再指定圆的相切曲线来创建圆。 单击"直线和圆弧"选项组中的⊙图标，弹出"圆（圆心-相切）"对话框，在工作区中指定圆心位置和圆相切的曲线，方法如图 2-29 所示。

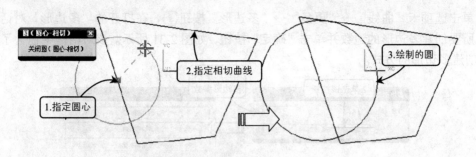

图 2-29　绘制（圆心-相切）圆

2.1.5 矩形

有一个角是直角的平行四边形就是矩形，反过来说，矩形就是特殊的平行四边形。在 UG NX 10 中，矩形是使用频率比较高的一种曲线类型，它可以作为特征操作的基准平面，也可以直接作为特征生成的草绘截面。

单击选项卡"曲线"→"更多"→"矩形"按钮▭，打开"点"对话框。此时在工作区中选择一点作为矩形的第一个对角点，然后拖动鼠标到指定的第二个对角点即可，方法如图 2-30 所示。

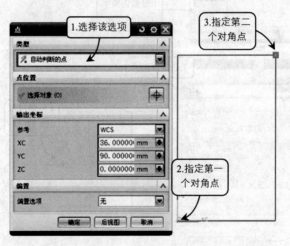

图 2-30　绘制矩形

2.1.6 多边形

多边形是由在同一平面且不在同一直线上的多条线段首尾顺次连接且不相交所组成的图形。在机械设计过程中，多边形一般分为规则多边形和不规则多边形。其中规则多边形就是正多边形。正多边形是所有内角都相等且所有棱边都相等的特殊多边形。正多边形的应用比较广泛，在机械领域通常用来制作螺母、冲压锤头、滑动导轨等各种外形规则的机械零件。

单击选项卡"曲线"→"更多"→"多边形"按钮，在打开的"多边形"对话框中输入所要创建多边形的边数并单击"确定"按钮，如图 2-31 所示。该对话框中包含了以下 3 种创建多边形的方式。

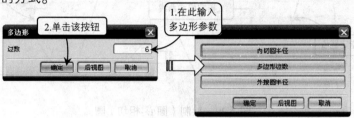

图 2-31   "多边形"对话框

1. 利用内切圆半径

该方式主要通过内切圆来创建正多边形。选择该选项，在打开的对话框中的"内切圆半径"和"方位角"文本框中分别输入内接圆半径及方位角度值，单击"确定"按钮。接着在打开的"点"对话框中，选择"自动判断的点"选项，然后在绘图区指定正多边形的中心，即可创建正多边形，方法如图 2-32 所示。

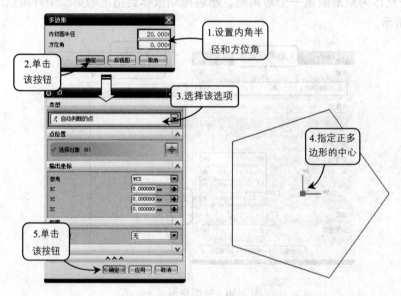

图 2-32   利用内接半径创建正多边形

2. 利用多边形边数

该方式通过给定多边形的边数来创建多边形。选择该选项，在打开的对话框中的"侧"和"方位角"文本框中分别输入正多边形的边数和方位角度值，在"类型"下拉列表框中选择"自动判断的点"选项，然后在绘图区指定正多边形的中心点即可。若方位角度为 0，则创建的正多边形的效果如图 2-33 所示。

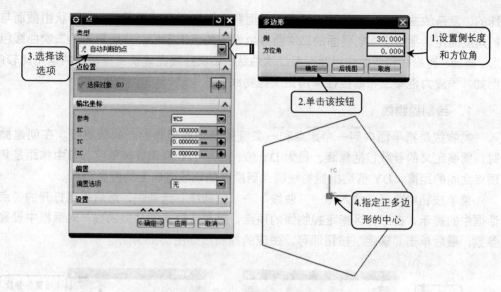

图 2-33 利用多边形边数创建正多边形

3. 利用外切圆半径

该方式是利用外切圆半径创建多边形。选择该选项，在打开的对话框中的"圆半径"和"方位角"文本框中分别输入外切圆的半径值和方位角度值，然后在"类型"下拉列表框中选择"自动判断的点"选项，接着在工作区中指定正多边形的中心点即可。这里设置半径值为 20，方位角为 30，创建的正多边形效果如图 2-34 所示。

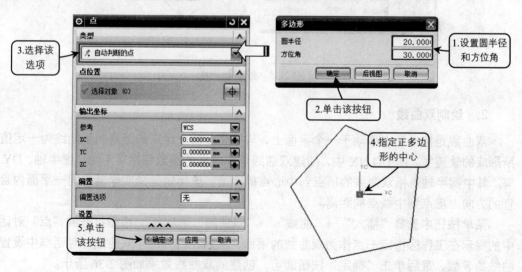

图 2-34 利用外切圆半径创建正多边形

2.1.7 二次曲线

二次曲线是平面直角坐标系中 x，y 的二次方程所表示的图形的统称，是一种比较特

殊的、复杂的曲线。二次曲线一般用于截面截取圆锥所形成的截线，其形状由截面与圆锥的角度而定，平行于 XY 平面的二次曲线由设定的点来定位。一般常用的二次曲线包括圆形、椭圆、抛物线和双曲线以及一般二次曲线。二次曲线在建筑工程领域的运用比较广泛，例如，预应力混凝土布筋往往采用正反抛物线方式来进行。

1. 绘制抛物线

抛物线是指平面内到一个定点和一条直线的距离相等的点的轨迹线。在创建抛物线时，需要定义的参数包括焦距、最大 DY 值、最小 DY 值和旋转角度。其中焦距是焦点与顶点之间的距离；DY 值是指抛物线端点到顶点的切线方向上的投影距离。

菜单按钮中选择"插入"→"曲线"→"抛物线"选项ⵌ，然后根据打开的"点"对话框中的提示，在工作区指定抛物线的顶点，接着在打开的"抛物线"对话框中设置各种参数，最后单击"确定"按钮即可，生成的抛物线如图 2-35 所示。

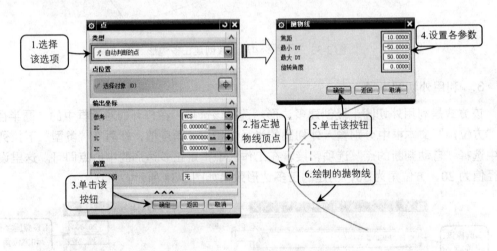

图 2-35　绘制抛物线

2. 绘制双曲线

双曲线是指一动点移动于一个平面上，与平面上两个定点的距离的差始终为一定值时所形成的轨迹线。在 UG NX 中，创建双曲线需要定义的参数包括实半轴、虚半轴、DY 值等。其中实半轴是指双曲线的顶点到中心点的距离；虚半轴是指实半轴在同一平面内且垂直的方向上虚点到中线点的距离。

菜单按钮中选择"插入"→"曲线"→"双曲线"选项ⵌ，根据打开的"点"对话框中的提示在工作区指定一点作为双曲线的顶点，然后在打开的"双曲线"对话框中设置双曲线的参数，最后单击"确定"按钮即可，创建的双曲线效果如图 2-36 所示。

3. 绘制椭圆

在 UG NX 中，椭圆是机械设计过程中最常用的曲线对象之一。与上面介绍的曲线的不同之处就在于该类曲线 X、Y 轴方向对应圆弧直径有差异，如果直径完全相同则形成规则的圆轮廓线，因此可以说圆是椭圆的特殊形式。

菜单按钮中选择"插入"→"曲线"→"椭圆"选项⊙，并根据打开的"点"对话框中的提示在工作区指定一点作为椭圆的圆心，然后在打开的"椭圆"对话框中设置椭圆参数并单击"确定"按钮即可，创建的椭圆效果如图 2-37 所示。

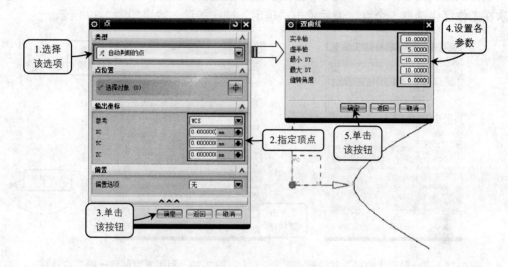

图 2-36　绘制双曲线

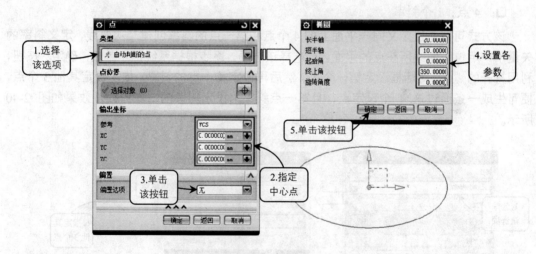

图 2-37　绘制椭圆

4．绘制一般二次曲线

一般二次曲线是指使用各种放样方法或者一般二次曲线公式建立的二次曲线。根据输入数据的不同，曲线的构造点结果可以为圆、椭圆、抛物线和双曲线。一般二次曲线比椭圆、抛物线和双曲线更加灵活。菜单按钮中选择"插入"→"曲线"→"一般二次曲线"选项，打开"一般二次曲线"对话框，如图 2-38 所示。

在该对话框中包括一般二次曲线的 7 种生成方式，选择相应的生成方式后，逐步根据系统提示便可生成一条二次曲线。下面以常用的几种创建一般二次曲线的方式为例介绍其

操作方法。

❑ 5点

该方式是利用 5 个点来产生二次曲线。选择该选项，然后根据"点"对话框中的提示依次在工作区中选取 5 个点，最后单击"确定"按钮即可，效果如图 2-39 所示。

图 2-38 "一般二次曲线"对话框   图 2-39 利用 5 点创建一般二次曲线

❑ 4点，1个斜率

该方式可以通过定义同一平面上的 4 个点和第一点的斜率创建二次曲线，定义斜率的矢量不一定位于曲线所在点的平面内。选择该选项，逐步根据系统提示单击"确定"按钮，利用打开的"点"对话框设定第一个点，然后再设定第一点的斜率。依次设定其他 3 个点，便可生成一条通过这 4 个设定点，且第一点斜率为设定斜率的二次曲线，效果如图 2-40 所示。

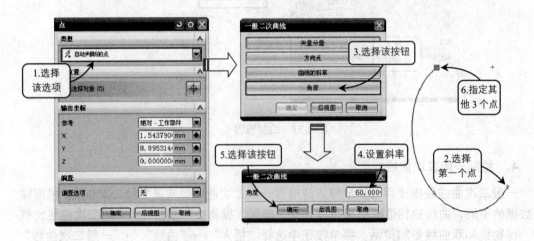

图 2-40 利用 4 点和一个斜率创建一般二次曲线

❑ 3点，顶点

该方式是利用 3 个点和 1 个顶点来产生二次曲线。选择该选项，然后利用打开的"点"

对话框在工作区依次选取 3 个点和 1 个顶点，并单击"确定"按钮即可，效果如图 2-41 所示。

2.1.8　样条曲线

样条曲线是指通过多项式曲线和所设定的点来拟合曲线，其形状由这些点来控制。样条曲线采用的是近似的创建方法，很好地满足了设计的需求，是一种用途广泛的曲线。它不仅能够创建自由曲线和曲面，而且还能精确表达圆锥曲面在内的各种几何体的统一表达式。在 UG NX 10 中，样条曲线包括一般样条曲线和艺术样条曲线两种类型。

1.　绘制一般样条曲线

一般样条曲线是建立自由形状曲面（或片体）的基础。它拟合逼真、形状控制方便，能够满足很大一部分产品设计的要求。一般样条曲线主要用来创建高级曲面，广泛应用于汽车、航空以及船舶等制造业。单击选项卡"曲线"→"样条"按钮～，打开"样条"对话框，如图 2-42 所示。在该对话框中提供了以下 4 种生成一般样条曲线的方式。

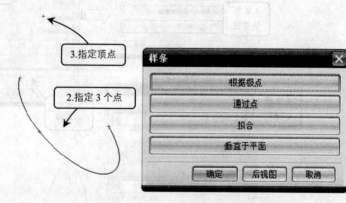

图 2-41　利用 3 点和 1 个顶点创建一般二次曲线　　　　图 2-42　"样条"对话框

❏　根据极点

该选项是利用极点建立样条曲线，即用选定点建立的控制多边形来控制样条的形状，建立的样条只通过两个端点，不通过中间的控制点。

选择"根据极点"选项，在打开的对话框中选择生成曲线的类型为"多段"，并在"曲线阶次"文本框中输入曲线的阶次，然后根据"点"对话框在绘图区指定点使其生成样条曲线，最后单击"确定"按钮，生成的样条曲线如图 2-43 所示。

❏　通过点

该选项是通过设置样条曲线的各定义点，生成一条通过各点的样条曲线，它与根据极点生成曲线的最大区别在于生成的样条曲线通过各个控制点。利用通过点创建曲线和根据极点创建曲线的操作方法类似，其中需要选择样条控制点的成链方式，创建方法如图 2-44 所示。

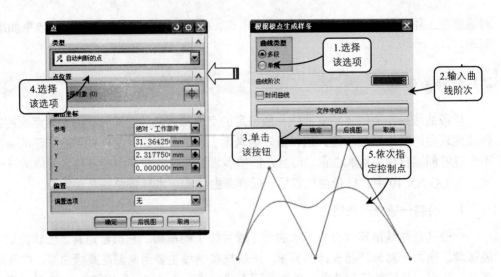

图 2-43　通过极点生成样条

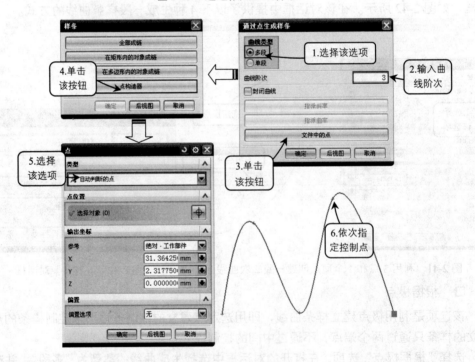

图 2-44　通过点生成样条

❑　拟合

该选项是利用曲线拟合的方式确定样条曲线的各中间点，只精确地通过曲线的端点，对于其他点则在给定的误差范围内尽量逼近。其操作步骤与前两种方法类似，这里不再详细介绍，创建的样条曲线效果如图 2-45 所示。

❑　垂直于平面

该选项是以正交平面的曲线生成样条曲线。选择该选项，首先选择或通过面创建功能定义起始平面，然后选择起始点，接着选择或通过面创建功能定义下一个平面且定义建立样条曲线的方向，然后继续选择所需的平面，完成之后单击"确定"按钮，系统会自动生成一条样条曲线，生成的样条曲线效果如图 2-46 所示。

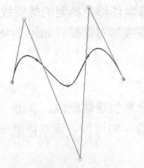

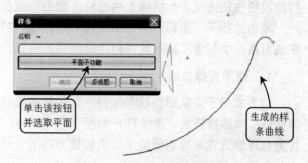

图 2-45　利用拟合创建样条曲线　　　　图 2-46　利用垂直于平面创建样条曲线

2. 绘制艺术样条曲线

艺术样条曲线是指创建关联或者非关联的样条曲线，在创建艺术样条的过程中，可以指定样条的定义点的斜率，也可以拖动样条的定义点或者极点。在实际设计过程中，艺术样条曲线多用于数字化绘图或动画设计，相比一般样条曲线而言，它由更多的定义点生成。

单击选项卡"曲线"→"艺术样条"按钮，打开"艺术样条"对话框，如图 2-47 所示。在该对话框中包含了艺术样条曲线的通过点和通过极点两种创建方式。其操作方法和草图艺术样条的创建方法一样，这里不再详细介绍。

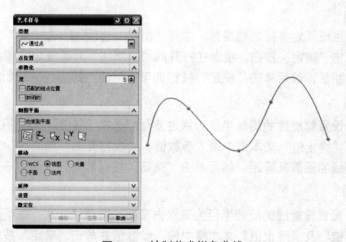

图 2-47　绘制艺术样条曲线

在 UG NX 10 中，矩形和多边形是两种比较特殊的曲线，也是在机械设计过程中比较常用的曲线类型。这两种类型的曲线不仅可以构造复杂的曲面，也可以直接作为实体的截面，并可以通过特征操作来创建规则的实体模型。

2.1.9 螺旋曲线

螺旋线是指由一些特殊的运动所产生的轨迹。螺旋线是一种特殊的规律曲线，它是具有指定圈数、螺距、弧度、旋转方向和方位的曲线。它的应用比较广泛，主要用于螺旋槽特征的扫描轨迹线，如机械上的螺杆、螺母、螺钉和弹簧等零件都是典型的螺旋线形状。

单击选项卡"曲线"→"螺旋线"按钮，打开"螺旋线"对话框，如图 2-48 所示。在该对话框中包含了如下两种创建螺旋线的方式。

1. 使用规律曲线

该方式用于设置螺旋线半径按一定的规律法则进行变化来创建螺旋线。单击"使用规律曲线"单选按钮后，系统打开如图 2-49 所示的"规律函数"对话框，该对话框提供了 7 种变化规律方式来控制螺旋半径沿轴线方向的变化规律。

图 2-48　"螺旋线"对话框

图 2-49　"规律函数"对话框

❑ 恒定

此方式用于生成固定半径的螺旋线。选择"恒定"选项，在"值"文本框中输入规律值的参数并单击"确定"按钮，接着在打开的"螺旋线"对话框中的相应文本框中输入螺旋线的螺距和圈数，最后单击"确定"按钮即可，创建的螺旋线方法如图 2-50 所示。

❑ 线性

此方式用于设置螺旋线的旋转半径为线性变化。选择"线性"选项，在打开对话框中"起始值"及"终止值"文本框中输入参数值，并在打开的"螺旋线"对话框的相应文本框中输入螺旋线的圈数及螺距，然后单击"确定"按钮即可，创建方法如图 2-51 所示。

❑ 三次

此方式用于设置螺旋线的旋转半径为三次方变化。选择"三次"选项，在打开的对话框中的"起始值"及"终止值"文本框中输入参数值并单击"确定"按钮。然后在打开的"螺旋线"对话框的相应文本框中输入螺旋线的相关参数即可。这种方式产生的螺旋线与线性方式比较相似，只是在螺旋线形式上有所不同，创建的螺旋线效果如图 2-52 所示。

中文版入门与提高从入门到精通

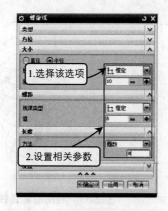

图 2-50　利用恒定方式创建螺旋线

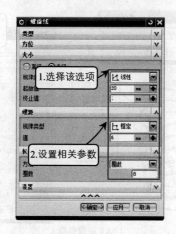

图 2-51　利用线性方式创建螺旋线

□　沿着脊线的线性

此方式用于生成沿脊线变化的螺旋线，其变化形式为线性的。选择"沿着脊线—线性"选项，根据系统提示选取一条脊线，再利用点创建功能指定脊线上的点，并确定螺旋线在该点处的半径值即可，创建的效果如图 2-54 所示。

□　沿着脊线的三次

此方式是以脊线和变化规律值来创建螺旋线。与沿着脊线的值—线性方式类似，选择"沿着脊线三次"选项后，首先选取脊线，让螺旋线沿此线变化，再选取脊线上的点并输入相应的半径值即可。这种方式和前一种创建方式最大的差异就是螺旋线旋转半径变化方式按三次方变化，前一种是按线性变化，创建的螺旋线效果如图 2-53 所示。

□　根据方程

利用该方式可以创建指定的运算表达式控制的螺旋线。在利用该方式之前，首先要定义参数表达式。选择菜单按钮中的"工具"→"表达式"选项，在打开的"表达式"对话框中可以定义表达式。单击"根据方程"按钮，根据提示先指定 X 上的变量和运算表达式，同理依次完成 Y 和 Z 上的设置即可。

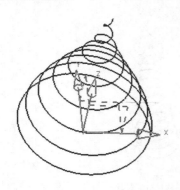

图 2-52　利用三次方式绘制的螺旋线

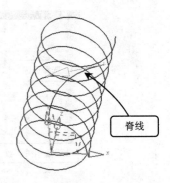

图 2-53　利用沿着脊线方式绘制螺旋线

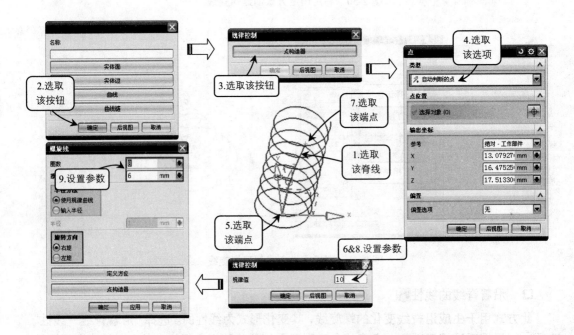

图 2-54　利用沿着脊线的值—线性方式创建的螺旋线

❏　**根据规律曲线**

此方式是利用规律曲线来决定螺旋线的旋转半径来创建螺旋的曲线。选择"规律曲线"选项，首先选取一条规律曲线，然后选取一条脊线来确定螺旋线的方向。产生螺旋线的旋转半径将会依照所选的规则曲线，并且由工作坐标原点的位置确定。

2．输入半径

此方式是利用输入螺旋线的半径为一定值来创建螺旋线，而且螺旋线每圈之间的半径值大小相同。单击"输入半径"单选按钮，然后在"螺旋线"对话框的相应文本框中设置参数并单击"点构造器"按钮，在工作区指定一点作为螺旋线的基点，最后单击"确定"按钮即可，创建方法如图 2-55 所示。

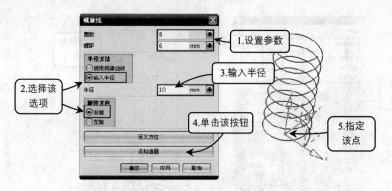

图 2-55　输入半径方式螺旋线

2.1.10　文本曲线

1.　绘制平面文本

平面文本是指在固定平面上创建的文本。在菜单按钮中选择"插入"→"曲线"→"文本"选项，弹出"文本"对话框，在"类型"栏中选择"平面的"选项，然后在工作区选择文本的放置点，在对话框"文本属性"栏的文本框中输入文字内容，并设置字体等其他属性，在"文本框"栏中可以设置文字的长度和高度，创建方法如图 2-56 所示。

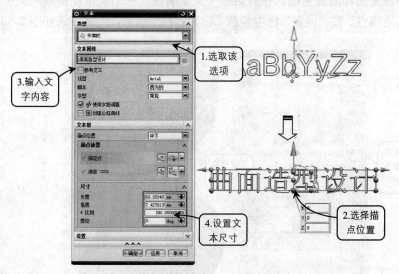

图 2-56　绘制平面文本

2.　绘制曲线文本

曲线文本是指创建的文本绕着曲线的形状产生。在菜单按钮中选择"插入"→"曲线"→"文本"选项，弹出"文本"对话框，在"类型"栏中选择"曲线上"选项，然后在工作区选择放置曲线，在对话框中设置文本的各项参数，创建方法如图 2-57 所示。

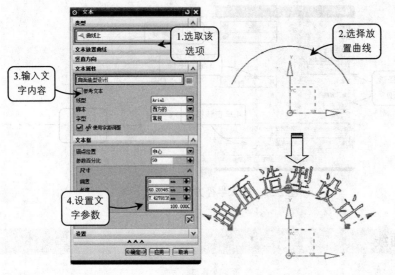

图 2-57　绘制曲线文本

3. 绘制曲面文本

曲面文本是指创建的文本投影到要创建文本的曲面上。在菜单按钮中选择"插入"→"曲线"→"文本"选项，弹出"文本"对话框，在"类型"栏中选择"面上"选项，然后在工作区选择放置面和放置曲线，在对话框"文本属性"栏的文本框中输入文字内容，并设置字体等其他属性，在"设置"栏中勾选"投影曲线"选项，创建方法如图 2-58 所示。

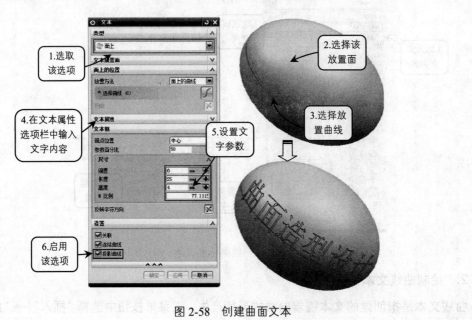

图 2-58　创建曲面文本

2.2 高级曲线操作

　　曲线作为构建三维模型的基础，在三维建模过程中有着不可替代的作用，尤其是在创建高级曲面时，使用基本曲线构造远远达不到设计要求，不能构建出高质量、高难度的三维模型，此时就要利用 UG NX 10 中提供的高级曲线来作为建模基础，具体包括截面曲线、镜像曲线、相交曲线、桥接曲线等。

2.2.1　截面曲线

　　截面曲线可以用设定的截面与选定的实体、平面或表面等相交，从而产生平面或表面的交线，或者实体的轮廓线。在创建截面曲线时，同创建求交曲线一样，也需要打开一个现有的文件。打开现有文件中的被剖面与剖切面之间必须在空间是相交的，否则将不能创建截面曲线。单击选项卡"曲线"→"派生的曲线"→"截面曲线"选项，打开"截面曲线"对话框。在该对话框中可以创建以下 4 种截面曲线：

>　选定的平面：该方式用于让用户在绘图工作区中用鼠标直接点选某平面作为截面。

>　平行平面：该方式用于设置一组等间距的平行平面作为截面。

>　径向平面：该方式用于设定一组等角度扇形展开的放射平面作为截面。

>　垂直于曲线的平面：该方式用于设定一个或一组与选定曲线垂直的平面作为截面。

　　下面以"选定的平面"为例介绍其操作方法。首先选取现有文件中要剖切的对象，然后根据提示选取剖切平面，最后单击"确定"按钮即可，如图 2-59 所示。

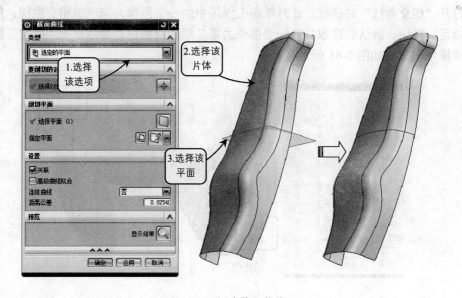

图 2-59　创建截面曲线

2.2.2 镜像曲线

镜像曲线可以通过基准平面或者平面复制关联或非关联的曲线和边。可镜像的曲线包括任何封闭或非封闭的曲线，选定的镜像平面可以是基准平面、平面或者实体的表面等类型。单击选项卡"曲线"→"派生的曲线"→"镜像曲线"按钮，打开"镜像曲线"对话框，然后选取要镜像的曲线并选取基准平面即可，如图 2-60 所示。

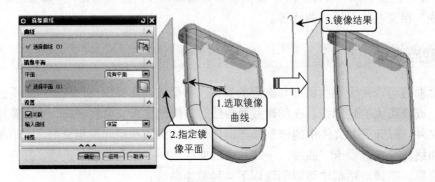

图 2-60　镜像曲线

2.2.3 相交曲线

相交曲线用于生成两组对象的交线，各组对象可分别为一个表面（若为多个表面，则须属于同一实体）、一个参考面、一个片体或一个实体。

创建相交曲线的前提条件是：打开的现有文件必须是两个或两个以上相交的曲面或实体，反之将不能创建求交曲线。单击选项卡"曲线"→"派生的曲线"→"相交曲线"按钮，打开"相交曲线"对话框。此时单击工作区中的一个面作为第一组相交曲面，然后单击"确定"按钮。确认后选取另外一个面作为第二组相交曲面，最后单击"确定"按钮即可完成操作，方法如图 2-61 所示。

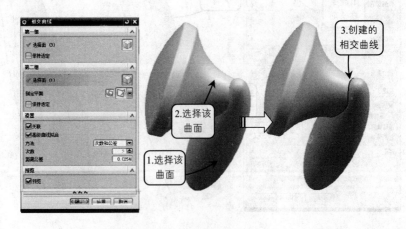

图 2-61　创建相交曲线

2.2.4　桥接曲线

桥接曲线是在曲线上通过用户指定的点对两条不同位置的曲线进行倒圆角或融合操作，曲线可以通过各种形式控制，主要用于创建两条曲线间的圆角相切曲线。在 UG NX 10 中，桥接曲线按照用户指定的连续条件、连接部位和方向来创建，是曲线连接中最常用的方法。在"曲线"选项卡中单击"桥接曲线"按钮，或者选择菜单按钮中的"插入"→"来自曲线集的曲线"→"桥接"选项，打开"桥接曲线"对话框。根据系统提示依次选取第一条曲线、第二条曲线。"桥接曲线"对话框中的"形状控制"面板可以用来选择已存在的样条曲线，使过滤曲线继承该样条曲线的外形。"形状控制"面板主要用于设定桥接曲线的形状控制方式。桥接曲线的形状控制方式有以下 4 种，选择不同的方式其下方的参数设置选项也有所不同。

1．相切幅值

该方式是通过改变桥接曲线与第一条曲线或第二条曲线连接点的切矢量值来控制曲线的形状。要改变切矢量值，可以通过拖动"开始"或"结束"选项中的滑块，也可以直接在其右侧的文本框中分别输入切矢量值，如图 2-62 所示。

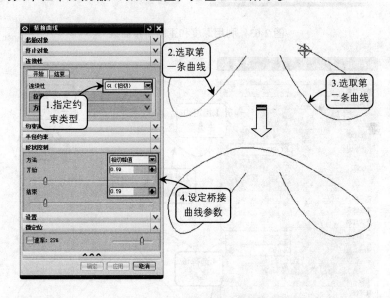

图 2-62　利用相切幅值桥接曲线

2．深度和歪斜

该方式用于通过改变曲线峰值的深度和倾斜度值来控制曲线形状。它的使用方法和相切幅值方式一样，可以通过输入深度值或拖动滑块来改变曲线形状，如图 2-63 所示。

3．二次曲线

该方式仅在相切连续方式下有效。选择该方式后，通过改变桥接曲线的 Rho 值来控制桥接曲线的形状。可以在 Rho 文本框中输入 0.01~0.99 范围内的数值，也可以拖动滑块来

控制曲线的形状。Rho 值越小，过渡曲线越平坦，Rho 值越大，曲线越陡峭，如图 2-64 所示。

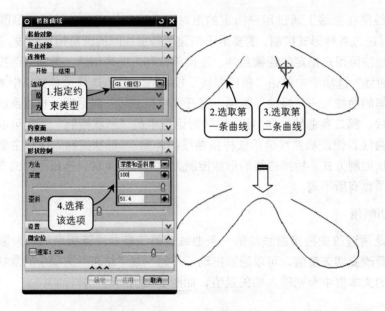

图 2-63　利用深度和歪斜桥接曲线

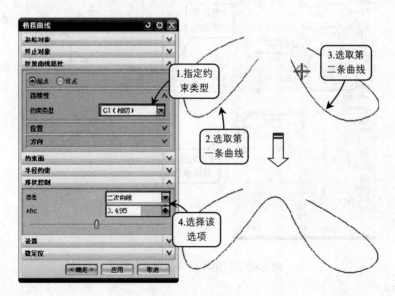

图 2-64　利用二次曲线桥接曲线

4．参考成型曲线

该方式是通过选取已有的参考曲线控制桥接曲线形状。选择该选项，依次在工作区选取第一条曲线和第二条曲线，然后选取参考的成型曲线，此时系统会自动生成开始和结束曲线的桥接曲线，效果如图 2-65 所示。

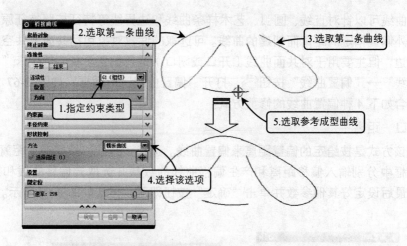

图 2-65　利用参考成型桥接曲线

2.2.5　连结曲线

连结曲线可将一系列曲线或边连结到一起，以创建单条 B 样条曲线。该 B 样条曲线是与原先的曲线链近似的多项式样条，或者是确切表示原曲线链的一般样条。

若选取的曲线是封闭的曲线样条，而且样条的起点和终点不是相切连续的，则创建的曲线为一个开放相切连续，则最终的样条也会在起点和终点的连结处相切连续，并且是周期性的。如果在曲线之间没有间隙，并且所有曲线都是相切连续的，则使用连结曲线将创建选定曲线链的精确表示形式，但是如果存在大于距离公差的间隙，则无法连结曲线。

单击选项卡"曲线"→"更多"→"连结曲线"按钮 ，打开"连结曲线"对话框。利用"连结曲线"对话框连续选取要连结的曲线，默认对话框中其他选项，最后单击"确定"按钮，如果不希望输出样条与输入曲线关联，则可以禁用"关联"复选框，最终结果如图 2-66 所示。

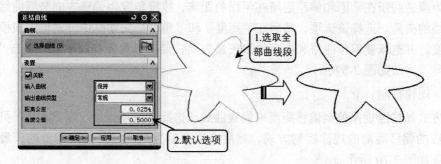

图 2-66　连结曲线

2.2.6　偏置曲线

偏置曲线是指生成原曲线的偏移曲线。要编辑的曲线可以使直线、圆弧、缠绕/展开等。

偏置曲线可以针对直线、圆弧、艺术样条曲线和边界线等特征按照特征原有的方向，向内或向外偏置指定的距离而创建的曲线。可选取的偏置对象包括共面或共空间的各类曲线和实体边，但主要用于对共面曲线（开口或闭口）进行偏置。单击选项卡"曲线"→"派生的曲线"→"偏置曲线"按钮，打开"偏置曲线"对话框，如图 2-67 所示。在对话框中包含如下 4 种偏置曲线的修剪方式。

❑ 距离

该方式是按给定的偏置距离来偏置曲线。选择该选项，然后在"距离"和"副本数"文本框中分别输入偏移距离和产生偏移曲线的数量并选取要偏移曲线和制定偏置矢量方向，最后设定好其他参数并单击"确定"按钮即可，方法如图 2-68 所示。

图 2-67　"偏置曲线"对话框　　　　图 2-68　利用距离偏置曲线

❑ 拔模

该方式是将曲线按指定的拔模角度偏移到与曲线所在平面相距拔模高度的平面上。拔模高度为原曲线所在平面和偏移后所在平面的距离，拔模角度为偏移方向与原曲线所在平面的法线的夹角。选择该选项，然后在"高度"和"角度"文本框中分别输入拔模高度和拔模角度，并选取要偏移曲线和指定偏置矢量方向，最后设置好其他参数并单击"确定"按钮即可，方法如图 2-69 所示。

❑ 规律控制

该方式是按照规律控制偏移距离来偏置曲线。选择该选项，从"规律类型"列表框中选择相应的偏移距离的规律控制方式，然后选取要偏置的曲线并指定偏置的矢量方向即可，方法如图 2-70 所示。

❑ 3D 轴向

该方式是以轴矢量为偏置方向偏置曲线。选择该选项，然后选取要偏置的曲线并指定偏置矢量方向，在"距离"文本框中输入需要偏置的距离，最后单击"确定"按钮即可生成相应的偏置曲线，方法如图 2-71 所示。

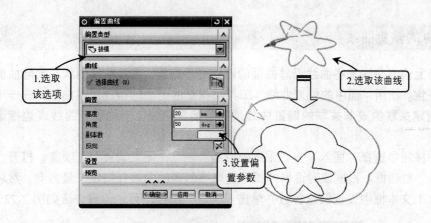

图 2-69　利用拔模偏置曲线

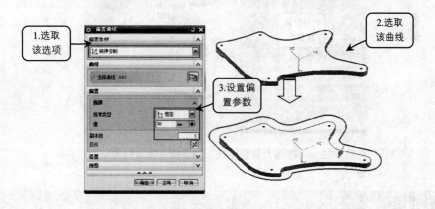

图 2-70　利用规律控制偏置曲线

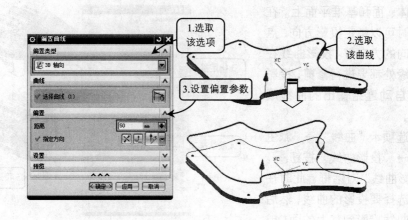

图 2-71　利用 3D 轴向偏置曲线

2.2.7 面中的偏置曲线

在曲面上偏置曲线是将曲线沿着曲面的形状进行偏置,偏置曲线的状态会随曲面形状的变化而变化。使用"面中的偏置曲线"工具可根据曲面上的相连边或曲线,在一个或多个曲面上创建关联的或非关联的偏置曲线,并且偏置曲线位于距现有曲线或边指定距离处。

在菜单按钮中选择"插入"→"派生的曲线"→"在面上偏置"选项,打开"在面上偏置曲线"对话框。根据该对话框的提示选取要偏置的曲线并指定矢量方向,然后在截面线1:偏置1文本框中设置偏置参数并单击"确定"按钮即可,偏置方法如图2-72所示。

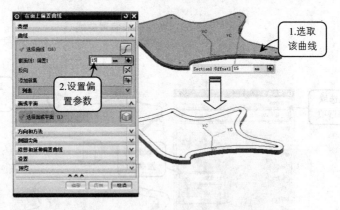

图2-72 "在面上偏置曲线"对话框及偏置效果

2.2.8 投影曲线

投影曲线可以将曲线、边和点投影到片体、面和基准平面上。在投影曲线时可以指定投影方向、点或面的法向的方向等。投影曲线在孔或面边缘处都要进行修剪,投影之后可以自动连结输出的曲线成一条曲线。

单击选项卡"曲线"→"派生的曲线"→"投影曲线"按钮,打开"投影曲线"对话框,此时在工作区中选择要投影的曲线,然后选取要将曲线投影到其上的面(或平面或基准平面)并指定投影方向,最后单击"确定"按钮即可,其最终效果如图2-73所示。

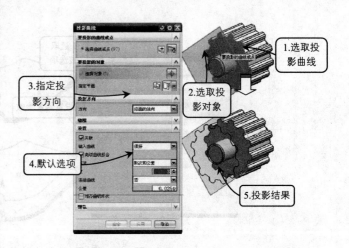

图2-73 "投影曲线"对话框及投影效果

2.2.9　组合投影曲线

该工具是组合两个现有曲线链的投影交集，以创建曲线。其实质即是在同一截面上，两条曲线上的各个点在各自矢量方向上相交于一点，将这些点连接起来，得出的曲线即为两条曲线组合投影创建的曲线，也可以是曲面或实体的边。另外两条平面曲线通过组合投影可以创建一条空间曲线。

在菜单按钮中选择"插入"→"派生的曲线"→"组合投影"按钮，打开"组合投影"对话框。然后依次选取要投影的两条曲线，并分别指定两条曲线的投影方向，如图 2-74 所示。

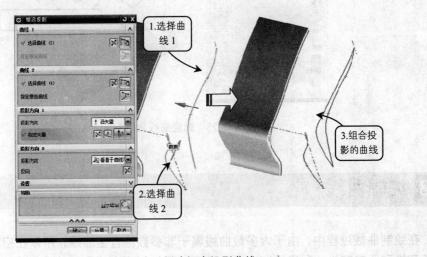

图 2-74　创建组合投影曲线

2.2.10　缠绕/展开曲线

缠绕/展开曲线可以将曲线从一个平面缠绕到一个圆锥面或圆柱面上，或从圆锥面和圆柱面展开到一个平面上。使用"缠绕/展开曲线"工具输出的曲线是 3 次 B 样条，并且与其输入曲线、定义面和定义平面相关联。单击选项卡"曲线"→"派生的曲线"→"缠绕/展开曲线"按钮，打开"缠绕/展开曲线"对话框，如图 2-75 所示。该对话框中包括如下缠绕/展开曲线操作的选择方法和常用选项。

➢ 缠绕：选择该选项，系统将设置曲线为缠绕形式。

➢ 展开：选择该选项，系统将设置曲线为展开形式。

➢ 曲线：此面板用于选取要缠绕或展开的曲线。

➢ 面：此面板用于选取缠绕对象的表面，在选取时，系统只允许选取圆锥或圆柱的实体表面。

➢ 平面：此面板用于确定产生缠绕的平面。在选取时，系统要求缠绕平面要与被缠绕表面相切，否则将会提示错误信息。

➢ 切割线角度：用于设置实体在缠绕面上旋转时的起始角度，它直接影响到缠绕或

展开曲线的形态。

下面以缠绕曲线为例介绍其操作方法。首先选择该选项，然后在工作区中选取要缠绕的曲线并单击"面"按钮，选取曲线要缠绕的面，接着单击"平面"按钮，确定产生缠绕的平面，最后单击"确定"按钮即可，最终效果如图 2-75 所示。

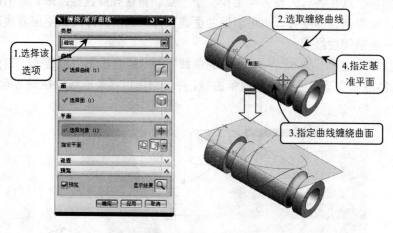

图 2-75　缠绕曲线效果

2.3 编辑曲线

在绘制曲线过程中，由于大多数曲线属于非参数性自由曲线，所以在空间中具有较大的随意性和不确定性。利用绘制曲线工具远远不能创建出符合设计要求的曲线，这就需要利用本节介绍的编辑曲线工具，通过编辑曲线以创建出符合设计要求的曲线，具体包括编辑曲线参数、修剪曲线和修剪拐角以及分割曲线等。

2.3.1 编辑曲线参数

编辑曲线参数主要是通过重定义曲线的参数以改变曲线的形状和大小。单击选项卡"曲线"→"更多"→"编辑曲线参数"按钮，打开"编辑曲线参数"对话框，如图 2-76 所示。该对话框中主要选项含义如下：

图 2-76　"编辑曲线参数"对话框

> ➢ 点方法：该选项用于设置系统在工作区捕捉点的方式，设置某一方式后，系统可以捕捉特定的点。
> ➢ 参数：若单击"参数"单选按钮，在选取了圆弧或圆后，则可在对话框跟踪条的参数文本框中输入新的圆弧或圆的参数值。
> ➢ 拖动：若选择的是圆弧的端点，则可利用拖动的功能或辅助工具栏来定义新的端点的位置；若选择的是圆弧的非控制点，则可利用拖动的功能改变圆弧的半径及起始、终止圆弧角，还可以通过拖动功能改变圆的大小。
> ➢ 补弧：选取"参数"单选按钮和圆弧后，单击"补弧"按钮，则系统会显示该圆弧的互补圆弧。
> ➢ 显示原先的样条：该复选框用来设置编辑关联曲线后曲线间的相关性是否存在；若单击"按原先的"单选按钮，原来的相关性将会被破坏；若单击"根据参数"单选按钮，原来的相关性仍然存在。
> ➢ 更新：单击该按钮，可以恢复前一次的编辑操作。

要编辑参数的曲线有多种类型，编辑的曲线可以是直线、圆弧/圆，也可以是样条曲线等。根据选取的对象不同，可以编辑以下两类曲线参数。

1．编辑直线参数

在进行曲线编辑的过程中，如果选择的对象是直线，则可以编辑直线的端点位置和直线参数（长度和角度）。在工作区中双击要编辑的直线，弹出"直线"对话框，在对话框中设置起点、终点和方向相关参数后按回车键即可，如图 2-77 所示为编辑直线方向的方法。

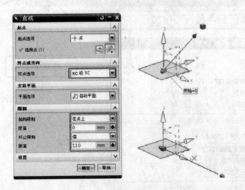

图 2-77　编辑直线方向参数

2．编辑圆/圆弧参数

编辑曲线时，若选择的对象是圆或者圆弧，则可以修改圆或者圆弧的半径、起始/终止圆弧角的参数。圆弧或圆有 4 种编辑方式：

❑　移动圆弧或圆

如果选取的对象是圆弧或圆的圆心，则可以在工作区中移动圆心的位置或在对话框中设置圆心的坐标值来移动整个圆弧或圆，如图 2-78 所示。

❑ 互补圆弧

在绘制互补圆弧时，可以在工作区中双击要绘制互补圆弧的圆弧，在弹出的"编辑曲线"对话框中单击"补弧"按钮即可创建互补圆。单击选项卡"曲线"→"更多"→"编辑曲线参数"按钮，弹出"编辑曲线参数"对话框，选择"参数"单选按钮并在工作区选取圆弧，然后单击"补弧"按钮，则系统会显示该圆弧的互补圆弧，如图 2-79 所示。

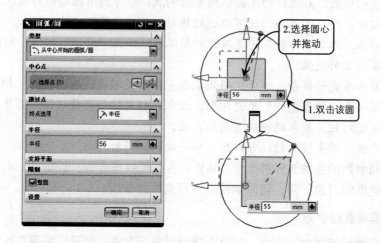

图 2-78　编辑圆弧的移动圆

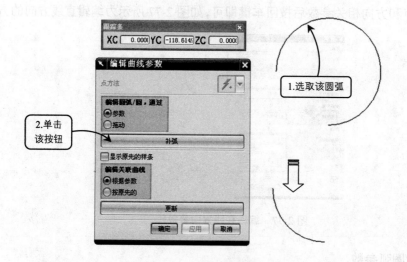

图 2-79　编辑互补圆弧

❑ 参数编辑

在工作区中双击要编辑的圆，弹出"圆弧/圆"对话框，在对话框中的"半径"文本框中输入新的圆弧或圆的半径值，去掉"限制"栏中"整圆"的勾选，在展开的"限制"选项栏中设置圆的起始角度，即可完成圆参数的编辑操作，编辑方法如图 2-80 所示。

❑　拖动

若选取的是圆弧的端点，则可利用拖动的功能或"跟踪条"对话框来定义新的端点的位置；若选取的是圆弧的非控制点，则可利用拖动的功能改变圆弧的半径及起始、终止圆弧角，还可以通过拖动功能改变圆的大小。

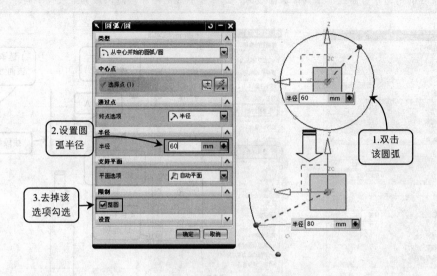

2.设置圆弧半径

3.去掉该选项勾选

1.双击该圆弧

图 2-80　编辑圆半径和起始角度

2.3.2　修剪曲线

修剪曲线是指可以通过曲线、边缘、平面、表面、点或屏幕位置等工具调整曲线的端点，可延长或修剪直线、圆弧、二次曲线或样条曲线等。单击选项卡"曲线"→"编辑曲线"→"修剪曲线"按钮，打开"修剪曲线"对话框，如图 2-81 所示。该对话框中主要选项含义如下：

➤　方向：该列表用于确定边界对象与待修剪曲线交点的判断方式。具体包括"最短的 3D 距离""相对于 WCS""沿矢量方向"以及"沿屏幕垂直方向"4 种方式。

➤　关联：若启用该复选框，则修剪后的曲线与原曲线具有关联性，若改变原曲线的参数，则修剪后的曲线与边界之间的关系自动更新。

➤　输入曲线：该选项用于控制修剪后的原曲线保留的方式。共包括"保留""隐藏""删除"和"替换"4 种保留方式。

➤　曲线延伸：如果要修剪的曲线是样条曲线并且需要延伸到边界，则利用该选项设置其延伸方式。包括"自然""线性""圆形"和"无"4 种方式。

➤　修剪边界对象：若启用该复选框，则在对修剪对象进行修剪的同时，边界对象也被修剪。

➤　保持选定边界对象：启用该复选框，单击"应用"按钮后使边界对象保持被选取状态，此时如果使用与原来相同的边界对象修剪其他曲线，不用再次选取。

➤　自动选择递进：启用该复选框，系统按选择步骤自动进行下一步操作。

UG NX 10 中文版曲面设计从入门到精通

下面以图 2-82 所示的图形对象为例详细介绍其操作方法。选取轮廓线为修剪对象，直线 A 为第一边界对象，直线 B 为第二边界对象。接受系统默认的其他设置，最后单击"确定"按钮即可。

提 示：在利用"修剪曲线"工具修剪曲线时，选择边界线的顺序不同，修剪结果也不同。

图 2-81   "修剪曲线"对话框　　　　　　　　　图 2-82   修剪曲线

2.3.3　修剪拐角

修剪拐角主要用于修剪两不平行曲线在其交点而形成的拐角，包括已相交的或将来相交的两曲线。单击选项卡"曲线"→"更多"→"修剪拐角"按钮。在打开的"修剪拐角"对话框中提示用户选取要修剪的拐角。在修剪拐角时，若移动鼠标使选择球同时选中欲修剪的两曲线，且选择球中心位于欲修剪的角部位，单击鼠标左键确认，两曲线的选中拐角部分会被修剪；若选取的曲线中包含样条曲线，系统会打开警告信息，提示该操作将删除样条曲线的定义数据，需要用户给与确认。修剪方法如图 2-83 所示。

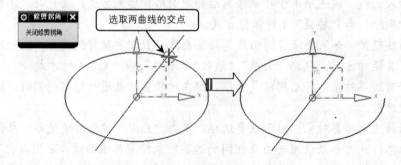

图 2-83   修剪拐角

2.3.4 分割曲线

　　分割曲线是指将曲线分割成多个节段，各节段都是一个独立的实体，并赋予和原先的曲线相同的线型。单击选项卡"曲线"→"更多"→"分割曲线"按钮 $\int$，打开"分割曲线"对话框，如图 2-84 所示。该对话框提供以下 5 种分割曲线的方式。

图 2-84　"分割曲线"对话框

　　❑　等分段

　　该方式是以等长或等参数的方法将曲线分割成相同的节段。选择"等分段"选项后，选择要分割的曲线，然后在相应的文本框中设置等分参数并单击"确定"按钮即可，如图 2-85 所示。

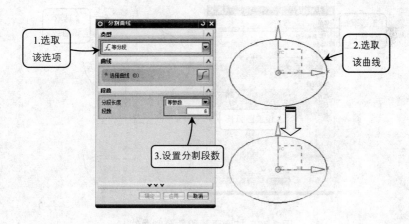

图 2-85　按等分段分割曲线

　　❑　按边界对象

　　该方式是利用边界对象来分割曲线。选择"按边界对象"选项，然后选取要分割的曲线并根据系统提示选取边界对象，最后单击"确定"按钮即可完成操作，如图 2-86 所示。

　　❑　圆弧长段数

　　该方式是通过分别定义各阶段的弧长来分割曲线。选择圆弧长段数选项，然后选取要

分割的曲线，最后在"圆弧长"文本框中设置圆弧长段数并单击"确定"按钮即可，如图 2-87 所示。

❑ 在结点处

利用该方式只能分割样条曲线，在曲线的定义点处将曲线分割成多个节段。选择该选项后，选择要分割的曲线，然后在"方法"列表框中选择分割曲线的方法，最后单击"确定"按钮即可，如图 2-88 所示。

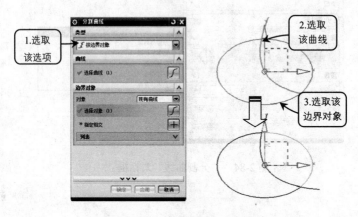

图 2-86　按边界对象分割曲线

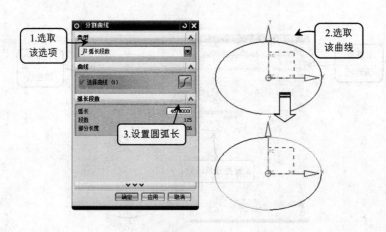

图 2-87　按圆弧长段数分割曲线

❑ 在拐角上

该方式是在拐角处（即一阶不连续点）分割样条曲线（拐角点是样条曲线节段的结束点方向和下一节段开始点方向不同而产生的点）。选择该选项后，选择要分割的曲线，系统会在样条曲线的拐角处分割曲线，如图 2-89 所示。

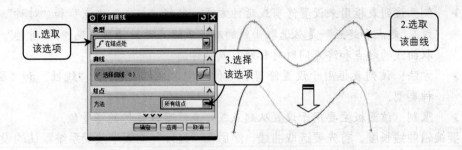

图 2-88　在结点处分割曲线

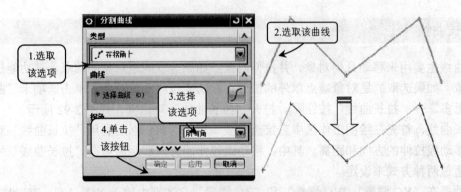

图 2-89　按在拐角上分割曲线

2.3.5 编辑曲线长度

　　曲线长度用来指定弧长增量或总弧长方式以改变曲线的长度，它同样具有延伸弧长或修剪弧长的双重功能。利用编辑曲线长度可以在曲线的每个端点处延伸或缩短一段长度，或使其达到一个双重曲线长度。单击选项卡"曲线"→"编辑曲线"→"曲线长度"按钮，打开"曲线长度"对话框，如图 2-90 所示。该对话框中主要选项的含义如下：

图 2-90　"曲线长度"对话框

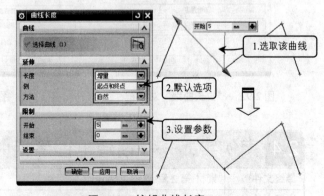

图 2-91　编辑曲线长度

> 长度：该列表框用于设置弧长的编辑方式，包括"增量"和"全部"两种方式。如选择"全部"，则以给定总长来编辑选取曲线的弧长；如选择"增量"，则以给定弧长增加量或减少量来编辑选取曲线的弧长。

> ➤ 侧：该列表框用来设置修剪或延伸方式，包括"起点和终点"和"对称"两种方式。"起点和终点"是从选取曲线的起点或终点开始修剪及延伸；"对称"是从选取曲线的起点和终点同时对称修剪或延伸。

> ➤ 方法：该列表框用于设置修剪和延伸类型，包括"自然""线性"和"圆形"3种类型。

> ➤ 限制：该面板主要用于设置从起点或终点修剪或延伸的增量值。

要编辑曲线长度，首先要选取曲线，然后在"延伸"面板中接受系统默认的设置，并在"开始"和"结束"文本框中分别输入增量值，最后单击"确定"按钮即可，如图 2-91 所示。

2.3.6　拉长曲线

拉长曲线主要用来移动几何对象，并拉伸对象。如果选取的是对象的端点，其功能是拉伸该对象；如果选取的是对象端点以外的位置，其功能是移动该对象。单击选项卡"曲线"→"更多"→"拉长曲线"按钮，打开"拉长曲线"对话框，如图 2-92 所示。

要拉长曲线，首先在绘图工作区中直接选取要编辑的对象，然后利用"拉长曲线"对话框设定移动或拉伸的方向和距离。其中，移动或拉伸的方向和距离可在"拉长曲线"的对话框中通过两种方式来设定。

第一种是在"XC 增量""YC 增量"和"ZC 增量"文本框中输入 XC、YC、ZC 坐标轴方向移动或拉伸的位移即可，拉长效果如图 2-93 所示。第二种方法是在"拉长曲线"对话框中单击"点到点"按钮，在设定一个参考点，然后设定一个目标点，此时系统会以该参考点至目标点的方向和距离来移动或拉伸对象。

图 2-92　"拉长曲线"对话框

图 2-93　拉长 YC 轴向效果

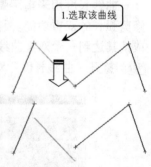

2.4　案例实战——创建电锤手柄曲面

最终文件：	素材\第 2 章\电锤手柄.prt
视频文件：	视频\2.4 创建电锤手柄曲面.mp4

本实例是创建一个电锤手柄曲面，如图 2-94 所示。该曲面是电锤壳体的主要特征，它的设计效果间接影响电锤的操作，创建手柄曲面特征便于操作者手握和沿钻口方向施力。

2.4.1 设计流程图

由于电锤手柄曲面为非规则曲面，不能通过扫掠工具来完成，所以必须首先绘制手柄各个截面的曲线。绘制这些截面的前提是创建边界基准点，并创建各边界点对应的基准面为参照。从而通过创建的截面作为交叉曲线创建网格曲面，设计流程如图 2-95 所示。

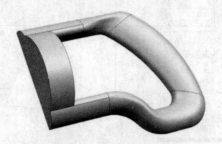

图 2-94　电锤手柄造型效果

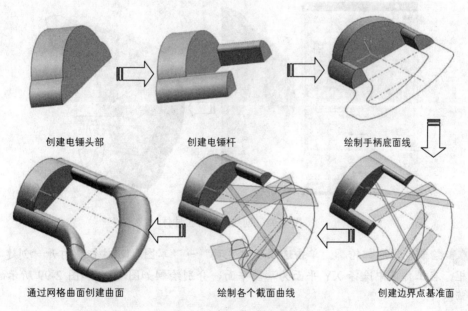

创建电锤头部　　　　创建电锤杆　　　　绘制手柄底面线

通过网格曲面创建曲面　　　绘制各个截面曲线　　　创建边界点基准面

图 2-95　电锤手柄设计流程图

2.4.2 具体设计步骤

01 创建电锤头部拉伸实体。单击选项卡"主页"→"特征"→"拉伸"按钮，在"拉伸"对话框中单击图标，以 XZ 平面为草图平面绘制如图 2-96 所示的草图，返回"拉伸"对话框后，设置拉伸开始和结束距离为 0 和 24.5，如图 2-96 所示。

02 创建电锤杆拉伸实体。单击选项卡"主页"→"特征"→"拉伸"按钮，在"拉

伸"对话框中单击 图标,以电锤头部端面为草图平面绘制如图 2-96 所示的草图,返回
"拉伸"对话框后,设置拉伸开始和结束距离为 0 和 37,如图 2-97 所示。

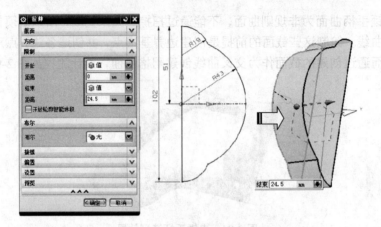

图 2-96　创建电锤头部拉伸实体

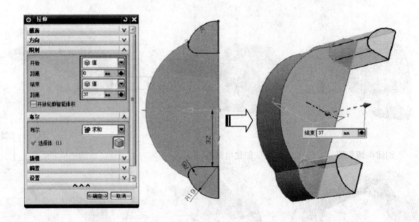

图 2-97　创建电锤杆拉伸体

03 绘制电锤底部轮廓。单击选项卡"主页"→"草图" 按钮,打开"创建草图"
对话框,在工作区中选择 XY 平面为草图平面,分别绘制如图 2-98 和图 2-99 所示的底部
轮廓草图。

04 创建边界基准点 1 和基准点 2。单击选项卡"曲线"→"点" 按钮,打开"点"
对话框,在"类型"下拉列表中选择"点在曲线/边上"选项,在工作区中选择要创建边界
点的直线,然后在对话框中设置 U 向参数为 0.6,如图 2-100 所示。按同样的方法创建另
一条直线上的基准点 2。

05 创建连接线段 1。单击选项卡"曲线"→"直线" 按钮,打开"直线"对话框,
在工作区中选择上步骤创建的两个基准点,如图 2-101 所示。

06 截面曲线段。单击选项卡"曲线"→"派生的曲线"→"截面曲线" 按钮,打
开"截面曲线"对话框,在工作区中选择要剖切的曲线,并选择 YZ 平面为剖切平面,创

建两个基准点，如图 2-102 所示。

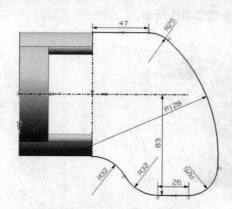

图 2-98　绘制电锤底部外轮廓

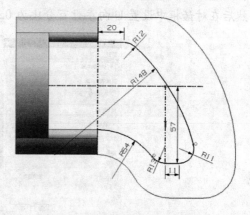

图 2-99　绘制电锤底部内轮廓

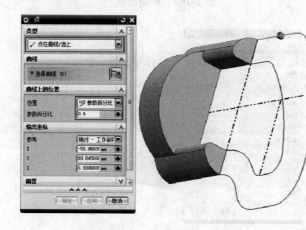

图 2-100　创建边界基准点 1

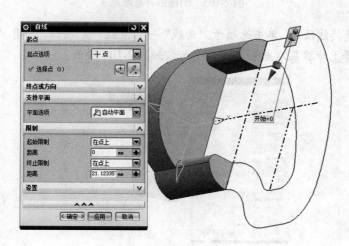

图 2-101　创建连接线段 1

07 创建边界基准点 3。单击选项卡 "曲线" → "点" ✛ 按钮，打开 "点" 对话框，

在"类型"下拉列表中选择"点在曲线/边上"选项，在工作区中选择要创建边界点的圆弧，然后在对话框中设置U向参数百分比为 0.3，如图 2-103 所示。

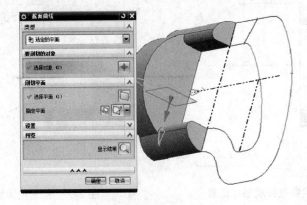

图 2-102　截面曲线

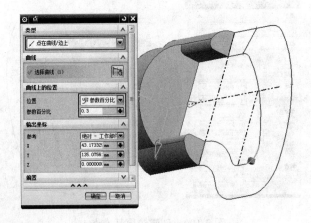

图 2-103　创建边界基准点 3

⑧ 创建连接线段 2。单击选项卡"曲线"→"直线" ╱ 按钮，打开"直线"对话框，在工作区中选择上步骤基准点和直线的端点，如图 2-104 所示。

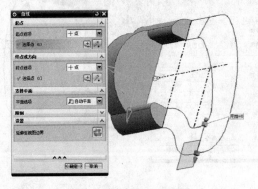

图 2-104　连接线段 2

09 创建其他连接线段。单击选项卡"曲线"→"直线" ✏ 按钮,打开"直线"对话框,在工作区中依次连接各个边界的基准点,如图 2-105 所示。

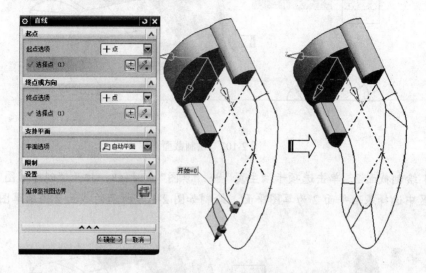

图 2-105　连接其他线段

10 创建基准平面。单击选项卡"主页"→"特征"→"基准平面" ☐ 按钮,在"类型"下拉列表中选择"成一角度"选项,并设置角度为 90,在工作区中选择 XY 平面为参考平面,选择连接线段为通过轴,如图 2-106 所示。按照同样的方法创建其他边界的基准平面。

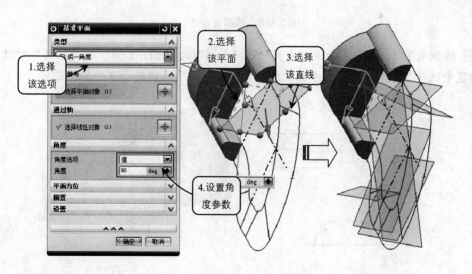

图 2-106　创建基准平面

11 绘制截面 1。单击选项卡"主页"→"草图" 🖼 按钮,打开"创建草图"对话框,在工作区中选择基准平面 1 为草图平面,绘制如图 2-107 所示的截面 1 轮廓草图。

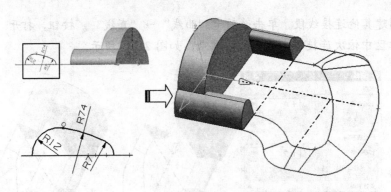

图 2-107　绘制截面 1

⑫　绘制截面 2。单击选项卡"主页"→"草图"按钮，打开"创建草图"对话框，在工作区中选择基准平面 2 为草图平面，绘制如图 2-108 所示的截面 2 轮廓草图。

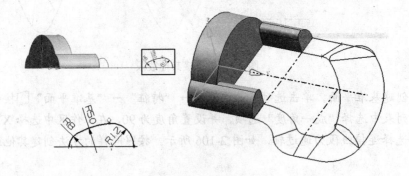

图 2-108　绘制截面 2

⑬　绘制截面 3。单击选项卡"主页"→"草图"按钮，打开"创建草图"对话框，在工作区中选择 YZ 平面为草图平面，绘制如图 2-109 所示的截面 3 轮廓草图。

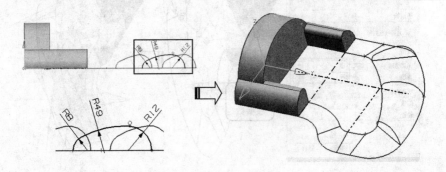

图 2-109　绘制截面 3

⑭　绘制截面 4。单击选项卡"主页"→"草图"按钮，打开"创建草图"对话框，在工作区中选择基准平面 4 为草图平面，绘制如图 2-110 所示的截面 4 轮廓草图。

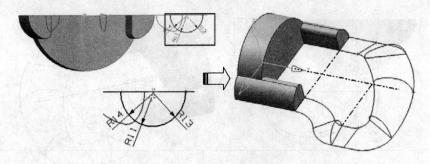

图 2-110　绘制截面 4

15 绘制截面 5。单击选项卡"主页"→"草图" 📇 按钮，打开"创建草图"对话框，在工作区中选择基准平面 5 为草图平面，绘制如图 2-111 所示的截面 5 轮廓草图。

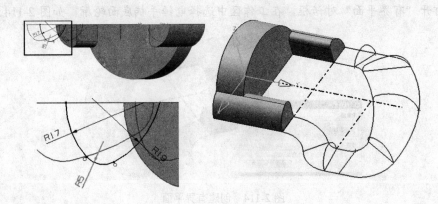

图 2-111　绘制截面 5

16 绘制截面 6。单击选项卡"主页"→"草图" 📇 按钮，打开"创建草图"对话框，在工作区中选择基准平面 6 为草图平面，绘制如图 2-112 所示的截面 6 轮廓草图。

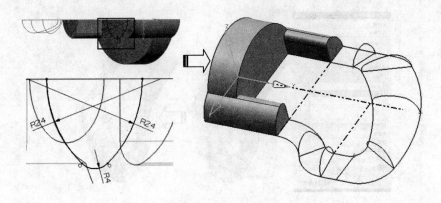

图 2-112　绘制截面 6

17 绘制截面 7。单击选项卡"主页"→"草图" 📇 按钮，打开"创建草图"对话框，在工作区中选择基准平面 7 为草图平面，绘制如图 2-113 所示的截面 7 轮廓草图。

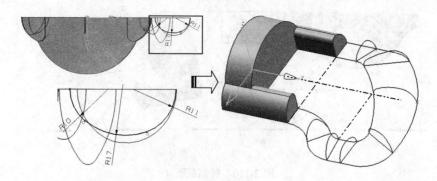

图 2-113 绘制截面 7

18 创建有界平面。单击选项卡"主页"→"曲面"→"更多"→"有界平面"按钮,将打开"有界平面"对话框,在工作区中选择电锤手柄底面轮廓,如图 2-114 所示。

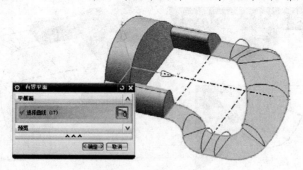

图 2-114 创建有界平面

19 创建曲线网格曲面 1。单击选项卡"主页"→"曲面"→"通过曲线网格" 按钮,打开"通过曲线网格"对话框,在工作区中依次选择手柄中间的三个截面为主曲线,选择底面轮廓曲线为交叉曲线,创建方法如图 2-115 所示。

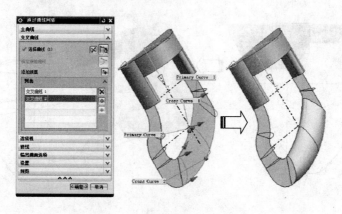

图 2-115 创建曲线网格曲面 1

20 创建曲线网格曲面 2。单击选项卡"主页"→"曲面"→"通过曲线网格" 按钮,打开"通过曲线网格"对话框,在工作区中依次选择手柄上侧面的三个截面为主曲线,

选择底面轮廓线为交叉曲线，并选择两端的连接曲面设置相切连续性，创建方法如图 2-116
所示。

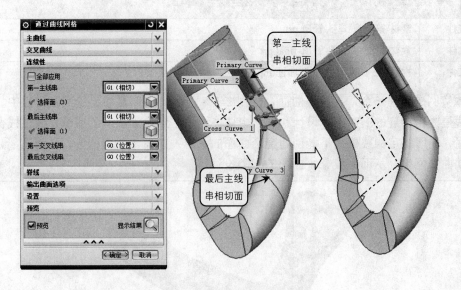

图 2-116　创建曲线网格曲面 2

㉑ 创建曲线网格曲面 3。单击选项卡"主页"→"曲面"→"通过曲线网格" 按
钮，打开"通过曲线网格"对话框，在工作区中依次选择手柄下侧面的 5 个截面为主曲线，
选择底面轮廓线为交叉曲线，并选择两端的连接曲面设置相切连续性，创建方法如图 2-117
所示。电锤手柄曲面创建完成。

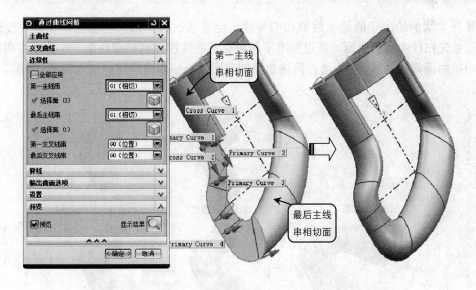

图 2-117　创建曲线网格曲面 3

UG NX 10 中文版曲面设计从入门到精通

2.5 案例实战——创建弯头管道曲面

原始文件：	素材\第 2 章\弯头管道.prt
最终文件：	素材\第 2 章\弯头管道-final.prt
视频文件：	视频\2.5 创建弯头管道曲面.mp4

本实例是创建一个弯头管道曲面，如图 2-118 所示。在创建曲面的实践过程中，曲面和曲线是紧密相连的。在实际设计和生产中往往给出达到设计要求的线框，通过线框去设计曲面，而所给定的线框是不能创建整个曲面的。通过曲面和曲线结合，先创建部分曲面来创建曲线网格，从而完成整个曲面的光顺设计。

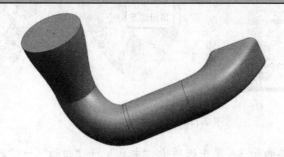

图 2-118　弯头管道造型效果

2.5.1 设计流程图

虽然本实例给出了的截面线框和引导线，但是通过扫掠出来的曲面不能达到设计要求。应首先扫掠中间的曲面，通过基准平面将交叉曲线投影到扫掠曲面上，并连接两端截面和扫掠曲面间的曲线。最后通过网格曲面创建出两端的曲面即可完成本实例，如图 2-119 所示。

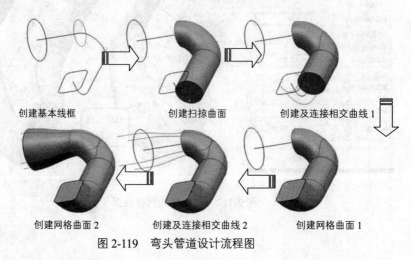

创建基本线框　　　　　创建扫掠曲面　　　　创建及连接相交曲线 1

创建网格曲面 2　　　　创建及连接相交曲线 2　　　　创建网格曲面 1

图 2-119　弯头管道设计流程图

2.5.2 具体设计步骤

01 创建扫掠曲面。单击选项卡"主页"→"曲面"→"扫掠"按钮，打开"扫掠"对话框，在工作区中选择截面曲线和引导线，如图 2-120 所示。

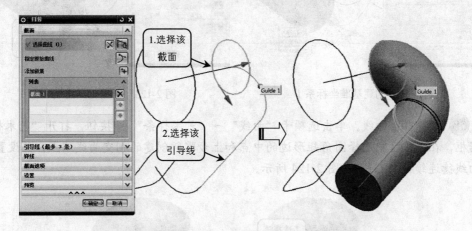

图 2-120　创建扫掠曲面

02 偏移管道端面。单击选项卡"主页"→"同步建模"→"移动面"按钮，打开"移动面"对话框，在"运动"下拉列表中选择"距离"选项，并设置距离为 25。在工作区中选择管道的端面，如图 2-121 所示。

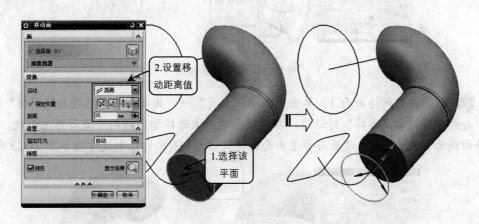

图 2-121　偏移管道端面

03 创建基准坐标系 1。单击选项卡"主页"→"特征"→"基准 CSYS"按钮，打开"基准 CSYS"对话框，在工作区中选择扫掠引导线的端点，如图 2-122 所示。

04 创建相交曲线 1。单击选项卡"曲线"→"派生的曲线"→"相交曲线"按钮，打开"相交曲线"对话框，在工作区中选择管道外表面为第一组面，选择上步骤所创建坐标系的 XZ 平面和 XY 平面为第二组面，如图 2-123 所示。

图 2-122　创建基准坐标系 1　　　　　　　图 2-123　创建相交曲线 1

05 创建样条曲线。单击选项卡"曲线"→"艺术样条" 按钮，打开"艺术样条"对话框，在工作区中选择圆角矩形边的中点和上步骤所创建的相交曲线端点，并设置与相交曲线德连续性为 G1，如图 2-124 所示。

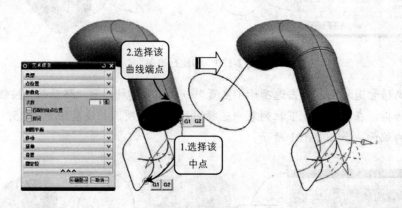

图 2-124　创建样条曲线

06 创建曲线网格曲面 1。单击选项卡"主页"→"曲面"→"通过曲线网格" 按钮，打开"通过曲线网格"对话框，在工作区中依次选择管道的两个截面为主曲线，选择样条曲线为交叉曲线，并设置与管道曲面的连续性为 G1(相切)，创建方法如图 2-125 所示。

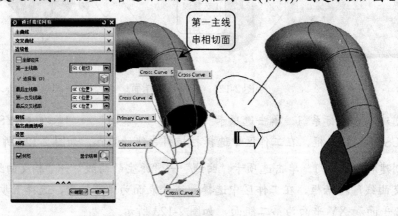

图 2-125　创建网格曲面 1

07 创建基准坐标系 2。单击选项卡 "主页" → "特征" → "基准 CSYS" 按钮，打开 "基准 CSYS" 对话框，在工作区中选择管道端面圆心，如图 2-126 所示。

08 创建相交曲线 2。单击选项卡 "曲线" → "派生的曲线" → "相交曲线" 按钮，打开 "相交曲线" 对话框，在工作区中选择管道外表面为第一组面，选择上步骤所创建坐标系的 YZ 平面和 XY 平面为第二组面，如图 2-127 所示。

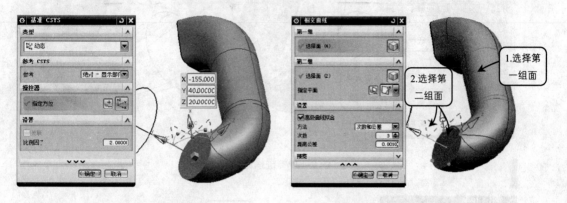

图 2-126　创建坐标系 2　　　　　　　　　　图 2-127　创建相交曲线 2

09 绘制端面相切直线。单击选项卡 "曲线" → "直线" 按钮，打开 "直线" 对话框，在工作区中选择截面圆的 4 个象限点，绘制长度为 27 的 4 条相切直线，如图 2-128 所示。

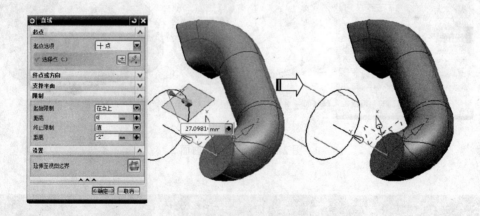

图 2-128　绘制端面相切直线

10 桥接曲线。单击选项卡 "曲线" → "派生的曲线" → "桥接曲线" 按钮，打开 "桥接曲线" 对话框，在工作区中选择管道上的相交曲线和上步骤所创建的相交直线，并在对话框 "形状控制" 选项组中设置参数，如图 2-129 所示。

11 创建曲线网格曲面 2。单击选项卡 "主页" → "曲面" → "通过曲线网格" 按钮，打开 "通过曲线网格" 对话框，在工作区中依次选择管道的两个截面为主曲线，选择桥接曲线为交叉曲线，并设置与管道曲面的连续性为 G1(相切)，创建方法如图 2-130 所示。

弯头管道曲面创建完成。

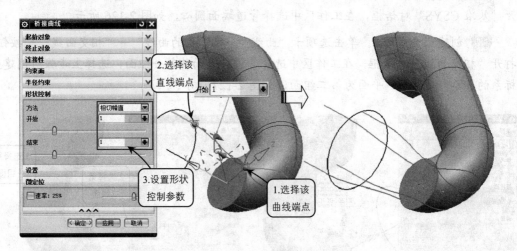

图 2-129　桥接曲线

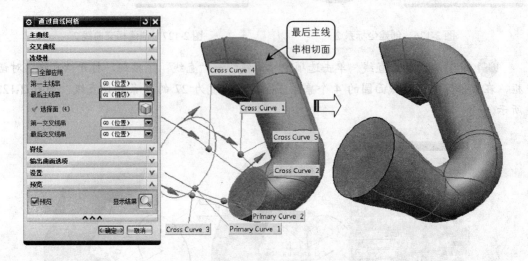

图 2-130　创建网格曲面 2

2.6 案例实战——创建手机上壳曲面

最终文件：	素材\第 2 章\手机上壳曲面.prt
视频文件：	视频\2.6 创建手机上壳曲面.mp4

　　本实例创建如图 2-131 所示的手机上壳曲面。在创建直板手机壳体时应当尽可能突出结构简洁大方，同时体现方便操作等特点。该壳体就是在这样的要求下创建完成，壳体表面屏幕部分稍微倾斜，这样便于使用者观看屏幕，按键部分表面相对趋于平面，便于使用者按键。

图 2-131　手机上壳造型效果

2.6.1　设计流程图

该手机为对称的曲面，所以只需要创建一半曲面镜像即可。首先创建外壳上下表面，以及绘制外壳侧面的轮廓线。然后通过投影曲线工具将轮廓线投影到上下表面上，并利用修剪工具将其修剪。最后绘制手机壳侧面的曲线网格，并通过曲线网格创建手机侧面曲面，镜像曲面即可完成该手机上壳曲面的创建，如图 2-132 所示

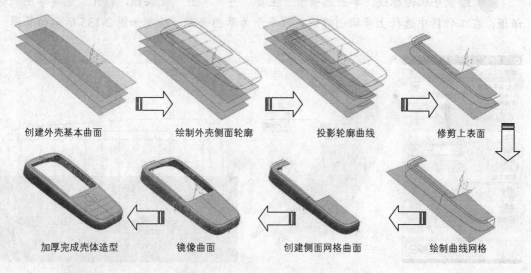

创建外壳基本曲面　　　绘制外壳侧面轮廓　　　投影轮廓曲线　　　修剪上表面

加厚完成壳体造型　　　镜像曲面　　　创建侧面网格曲面　　　绘制曲线网格

图 2-132　手机上壳设计流程图

2.6.2　具体设计步骤

01 创建外壳拉伸表面。单击选项卡 "主页" → "特征" → "拉伸" 按钮，在 "拉伸" 对话框中单击图标，以 YZ 平面为草图平面绘制如图 2-133 所示的草图，返回 "拉伸" 对话框后，设置拉伸开始和结束距离为 40 和 0，如图 2-133 所示。

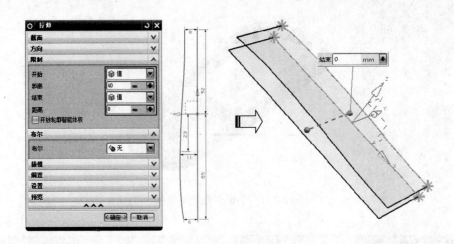

图 2-133　创建外壳拉伸表面

02 创建基准平面。单击选项卡"主页"→"特征"→"基准平面"□按钮，在"类型"下拉列表中选择"按某一距离"选项，并设置距离为 20，在工作区中选择 XY 平面为参考平面，如图 2-134 所示。

03 绘制手机轮廓线。单击选项卡"主页"→"草图"按钮，打开"创建草图"对话框，在工作区中选择上步骤创建的基准平面为草图平面，绘制如图 2-135 所示的草图。

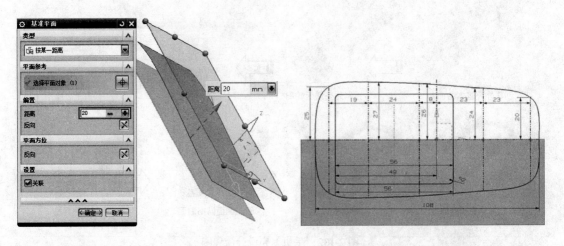

图 2-134　创建基准平面　　　　　图 2-135　绘制手机轮廓线

04 投影轮廓曲线。单击选项卡"曲线"→"派生的曲线"→"投影曲线"按钮，打开"投影曲线"对话框，在工作区中选择上步骤创建的外轮廓线，将其投影到上下两个表面上，选择手机屏幕轮廓线投影到上表面上，如图 2-136 所示。

05 在面上偏置的曲线。单击选项卡"曲线"→"派生的曲线"→"在面上偏置曲线"按钮，打开"在面上偏置曲线"对话框，在工作区中选择上表面的投影外轮廓线，向内偏置 3，如图 2-137 所示。

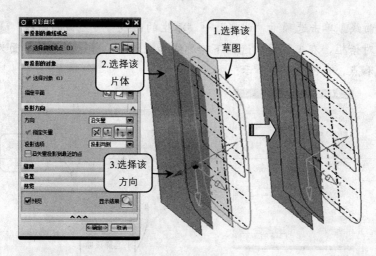

图 2-136　投影轮廓曲线

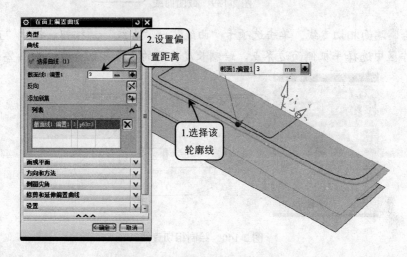

图 2-137　在面上偏置的曲线

06 修剪片体。单击选项卡"主页"→"特征"→"更多"→"修剪片体"按钮，打开"修剪片体"对话框，在工作区中选择上表面为目标面，分别选择轮廓线和屏幕轮廓线为边界对象，修剪方法如图 2-138 所示。

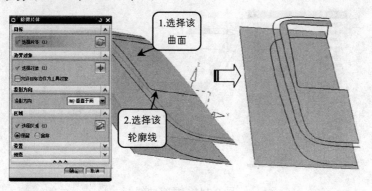

图 2-138　修剪片体

07 截面曲线。单击选项卡"曲线"→"派生的曲线"→"截面曲线"🔲按钮，打开"截面曲线"对话框，在工作区中选择下轮廓线和上表面，并选择 YZ 平面为剖切平面，创建截面曲线和点，如图 2-139 所示。

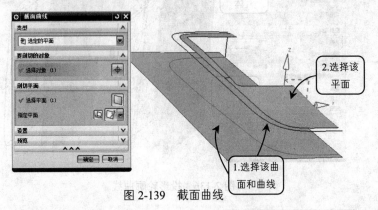

图 2-139　截面曲线

08 绘制端面相切直线。单击选项卡"曲线"→"直线"✏按钮，打开"直线"对话框，在工作区中选择手机侧面边界点，绘制长度为 3 的 3 条相切直线，如图 2-140 所示。

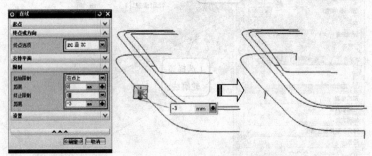

图 2-140　绘制相切直线

09 桥接曲线。单击选项卡"曲线"→"派生的曲线"→"桥接曲线"🔲按钮，打开"桥接曲线"对话框，在工作区中选择上表面边界曲线和上步骤创建的相切直线，并在对话框"形状控制"选项组中设置参数，如图 2-141 所示。按同样的方法绘制其他的两条桥接曲线。

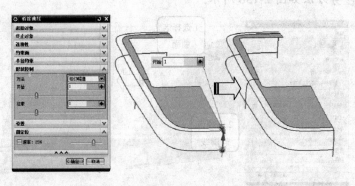

图 2-141　桥接曲线

⑩ 创建拉伸片体。单击选项卡"主页"→"特征"→"拉伸" ▮ 按钮，在工作区中选择手机截面的两条桥接曲线，设置拉伸开始和结束距离为 10 和 0，如图 2-142 所示。

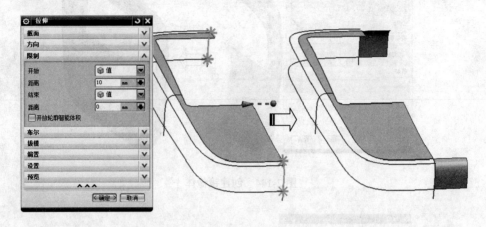

图 2-142　创建拉伸片体

⑪ 创建曲线网格曲面。单击选项卡"主页"→"曲面"→"通过曲线网格" ▦ 按钮，打开"通过曲线网格"对话框，在工作区中依次选择桥接曲线为主曲线，选择上下轮廓线为交叉曲线，并设置与其相连曲面的连续性为 G1(相切)，创建方法如图 2-143 所示。

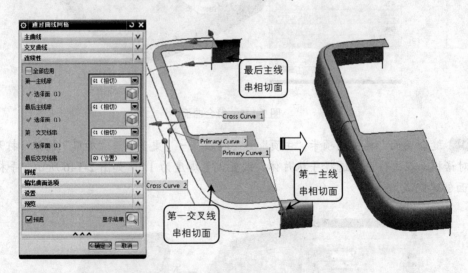

图 2-143　创建曲线网格曲面

⑫ 创建镜像体。选择菜单按钮中的"插入"→"关联复制"→"镜像体"选项，打开"镜像体"对话框，在工作区中选择所有曲面为目标面，选择 XZ 面为镜像平面，如图 2-144 所示。

⑬ 缝合曲面。选择菜单按钮中的"插入"→"组合体"→"缝合"选项，打开"缝合"对话框，在工作区中选择手机侧面为目标片体，选择手机壳其他所有面为刀具，如图 2-145 所示。

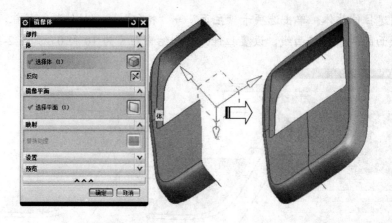

图 2-144　创建镜像体

图 2-145　缝合曲面

⑭ 缝合曲面。单击选项卡"主页"→"特征"→"更多"→"加厚"按钮，打开"加厚"对话框，在工作区中选择手机片体，设置偏置厚度为 1.2，如图 2-146 所示。手机上壳体曲面创建完成。

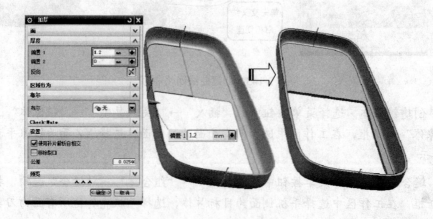

图 2-146　加厚曲面

第 3 章
由曲线创建曲面

学习目标：

➢ 曲线生成平面
➢ 直纹曲面
➢ 通过曲线组
➢ 通过网格曲线
➢ 扫掠曲面
➢ 剖切曲面
➢ 案例实战——创建照相机外壳模型
➢ 案例实战——创建轿车外壳曲面

利用曲线构建曲面骨架进而获得曲面是最常用的曲面构造方法，UG NX 10 提供了包括直纹面、通过曲线、通过曲线网格、扫掠以及截面体等多种曲线构造曲面工具，所获得的曲面全参数化，并且曲面与曲线之间有关联性。即当构造曲面的曲线进行编辑、修改后，曲面会自动更新，主要适用于大面积的曲面构造。

本章主要介绍曲线生成平面、直纹面、通过曲线组、通过曲线网格、扫掠曲面和剖切曲面，最后还佐以实例，为读者详细讲解由曲线创建曲面的流程和方法。

3.1 曲线生成平面

平面在曲面设计中经常会用到，常常用于生成分割面或产品的底面。在 UG NX 10 中"曲线成片体"和"有界平面"工具都可以在一个平面上生成由曲线围成的平面。

3.1.1 曲线成片体

使用"曲线成片体"工具可以将曲线特征生成片体特征，所选取的曲线必须是封闭的，而且其内部不能相互交叉。单击选项卡"曲面"→"曲面"→"更多"→"曲线成片体"按钮，将打开"从曲线获得面"对话框，该对话框中包含"按图层循环"和"警告"两个复选框，它们的操作方法相同，启用任何一个复选框后单击"确定"按钮，并选取图中的曲线对象，然后单击"类选择"对话框中的"确定"按钮即可生成片体，生成片体的效果如图 3-1 所示。

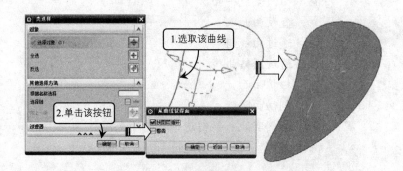

图 3-1   曲线生成片体

3.1.2 有界平面

有界平面与曲线成片体在生成平面效果上很相似。与曲线成片体不同的是：有界平面可以通过过滤器选择单条在平面上相连且封闭的曲线形成平面，有界平面生成的平面与曲线关联，而曲线成片体生成的曲面与曲线没有关联性。单击选项卡"主页"→"曲面"→"更多"→"有界平面"按钮，将打开"有界平面"对话框，该对话框中包含"平截面"和"预览"两个选项组，选择"平截面"选项组，在工作区中选取要创建片体的曲线对象，然后单击"确定"按钮即可生成有界平面，效果如图 3-2 所示。

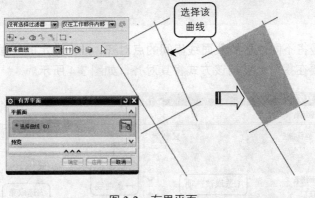

图 3-2 有界平面

3.2 直纹曲面

直纹曲面是通过两条截面曲线串生成的片体或实体。其中通过的曲线轮廓就称为截面线串，它可以由多条连续的曲线、体边界或多个体表面组成（这里的体可以是实体也可以是片体），也可以选取曲线的点或端点作为第一个截面曲线串。单击选项卡"曲面"→"曲面"→"更多"→"直纹" 按钮，打开"直纹"对话框，在该对话框的"对齐"列表框中可以使用以下两种对齐方式来生成直纹曲面。

3.2.1 参数

"参数"方式是将截面线串要通过的点以相等的参数间隔隔开，使每条曲线的整个长度完全被等分，此时创建的曲面在等分的间隔点处对齐。如果整个剖面线上包含直线，则用等弧长的方式间隔点；如果包含曲线，则用等角度的方式间隔点，如图 3-3 所示。

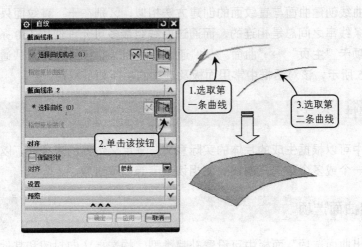

图 3-3 利用参数创建曲面

3.2.2 根据点

"根据点"是将不同外形的截面线串间的点对齐，如果选定的截面线串包含任何尖锐的拐角，则有必要在拐角处使用该方式将其对齐，如图 3-4 所示。

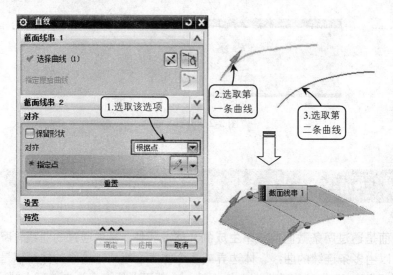

图 3-4　根据点创建曲面

3.3　通过曲线组

通过曲线组方法可以使一系列截面线串（大致在同一方向）建立片体或者实体。截面线串定义了曲面的 U 方向，截面线可以是曲线、体边界或体表面等几何体。此时直纹形状改变以穿过各截面，所生成的特征与截面线串相关联，当截面线串编辑修改后，特征自动更新。通过曲线创建曲面与直纹面的创建方法相似，区别在于：直纹面只使用两条截面线串，并且两条线串之间总是相连的，而通过曲线组最多可允许使用 150 条截面线串。

单击选项卡"主页"→"曲面"→"通过曲线组"　按钮，打开"通过曲线组"对话框，如图 3-5 所示，该对话框中常用面板及选项的功能如下叙述。

3.3.1 连续性

该面板中可以根据生成的片体的实际意义，来定义边界约束条件，以让它在第一条截面线串处和一个或多个被选择的体表面相切或者等曲率过渡。

3.3.2 输出曲面选项

在"输出曲面选项"面板中可设置补片类型、构造、V 向封闭和其他参数设置。

> ➢ 补片类型：用来设置生成单面片、多面片或者匹配类型的片体。其中选择"单个"类型，则系统会自动计算 V 向阶次，其数值等于截面线数量减 1；选择"多个"类型，则用户可以自己定义 V 向阶次，但所选择的截面数量至少比 V 向的阶次多一组。

> ➢ 构造：该选项用来设置生成的曲面符合各条曲线的程度，具体包括"法向""样条点"和"简单"3 种类型。其中"简单"是通过对曲线的数学方程进行简化，以提高曲线的连续性。

> ➢ V 向封闭：启用该复选框，并且选择封闭的截面线，则系统自动创建出封闭的实体。

> ➢ 垂直于终止截面：启用该复选框后，所创建的曲面会垂直于终止截面。

> ➢ 设置：该面板如图 3-6 所示，用来设置生成曲面的调整方式，同直纹面基本一样。

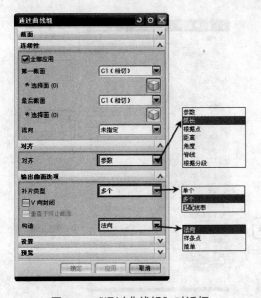

图 3-5　"通过曲线组"对话框

图 3-6　"设置"面板

3.3.3 公差

　　该选项组主要用来控制重建曲面相对于输入曲线的精度的连续性公差。其中 G0（位置）表示用于建模预设置的距离公差；G1(相切)表示用于建模预设置的角度公差；G2(曲率)表示相对公差 0.1 或 10%。

3.3.4 对齐

　　通过曲线组创建曲面与直纹面方法类似，这里以"参数"方式为例，在绘图区依次选取第一条截面线串和其他截面线串，并选择"参数"对齐方式，接受默认的其他设置，单击"确定"按钮，如图 3-7 所示。

3.4 通过网格曲线

使用"通过曲线网格"工具可以使一系列在两个方向上的截面线串建立片体或实体。截面线串可以由多段连续的曲线组成。这些线串可以是曲线、体边界或体表面等几何体。其中构造曲面时应该将一组同方向的截面线串定义为主曲线，而另一组大致垂直于主曲线的截面线串则为形成曲面的交叉线。由通过曲线网格生成的体相关联（这里的体可以是实体也可以是片体），当截面线边界修改后，特征会自动更新。

单击选项卡"主页"→"曲面"→"通过曲线网格" 按钮，打开"通过曲线网格"对话框，如图 3-8 所示。该对话框中主要选项的含义及功能如下所述。

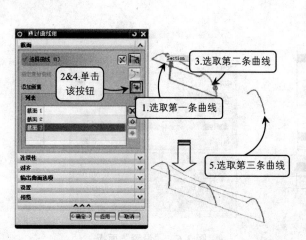

图 3-7 通过曲线组创建曲面

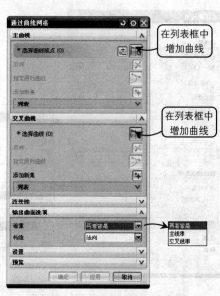

图 3-8 "通过曲线网格"对话框

3.4.1 指定主曲线

首先展开该对话框中的"主曲线"面板中的列表框，选取一条曲线作为主曲线。然后依次单击"添加新集" 按钮，选取其他主曲线，创建方法如图 3-9 所示。

3.4.2 指定交叉曲线

选取主曲线后，展开"交叉曲线"面板中的列表框，并选取一条曲线作为交叉曲线。然后依次单击该面板中的"添加新集" 按钮，选取其他交叉曲线将显示曲面创建效果，创建方法如图 3-9 所示。

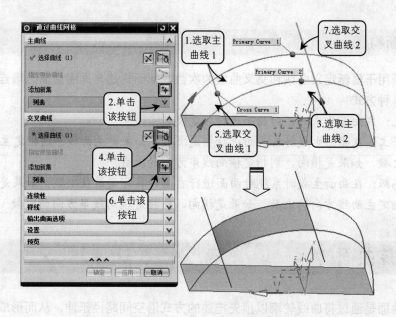

图 3-9　指定主曲线与交叉曲线创建曲面

3.4.3 着重

该选项用来控制系统在生成曲面时更靠近主曲线还是交叉曲线，或者在两者中间它只有在主曲线和交叉曲线不相交的情况下才有意义，具体包括以下 3 种方式：

> ➢ 两者皆是：完成主曲线，交叉曲线选取后，如果选择该方式，则生成的曲面会位于主曲线和交叉曲线之间，如图 3-10 所示。
> ➢ 主线串：如果选择"主线串"方式创建曲面，则生成的曲面仅通过主曲线，效果如图 3-11 所示。
> ➢ 交叉线串：如果选择"交叉线串"方式创建曲面，则生成的曲面仅通过交叉曲线，效果如图 3-12 所示。

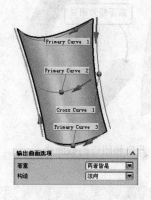

图 3-10　"两者皆是"生成

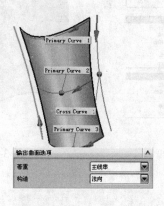

图 3-11　"主线串"生成

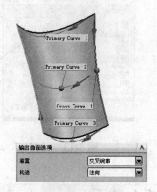

图 3-12　"交叉线串"生成

3.4.4 重新构建

该选项用于重新定义曲线和交叉曲线的次数，从而构建与周围曲面光顺连接的曲面，包括以下 3 种方式：

- ➢ 无：在曲面生成时不对曲面进行指定次数。
- ➢ 手工：在曲面生成时对曲面进行指定次数，如果是主曲线，则指定主曲线方向的次数，如果是横向，则指定横向线串方向的次数。
- ➢ 高级：在曲面生成时系统对曲面进行自动计算指定最佳次数，如果是主曲线，则指定主曲线方向的次数，如果是横向，则指定横向线串方向的次数。

3.5 扫掠曲面

扫掠曲面是通过将曲线轮廓以预先描述的方式沿空间路径延伸，从而形成新的曲面。该方式是所有曲面创建中最复杂、最强大的一种，它需要使用引导线串和截面线串两种线串。延伸的轮廓线为截面线，路径为引导线。

引导线可以由单段或多段曲线组成，引导线控制了扫描特征沿着 V 方向（扫描方向）的方位和尺寸大小的变化。引导线可以是曲线，也可以是实体的边或面。在利用"扫掠"创建曲面时，组成每条引导线的所有曲线之间必须相切过渡，引导线的数量最多为 3 条。单击选项卡"主页"→"曲面"→"扫掠" 按钮，打开"扫掠"对话框，如图 3-13 所示。该对话框中常用选项的功能及含义如下所述。

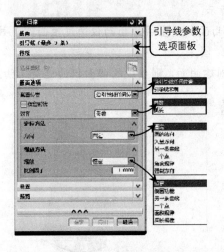

图 3-13 "扫掠"对话框

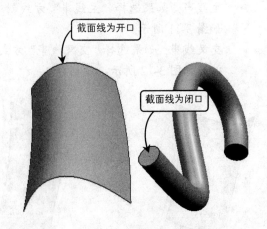

图 3-14 开口和闭口的截面线

3.5.1 截面

截面线可以由单段或多段曲线组成，截面线可以是曲线，也可以是实（片）体的边或面。组成的每条截面线的所有曲线段之间不一定是相切过渡（一阶导数连续 G1），但必须是 G0 连续。截面线控制着 U 方向的方位和尺寸变化。截面线不必光顺，而且每条截面线内的曲线数量可以不同，一般最多可以选择 150 条。具体包括闭口和开口两种类型，如图 3-14 所示。

3.5.2　引导线

引导线可以由多个或者单个曲线组成，控制曲面 V 方向的范围和尺寸变化，可以选取样条曲线，实体边缘和面的边缘等。引导线最多可选取 3 条，并且需要 G1 连续，可以分为以下 3 种情况：

1.　一条引导线

一条引导线不能完全控制截面的大小和方向变化的趋势，需要进一步指定截面变化的方向。在"方位"列表框中，提供了固定、面的法向、矢量方向、另一条曲线、一个点、角度规律和强制方向 7 种方式。当指定一条引导线串时，还可以施加比例控制。这就允许沿引导线扫掠截面时，截面尺寸可增大或缩小，在对话框的"缩放"列表框中提供了恒定、倒圆功能、另一条曲线、一个点、面积规律和周长规律 6 种方式。

对于上述的 6 种定位和缩放方式，其操作方法大致相似，都是在选定截面线或引导线的基础上，通过参数选项设置来实现其功能的。现以"固定"的定位方式和"恒定"的缩放方式为例来介绍创建扫掠曲面的操作方法，在"截面"和"引导线"面板的"列表"选项中依次定义截面和一条引导线，最后单击"确定"按钮即可，效果如图 3-15 所示。

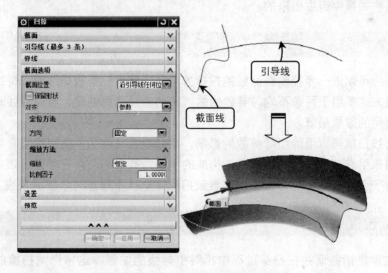

图 3-15　利用一条引导线创建扫掠曲面

2.　两条引导线

使用两条引导线可以确定截面线沿引导线扫掠的方向趋势，但是尺寸可以改变。首先在"截面"面板的"列表"选项中分别定义截面线，然后按照同样方法定义两条引导线，

创建方法如图 3-16 所示。

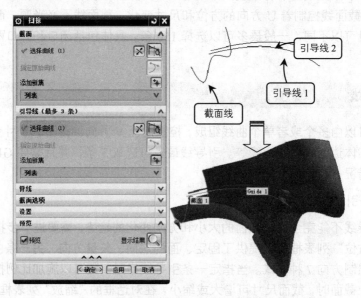

图 3-16　利用两条引导线创建扫掠曲面

3．三条引导线

使用三条引导线完全确定了截面线被扫掠时的方位和尺寸变化，因而无需另外指定方向和比例。这种方式可以提供截面线的剪切和不独立的轴比例。这种效果是从三条彼此相关的引导线的关系中衍生出来的。

3.5.3 脊线

使用脊线可以进一步控制截面线的扫掠方向。当使用一条截面线时，脊线会影响扫掠的长度。该方式多用于两条不均匀参数的曲线间的直纹曲面创建，当脊柱线垂直于每条截面线时，使用的效果最好。

沿着脊线扫掠可以消除引导参数的影响，更好地定义曲面。通常构造脊线是在某个平行方向流动来引导，在脊线的每个点处构造的平面为截面平面，它垂直于该点处脊线的切线。一般由于引导线的不均匀参数化而导致扫掠体形状不理想才使用脊线。

3.5.4 截面位置

截面位置是指截面线在扫掠过程中相对引导线的位置，这将影响扫掠曲面的起始位置。在"截面位置"下拉列表中有"沿引导线任何位置"和"引导线末端"两个选项。选择"沿引导线任何位置"选项，截面线的位置对扫掠的轨迹不产生影响，即扫掠过程中只根据引导线的轨迹来生成扫掠曲面，如图 3-17 所示。选择"引导线末端"选项，在扫掠过程中，扫掠曲面从引导线的末端开始，即引导线的末端是扫掠曲面的起始端，如图 3-18所示。

图 3-17　沿引导线任何位置

图 3-18　引导线末端

3.5.5　对齐

对齐方法是指截面线串上连续点的分布规律和截面线串的对齐方式。当指定截面线串后，系统将在截面线串上产生一些连接点，然后把这些连接点按照一定的方式对齐。选择"参数"选项，系统将在用户指定的截面线串上等参数分布连接点。等参数的原则是：如果截面线串是直线，则等距离分布连接点；如果截面线串是曲线，则等弧长在曲线上分布点。"参数"对齐方式是系统默认的对齐方式。选择"圆弧长"选项，系统将在用户指定的截面线串上等弧长分布连接点。

3.5.6　定位方法

如果在创建扫掠曲面时只选择了一条引导线，则可以通过"扫掠"对话框"定位方法"选项组的"方位"下拉列表选择不同的定位方法对扫描过程中截面的方位进行控制。下面分别介绍 7 种定位方法。

1．固定

采用此种方式创建扫掠曲面时，曲面的截面线始终与引导线保持固定的角度。打开"扫掠"对话框后，在工作区中选择截面和引导线。默认"截面位置"和"缩放"下拉列表中的选项，选择"定位方法"下拉列表中的"固定"选项，如图 3-19 所示。

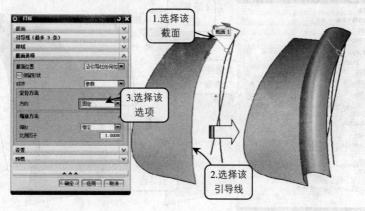

图 3-19　利用"固定"方式创建扫掠曲面

2．面的法向

采用此种方式创建扫掠曲面时，扫掠局部坐标系的 Y 方向沿所选曲面的法线方向。打开"扫掠"对话框后，在工作区中选择截面和引导线。默认"截面位置"和"缩放"下拉列表中的选项，选择"定位方法"下拉列表中的"面的法向"选项，并在工作区中选择法向的定位面，如图 3-20 所示。

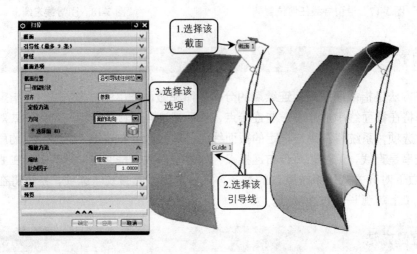

图 3-20　利用"面的法向"方式创建扫掠曲面

3．矢量方向

采用此种方式创建扫掠曲面时，扫掠局部坐标系的 Y 方向沿所选的矢量。打开"扫掠"对话框后，在工作区中选择截面和引导线。默认"截面位置"和"缩放"下拉列表中的选项，选择"定位方法"下拉列表中的"矢量方向"选项，并在工作区中选择矢量方向，如图 3-21 所示。

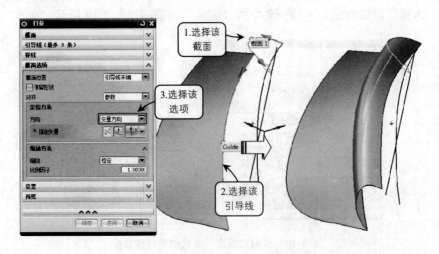

图 3-21　利用"矢量方向"方式创建扫掠曲面

4．另一条曲线

采用此种方式创建扫掠曲面时，扫掠局部坐标系的 Y 方向由引导线和所选控制曲线上对应点的连线确定。打开"扫掠"对话框后，在工作区中选择截面和引导线。默认"截面位置"和"缩放"下拉列表中的选项，选择"定位方法"下拉列表中的"另一条曲线"选项，并在工作区中选择另一条曲线，如图 3-22 所示。

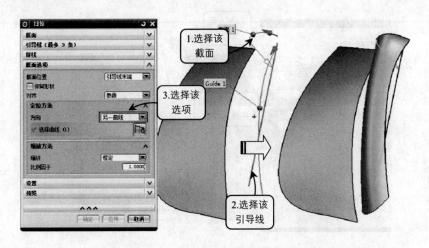

图 3-22　利用"另一条曲线"方式创建扫掠曲面

5．一个点

采用此种方式创建扫掠曲面时，扫掠局部坐标系的 Y 方向由引导线上的点和所选点的连线确定。打开"扫掠"对话框后，在工作区中选择截面和引导线。默认"截面位置"和"缩放"下拉列表中的选项，选择"定位方法"下拉列表中的"一个点"选项，并在工作区中选择一个定位点，如图 3-23 所示。

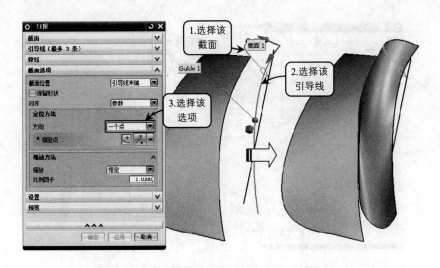

图 3-23　利用"一个点"方式创建扫掠曲面

6. 角度规律

采用此种方式创建扫掠曲面时，可以控制扫掠时截面线绕引导线旋转的角度。打开"扫掠"对话框后，在工作区中选择截面和引导线。默认"截面位置"和"缩放"下拉列表中的选项，选择"定位方法"下拉列表中的"角度规律"选项，并在对话框中设置角度为 60，如图 3-24 所示。

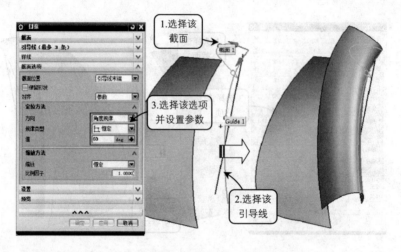

图 3-24　利用"角度规律"方式创建扫掠曲面

7. 强制方向

采用此种方式创建扫掠曲面时，需要指定一个方向来固定扫掠局部坐标系的 Y 方向，截面线在扫掠过程中保持平行。打开"扫掠"对话框后，在工作区中选择截面和引导线。默认"截面位置"和"缩放"下拉菜单中的选项，选择"定位方法"下拉列表中的"强制方向"选项，并在工作区中选择强制的曲线方向，如图 3-25 所示。

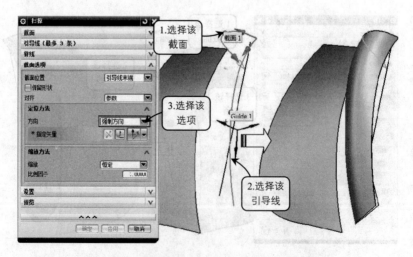

图 3-25　利用"强制方向"方式创建扫掠曲面

3.5.7　缩放方法

如果在创建扫掠曲面时选择了一条引导线，则可以通过选择"扫掠"对话框"缩放方法"选项组中的"缩放"下拉列表中选择不同的缩放方法来控制扫掠曲面的生成。"缩放"下拉列表中包括 6 种缩放方法，下面分别介绍。

1．恒定

采用此种方式创建扫掠曲面时，曲面沿引导线的截面线的缩放比例是一个恒定的值。打开"扫掠"对话框后，在工作区中选择截面和引导线。默认"截面位置"和"定位方法"下拉列表中的选项，选择"缩放"下拉列表中的"恒定"选项，并在"比例因子"文本框中输入 0.6，如图 3-26 所示。

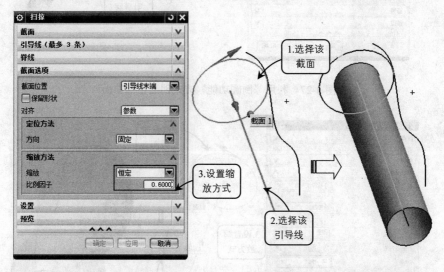

图 3-26　利用"恒定"方式创建扫掠曲面

2．倒圆功能

采用此种方式创建扫掠曲面时，设置起点和终点处截面线的缩放比例，并且中间部分采用线性或三次函数变化规律确定。打开"扫掠"对话框后，在工作区中选择截面和引导线。默认"截面位置"和"定位方法"下拉菜单中的选项，选择"缩放"下拉列表中的"倒圆功能"选项，在"倒圆函数"下拉列表中选择"三次"选项，并在"起点"和"终点"文本框中分别输入 1.0 和 0.2，如图 3-27 所示。

3．另一条曲线

采用此种方式创建扫掠曲面时，缩放比例由引导线与所选控制曲线对应点之间的距离确定。设引导线的起点与所选控制曲线的起点之间的距离为 a，引导线上任一点与所选控制曲线上相应点的距离为 b，则扫掠时该点处的缩放比例为 b/a。打开"扫掠"对话框后，在工作区中选择截面和引导线。默认"截面位置"和"定位方法"下拉列表中的选项，选

择"缩放"下拉列表中的"另一条曲线"选项，并在工作区中选择另一条曲线，如图 3-28 所示。

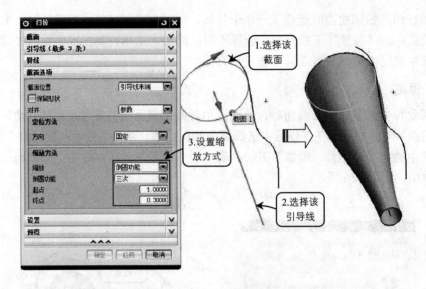

图 3-27 利用"倒圆功能"方式创建扫掠曲面

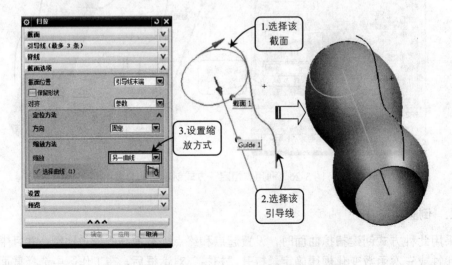

图 3-28 利用"另一条曲线"方式创建扫掠曲面

4．一个点

采用此种方式创建扫掠曲面时，缩放比例由引导线与所选点之间的距离确定。设引导线的起点与所选点之间的距离为 a，引导线上任一点与所选点的距离为 b，则扫掠时该点处的缩放比例为 b/a。打开"扫掠"对话框后，在工作区中选择截面和引导线。默认"截面位置"和"定位方法"下拉列表中的选项，选择"缩放"下拉列表中的"一个点"选项，并在工作区中选择一个点，如图 3-29 所示。

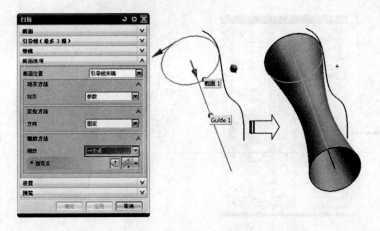

图 3-29　利用"一个点"方式创建扫掠曲面

5.　面积规律

采用此种方式创建扫掠曲面时，可以控制曲面沿引导线的截面线的面积变化规律，但面积规律只适用于封闭的扫掠截面线。打开"扫掠"对话框后，在工作区中选择截面和引导线。默认"截面位置"和"定位方法"下拉菜单中的选项，选择"缩放"下拉列表中的"面积规律"选项，在"规律类型"下拉列表中选择"线性"，并在"起点"和"终点"文本框中分别输入 1000 和 10，如图 3-30 所示。

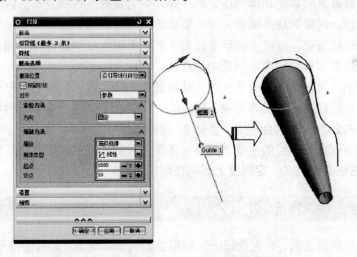

图 3-30　利用"面积规律"方式创建扫掠曲面

6.　周长规律

采用此种方式创建扫掠曲面时，可以控制曲面沿引导线的截面线的周长变化规律。打开"扫掠"对话框后，在工作区中选择截面和引导线。默认"截面位置"和"定位方法"下拉菜单中的选项，选择"缩放"下拉列表中的"周长规律"选项，并在"起点"和"终点"文本框中分别输入 50 和 180，如图 3-31 所示。

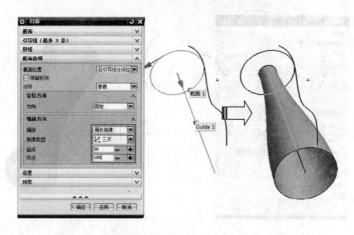

图 3-31 利用"周长规律"方式创建扫掠曲面

3.6 剖切曲面

与扫掠曲面类似，剖切曲面也是具有一定规律和特征的曲面。剖切曲面的特征是剖切曲面的每个截面都与用户指定的脊线垂直。剖切曲面的每个截面都是在脊线的垂直平面内创建的。与脊线垂直的平面和用户指定的一些几何对象产生一些交点，系统将根据这些交点创建一个截面。创建剖切曲面最关键的要素是选择脊线和指定一些几何对象。脊线的选择较为简单，一般来说，脊线应该尽量光滑平顺，否则生成的曲面将会扭曲，应为剖切曲面的每个截面都是在脊线的垂直平面内生成的。

用户选择的几何对象相对脊线来说，稍微复杂一些，这不仅因为用户可以选择的几何对象非常多，如曲线、边、实体边缘、Rho 值、斜率、半径值、角度、相切和桥接等，还因为这些几何对象之间的组合构成了多达 20 种截面生成方式。

用户除了可以选择截面的生成方式外，还可以指定生成的截面类型（U 向）和拟合类型（V 向），这些类型也在一定程度上影响截面的形状。

3.6.1 剖切曲面基本概念

在创建剖切曲面之前，首先介绍一些剖切曲面的基本概念，如截面特征，包括开始边、顶点、Rho 和终止边等，此外还有 U 向和 V 向等基本概念。

1. 截面特征

截面特征包括开始边、终止边、脊柱线、顶点、顶线、Rho、肩点、斜率、圆角、半径、圆弧、角度、圆、相切和桥接等，它们构成了截面体的基本特征，同时也提供了一些构建截面线的数据。一般来说，一个二次截面线需要提供 5 个数据，例如开始边、起始边斜率控制、肩点、终止边和端点斜率控制可以构成一个二次截面线，5 个点也可以构成一个二次截面线。这些截面特征有些是用户比较容易理解的，有些是用户比较难懂的，下面仅对用户比较陌生的几个截面特征或概念进行介绍。

❑　Rho

Rho 是控制二次曲线的一个重要参数，它控制了截面线的弯曲程度，如图 3-32 所示。*ADC* 是一个典型的二次截面曲线，其中 *A* 和 *C* 构成了截面体的起始边和终止边，也就是截面线的起始点和终止点，*AB* 和 *BC* 是该二次截面曲线的两条切线，交于点 *B*，即为截面线的顶点。*D* 是截面线的肩边，也就是截面线的肩点，Rho 的值为 *DE* 与 *BE* 的比值，由此可知 Rho 的取值范围是大于 0 小于 1。系统默认的 Rho 值为 0.5。从图中可以看出，Rho 值越大，截面线的弯曲程度越大。

❑　顶线

顶线是截面线在肩点处的切线，如图 3-33 所示，它也可以构建一个二次截面线提供一个数据。通过顶线、开始边、终止边、斜率、圆角和顶点等截面特征也可以构建一个二次截面线。

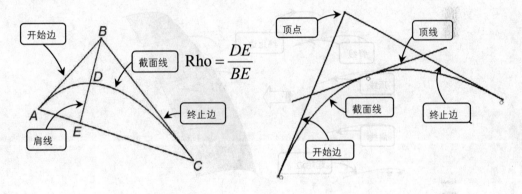

图 3-32　Rho 值　　　　　　　　　　　　　　图 3-33　顶线

❑　桥接

桥接是一种创建二次截面线的方式，它可以根据两个曲面和两条曲线来桥接两个曲面，从而创建一个截面体。如图 3-34 所示为根据两个曲面和两个边桥接而成的截面体。

2．U 向和 V 向

在构建截面体时，系统会根据 U 向和 V 向来创建截面体。一般来说，截面线的方向为 U 向，与截面线大致垂直的方向为 V 向，该方向也是截面线的控制方向。图 3-35 所示为截面体的 U 向和 V 向。

3．脊线

脊线在截面体中占据着非常重要的地位，它不仅可以控制截面体大体走向或者控制方向，而且还可以决定截面体的长度。在脊线的每个点处都存在垂直于脊线的平面、起始边和终止边等构建截面的几何体，它们与脊线的垂直平面会产生交点，系统将根据这些交点来创建截面形状，同时系统还根据脊线的长度来决定截面体的长度。图 3-36 所示为起始边、终止边、肩线、顶线和脊线，根据这些数据生成一个二次截面体。从图可以看出，截面体在与脊线的平面内创建，而且脊线控制截面体的长度。

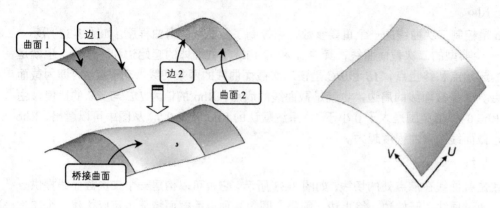

图 3-34 桥接　　　　　　　　　　图 3-35 截面体的 U 向和 V 向

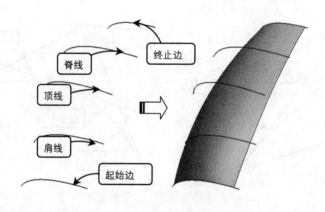

图 3-36 脊线

3.6.2 生成方式

　　生成方式是指创建截面曲线的方式。上一节的基本概念提到，一个二次截面线需要提供 5 个数据，这些数据可以是一些几何对象，如曲线、点、圆弧和圆等，也可以是一些数值，如 Rho 值、斜率、角度和半径等，还可以是一些几何关系，如相切和桥接等，这些数据可以相互结合，构成一种创建截面曲面的方式。

　　在 UG NX 10 中，单击选项卡"曲面"→"曲面"→"更多"→"剖切曲面" 按钮或"剖切曲面工具条" 按钮，均可调用创建剖切曲面的功能，创建剖切曲面共有 20 种方法，下面分别介绍。

1. 端点-顶点-肩点

　　采用"端点-顶点-肩点"这种方式创建的曲面，以选择的第一条曲线为起点曲线，以选择的第三条曲线为终点曲线，经过所选择的肩点曲线，并且曲面在起点和终点处的斜率通过所选择的顶点曲线定义。打开"剖切曲面"对话框后，在类型下拉列表中选择"端点

-顶点-肩点"选项，在工作区中分别选择起始引导线、终止曲线、顶线、肩曲线和脊线，创建方法如图 3-37 所示。

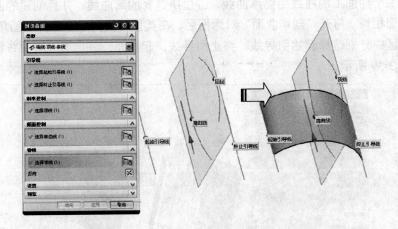

图 3-37　"端点-顶点-肩点"方式创建剖切曲面

> **提　示**："端点"、"顶点"和"肩点"等称谓中的"点"实际上是创建截面体曲面的控制曲线。之所以称为"点"，是因为在创建截面体曲面的过程中，每条曲线对于每条截面线就表现为一个点。

2．端点-斜率-肩点

采用"端点-斜率-肩点"这种方式创建的曲面，以选择的第一条曲线为起点曲线，以选择的第四条曲线为终点曲线，经过所选择的肩点曲线，并且曲面在起点和终点处的斜率通过两条控制曲线定义。打开"剖切曲面"对话框后，在类型下拉列表中选择"端点-斜率-肩点"选项，在工作区中分别选择起始引导线、终止引导线、起始斜率曲线、终止斜率曲线、肩曲线和脊线，创建方法如图 3-38 所示。

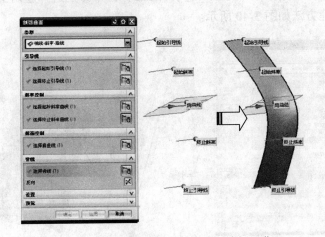

图 3-38　"端点-斜率-肩点"方式创建剖切曲面

3. 圆角-肩点

采用"圆角-肩点"这种方式创建的曲面，以选择的第一个曲面上的曲线为起点曲线，以选择的第二个曲面上的曲线为终点曲线，经过所选择的肩曲线，并且创建的曲面与所选择的两个曲面相切。打开"剖切曲面"对话框后，在类型下拉列表中选择"圆角-肩点"选项，在工作区中分别选择起始引导线、终止引导线、起始面、终止面、肩曲线和脊线，创建方法如图 3-39 所示。

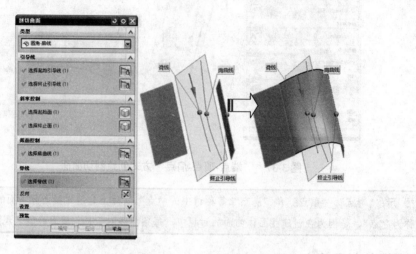

图 3-39 "圆角-肩点"方式创建剖切曲面

4. 端点-顶点-Rho

采用"端点-顶点-Rho"这种方式创建的曲面，以选择的第一个曲线为起点曲线，以选择的第二条曲线为终点曲线，曲面在起点曲线和终点曲线处的斜率通过所选择的顶点曲线定义，并且通过 Rho 值可以控制创建曲面的截面线形状。打开"剖切曲面"对话框后，在类型下拉列表中选择"端点-顶点-Rho"选项，在工作区中分别选择起始引导线、终止曲线、顶线和脊线，创建方法如图 3-40 所示。

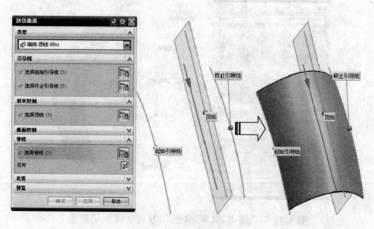

图 3-40 "端点-顶点-Rho"方式创建剖切曲面

5. 端点-斜率-Rho

采用"端点-斜率-Rho"这种方式创建的曲面，以选择的第一个曲线为起点曲线，以选择的第三条曲线为终点曲线，曲面在起点曲线和终点曲线处的斜率通过两条控制曲线定义，并且通过 Rho 值可以控制创建曲面的截面线形状。打开"剖切曲面"对话框后，在类型下拉列表中选择"端点-斜率-Rho"选项，在工作区中分别选择起始引导线、终止引导线、起始斜率曲线、终止斜率曲线和脊线，创建方法如图 3-41 所示。

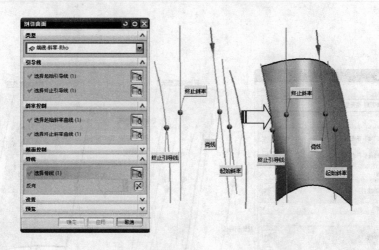

图 3-41　"端点-斜率-Rho"方式创建剖切曲面

6. 圆角-Rho

采用"圆角-Rho"这种方式创建的曲面，以选择的第一个曲面上的曲线为起点曲线，以选择的第二个曲面上的曲线为终点曲线，并且通过 Rho 值可以控制创建曲面的截面线形状。打开"剖切曲面"对话框后，在类型下拉列表中选择"圆角-Rho"选项，在工作区中分别选择起始引导线、终止引导线、起始面、终止面和脊线，创建方法如图 3-42 所示。

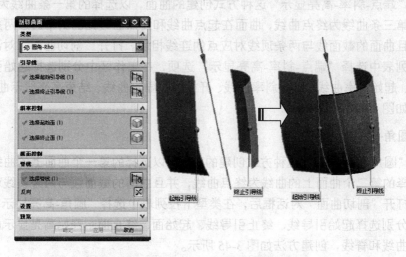

图 3-42　"圆角-Rho"方式创建剖切曲面

7. 端点-顶点-高亮显示

采用"端点-顶点-高亮显示"这种方式创建的曲面，以选择的第一条曲线为起点曲线，以选择的第二条曲线为终点曲线，曲面在起点曲线和终点曲线处的斜率通过所选择的顶点曲线定义，并且曲面的截面线与两条顶线对应点的连线相切。打开"剖切曲面"对话框后，在类型下拉列表中选择"端点-顶点-高亮显示"选项，在工作区中分别选择起始引导线、终止引导线、顶线、开始高亮显示曲线、结束高亮显示曲线和脊线，创建方法如图 3-43 所示。

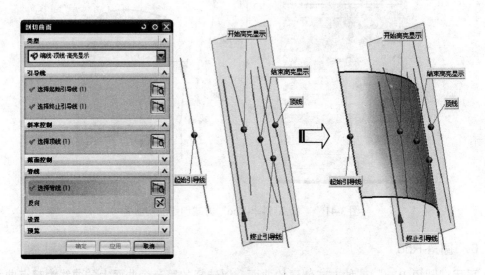

图 3-43　"端点-顶点-高亮显示"方式创建剖切曲面

8. 端点-斜率-高亮显示

采用"端点-斜率-高亮显示"这种方式创建的曲面，以选择的第一条曲线为起点曲线，以选择的第三条曲线为终点曲线，曲面在起点曲线和终点曲线处的斜率通过两条控制曲线定义，并且曲面的截面线与两条顶线对应点的连线相切。打开"剖切曲面"对话框后，在类型下拉列表中选择"端点-斜率-高亮显示"选项，在工作区中分别选择起始引导线、终止引导线、起始斜率曲线、终止斜率曲线、开始高亮显示曲线、结束高亮显示曲线和脊线，创建方法如图 3-44 所示。

9. 圆角-高亮显示

采用"圆角-高亮显示"这种方式创建的曲面，以选择的第一个曲面上的曲线为起点曲线，以选择的第二个曲面上的曲线为终点曲线，并且曲面的截面线与两条顶线对应点的连线相切。打开"剖切曲面"对话框后，在类型下拉列表中选择"圆角-高亮显示"选项，在工作区中分别选择起始引导线、终止引导线、起始面、终止面、开始高亮显示曲线、结束高亮显示曲线和脊线，创建方法如图 3-45 所示。

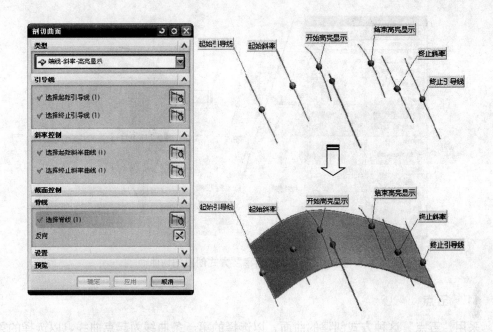

图 3-44　"端点-斜率-高亮显示"方式创建剖切曲面

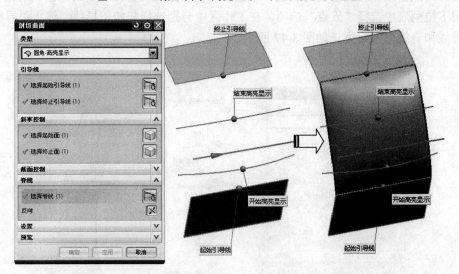

图 3-45　"圆角-高亮显示"方式创建剖切曲面

10．四点-斜率

采用"四点-斜率"这种方式创建的曲面，以选择的第一条曲线为起点曲线，以选择的第五条曲线为终点曲线，曲线在起点曲线处的斜率通过一条控制曲线定义，并且曲面还通过两条选择的内部曲线。打开"剖切曲面"对话框后，在类型下拉列表中选择"四点-斜率"选项，在工作区中分别选择起始引导线、终止引导线、内部引导线、起始斜率引导曲线和脊线，创建方法如图 3-46 所示。

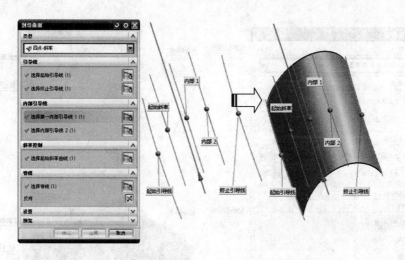

图 3-46　"四点-斜率"方式创建剖切曲面

11. 五点

采用"五点"这种方式创建的曲面，以选择的第一条曲线为起点曲线，以选择的第五条曲线为终点曲线，并且曲面还通过 3 条选择的内部曲线。打开"剖切曲面"对话框后，在类型下拉列表中选择"五点"选项，在工作区中分别选择起始引导线、终止引导线、内部引导线和脊线，创建方法如图 3-47 所示。

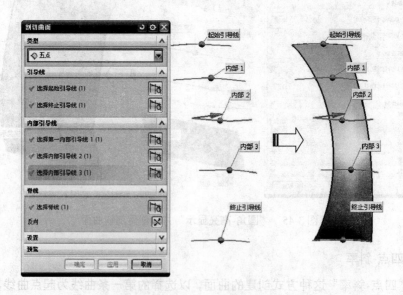

图 3-47　"五点"方式创建剖切曲面

12. 三点-圆弧

采用"三点-圆弧"这种方式创建的曲面，截面线通过选择的 3 条曲线的圆弧。打开"剖切曲面"对话框后，在类型下拉列表中选择"三点-圆弧"选项，在工作区中分别选择起始引导线、终止引导线、内部引导线和脊线，创建方法如图 3-48 所示。

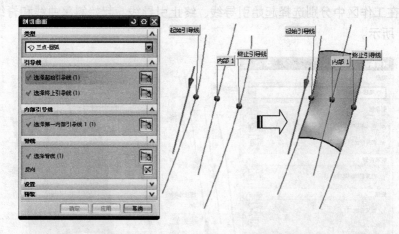

图 3-48　"三点-圆弧"方式创建剖切曲面

13．二点-半径

采用"二点-半径"这种方式创建的曲面，可以在两条选择的曲线之间创建半径为设定值的圆弧曲面。打开"剖切曲面"对话框后，在类型下拉列表中选择"二点-半径"选项，在工作区中分别选择起始引导线、终止引导线和脊线，并在"半径规律"选项组中设置半径值，半径值要大于两条选择的曲线间弦长的 1/2。创建方法如图 3-49 所示。

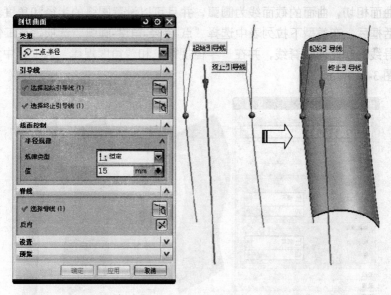

图 3-49　"二点-半径"方式创建剖切曲面

14．端点-斜率-圆弧

采用"端点-斜率-圆弧"这种方式创建的曲面，以选择的第一条曲线为起点曲线，以选择的第三条曲线为终点曲线，曲面在起点曲线处的斜率通过一条控制曲线定义，并且曲

面的截面线为圆弧。打开"剖切曲面"对话框后，在类型下拉列表中选择"端点-斜率-圆弧"选项，在工作区中分别选择起始引导线、终止引导线、起始斜率曲线和脊线，创建方法如图 3-50 所示。

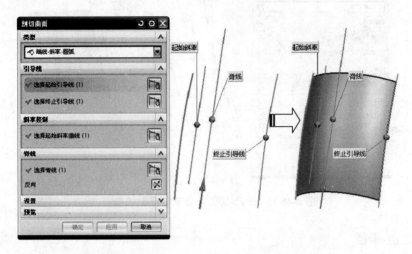

图 3-50   "端点-斜率-圆弧"方式创建剖切曲面

15.　点-半径-角度-圆弧

采用"点-半径-角度-圆弧"这种方式创建的曲面，以选择的曲面上的边线为起点曲线并与选择的曲面相切，曲面的截面线为圆弧，并且可以设置圆弧的半径和角度。打开"剖切曲面"对话框后，在类型下拉列表中选择"点-半径-角度-圆弧"选项，在工作区中分别选择起始引导线、起始面和脊线，并在"半径规律"和"角度规律"选项组中设置参数，创建方法如图 3-51 所示。

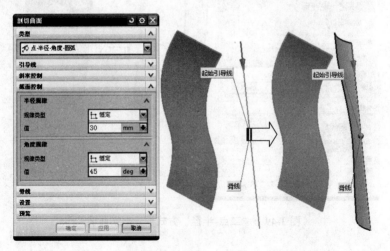

图 3-51   "点-半径-角度-圆弧"方式创建剖切曲面

16．圆

采用"点-半径-角度-圆弧"方式创建的曲面，以选择的第一条曲线为起始引导线，曲面的截面线为整圆，并且可以设置圆的半径。打开"剖切曲面"对话框后，在类型下拉列表中选择"圆"选项，在工作区中分别选择起始引导线和脊线，并在"半径规律"选项组中设置参数，创建方法如图 3-52 所示。

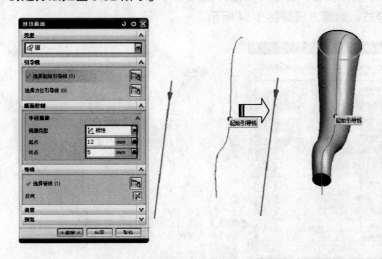

图 3-52　"圆"方式创建剖切曲面

17．圆相切

采用"点-半径-角度-圆弧"方式创建的曲面，以选择的第一条曲线为起始引导线，与选择的曲面相切，曲面的截面线为圆弧，并且可以设置圆弧半径。打开"剖切曲面"对话框后，在类型下拉列表中选择"圆相切"选项，在工作区中分别选择起始引导线、起始面和脊线，并在"半径规律"选项组中设置参数，创建方法如图 3-53 所示。

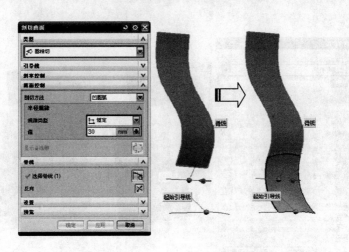

图 3-53　"圆相切"方式创建剖切曲面

18. 端点-斜率-三次

采用"端点-斜率-三次"方式创建的曲面,以选择的第一条曲线为起点曲面,以选择的第三条曲线为终点曲线,曲面在起点曲线和终点曲线处的斜率通过两条控制曲线定义,并且曲面的截面线是三次的。打开"剖切曲面"对话框后,在类型下拉列表中选择"端点-斜率-三次"选项,在工作区中分别选择起始引导线、终止引导线、起始斜率曲线、终止斜率曲线和脊线,创建方法如图 3-54 所示。

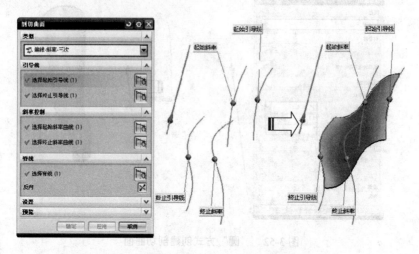

图 3-54 "端点-斜率-三次"方式创建剖切曲面

19. 圆角-桥接

采用"圆角-桥接"方式创建的曲面,以选择的第一个曲面上的曲线为起点曲线,以选择的第二个。打开"剖切曲面"对话框后,在类型下拉列表中选择"圆角-桥接"选项,在工作区中分别选择起始引导线、终止引导线、起始面、终止面和脊线,创建方法如图 3-55 所示。

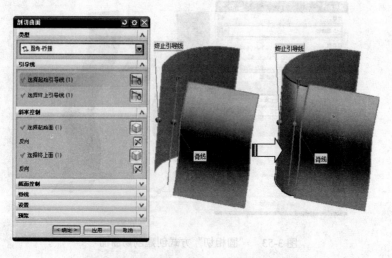

图 3-55 "圆角-桥接"方式创建剖切曲面

20．线性-相切

采用"圆角-桥接"方式创建的曲面，以选择的第一条曲线为起点曲线，并且与选择的曲面相切或成一定的角度。打开"剖切曲面"对话框后，在类型下拉列表中选择"线性-相切"选项，在工作区中分别选择起始引导线、起始面和脊线，并在"角度规律"选项组中设置角度参数，创建方法如图 3-56 所示。

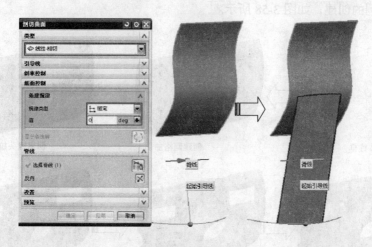

图 3-56　"线性-相切"方式创建剖切曲面

3.7 案例实战——创建照相机外壳模型

最终文件：	素材\第 3 章\照相机外壳.prt
视频文件：	视频\3.7 创建照相机外壳模型.mp4

本实例是创建一个照相机外壳模型，效果如图 3-57 所示。该模型的形状不规则，如果按照特征建模进行创建较难实现。但是如果通过特征建模和自由曲面建模结合，便可以快速获得该模型的曲面设计效果。

图 3-57 照相机外壳模型

3.7.1 设计流程图

本实例是一个综合型的实例，它将使用到通过曲线网格、有界平面、边倒圆、拔模、拉伸等建模工具。首先通过基本的线框创建照相机的基本形状，并将实体转化为壳体。然后利用拉伸、拔模等工具创建出镜头等其他附件结构。最后在壳体表面创建出拉伸的字体即可完成该实例的创建，如图 3-58 所示。

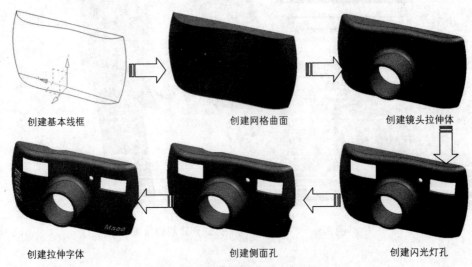

创建基本线框　　　　　创建网格曲面　　　　　创建镜头拉伸体

创建拉伸字体　　　　　创建侧面孔　　　　　创建闪光灯孔

图 3-58　照相机外壳设计流程图

3.7.2 具体设计步骤

01 绘制外壳截面草图 1。单击选项卡"主页"→"草图"按钮，打开"创建草图"对话框，在工作区中选择 XY 平面为草图平面，绘制如图 3-59 所示的草图。

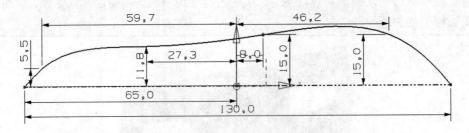

图 3-59　绘制外壳截面草图 1

02 创建基准平面 1。单击选项卡"主页"→"特征"→"基准平面"按钮，打开"基准平面"对话框，在"类型"下拉列表中选择"按某一距离"选项，并设置距离为 80，在工作区中选择 XY 平面为参考平面，如图 3-60 所示。

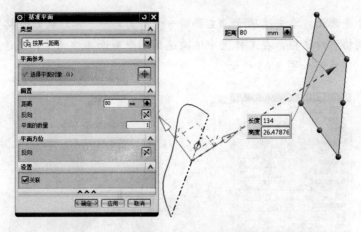

图 3-60 创建基准平面 1

03 绘制外壳截面草图 2。单击选项卡 "主页" → "草图" 🔲 按钮,打开 "创建草图" 对话框,在工作区中选择上步骤创建的基准平面 1 为草图平面,绘制如图 3-61 所示的草图。

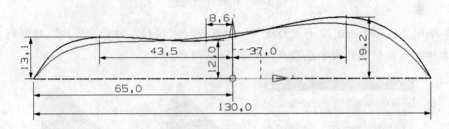

图 3-61 绘制外壳截面草图 2

04 创建样条曲线。单击选项卡 "曲线" → "曲线" → "艺术样条" ⌇ 按钮,打开 "艺术样条" 对话框,在工作区中选择上步骤创建截面草图的端点,绘制如图 3-62 所示样条曲线。按同样方法绘制另一段样条曲线。

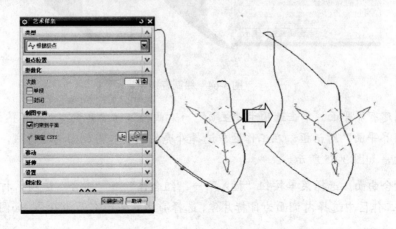

图 3-62 创建艺术样条

05 创建外壳曲面。单击选项卡"主页"→"曲面"→"通过曲线网格" 按钮，打开"通过曲线网格"对话框，在工作区中依次选择两个截面曲线为主曲线，选择样条曲线为交叉曲线，创建方法如图 3-63 所示。

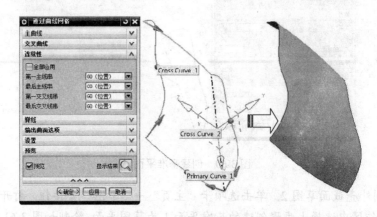

图 3-63　创建外壳曲面

06 绘制直线。单击选项卡"曲线"→"直线" 按钮，打开"直线"对话框，在工作区中选择上步骤创建的两个基准点，如图 3-64 所示。

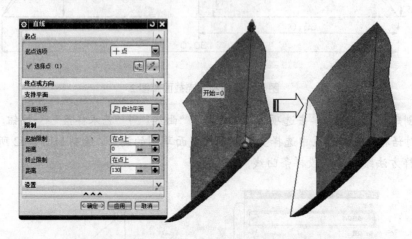

图 3-64　绘制直线

07 创建有界平面。单击选项卡"主页"→"曲面"→"更多"→"有界平面"按钮，将打开"有界平面"对话框，在工作区中选择外壳的端面和内侧面的轮廓线，分别创建 3 个有界平面，如图 3-65 所示。

08 缝合曲面。选择菜单按钮"插入"→"组合体"→"缝合"选项，打开"缝合"对话框，在工作区中选择内侧面为目标片体，选择壳体其他所有面为刀具，如图 3-66 所示。

提示： 在 UG NX 建模时，缝合封闭的曲面系统会自动实体化封闭的空间，但如果实体化不成功，可以输入更大的缝合公差使其实体化。

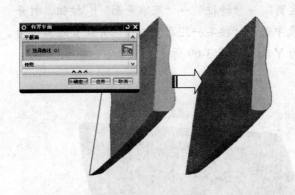

图 3-65 创建有界平面

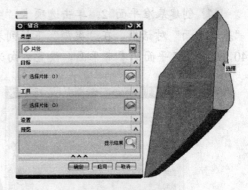

图 3-66 缝合曲面

09 创建边倒圆 1。单击选项卡"主页"→"特征"→"边倒圆" 📐 按钮，打开"边倒圆"对话框，在对话框中设置形状为圆形，半径为 5，在工作区中选择壳体端面的两个边缘线，如图 3-67 所示。

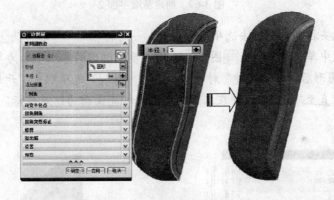

图 3-67 创建边倒圆 1

10 创建壳体。单击选项卡"主页"→"特征"→"抽壳" 📦 按钮，打开"抽壳"对话框，在工作区中选中壳体的内侧面为要穿透的面，设置壳体厚度为 2，如图 3-68 所示。

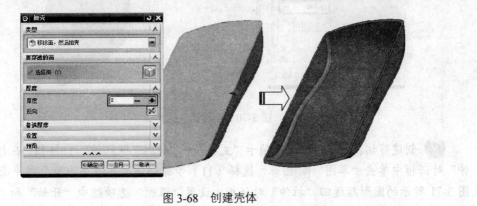

图 3-68 创建壳体

⑪ 创建基准平面 2。单击选项卡"主页"→"特征"→"基准平面" □按钮，打开"基准平面"对话框，在"类型"下拉列表中选择"按某一距离"选项，并设置距离值为40，选择 XZ 平面为参考平面，设置方向为 Y 轴，如图 3-69 所示。

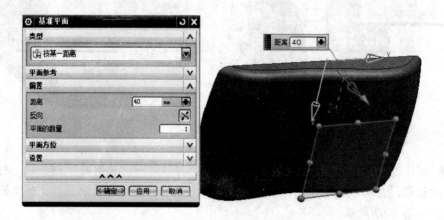

图 3-69　创建基准平面 2

⑫ 创建镜头拉伸体。单击选项卡"主页"→"特征"→"拉伸" □按钮，在打开的"拉伸"对话框中单击"草图" □图标，选择上步骤创建的基准平面为草图平面，绘制如图 3-70 所示的圆形后返回"拉伸"对话框，设置"限制"选项组中"开始"和"结束"的距离值为 0 和"直至下一个"，并在工作区中选择外壳曲面为结束目标，如图 3-70 所示。

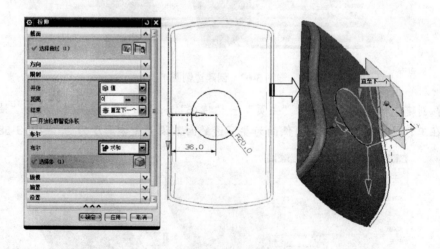

图 3-70　创建镜头拉伸体

⑬ 创建剪切拉伸体。单击选项卡"主页"→"特征"→拉伸" □按钮，在打开的"拉伸"对话框中单击"草图" □图标，选择（11）步骤创建的基准平面为草图平面，绘制如图 3-71 所示的圆形后返回"拉伸"对话框，设置"限制"选项组中"开始"和"结束"的距离值为 0 和"贯通"，选择布尔运算为求差，如图 3-71 所示。

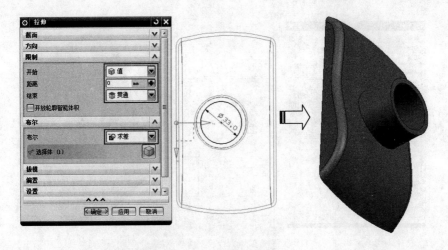

图 3-71　创建剪切拉伸体

⑭ 创建边倒圆 2。单击选项卡"主页"→"特征"→"边倒圆"按钮，打开"边倒圆"对话框，在对话框中设置形状为圆形，半径为 5，在工作区中选择镜头和壳体交接的边缘线，如图 3-72 所示。

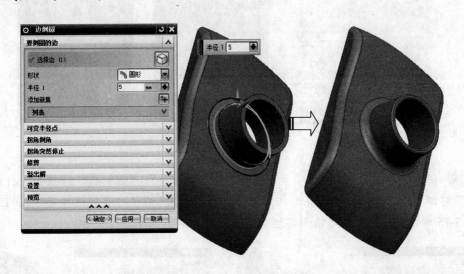

图 3-72　创建边倒圆 2

⑮ 创建闪光灯孔。单击选项卡"主页"→"特征"→"拉伸"按钮，在打开的"拉伸"对话框中单击"草图"图标，选择 XZ 平面为草图平面，绘制如图 3-73 所示的矩形后返回"拉伸"对话框，设置"限制"选项组中"开始"和"结束"的距离值为 0 和 25，选择布尔运算为求差，如图 3-73 所示。

⑯ 创建拔模特征。单击选项卡"主页"→"特征"→"拔模"按钮，打开"拔模"对话框，选择"类型"下拉列表中的"从边"选项，设置拔模方向为 Y 轴正向，选择矩形孔内侧边为固定边，并设置拔模"角度"为 30，如图 3-74 所示。

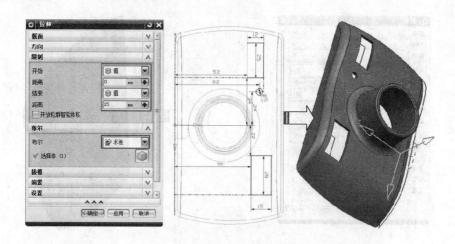

图 3-73　创建闪光灯孔

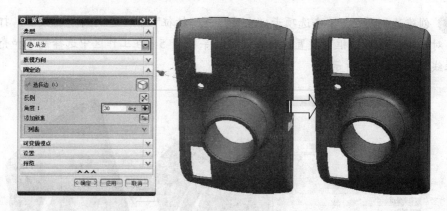

图 3-74　创建拔模特征

⑰ 创建边倒圆 3。单击选项卡"主页"→"特征"→"边倒圆" 按钮，打开"边倒圆"对话框，在对话框中设置形状为圆形，半径为 1，在工作区中选择矩形孔的棱边，如图 3-75 所示。按同样的方法创建边倒圆 4，如图 3-76 所示。

图 3-75　创建边倒圆 3

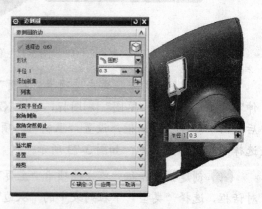

图 3-76　创建边倒圆 4

⑱　创建内侧拔模和边倒圆。按照步骤（16）和步骤（17）的方法和参数值，创建另一矩形孔内侧的拔模和边倒圆，创建效果如图 3-77 所示。

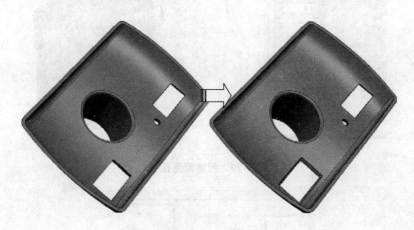

图 3-77　创建内侧拔模和边倒圆

⑲　创建侧面孔 1。单击选项卡"主页"→"特征"→"拉伸" 按钮，在打开的"拉伸"对话框中单击"草图" 图标，选择 XY 平面为草图平面，绘制如图所示的草图后返回"拉伸"对话框，设置"限制"选项组中"开始"和"结束"的距离值为 60 和 80，选择布尔运算为求差，如图 3-78 所示。

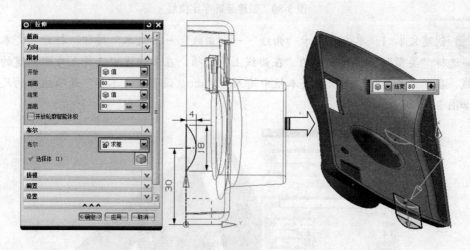

图 3-78　创建侧面孔 1

⑳　创建侧面孔 2。单击选项卡"主页"→"特征"→"拉伸" 按钮，在打开的"拉伸"对话框中单击"草图" 图标，选择 XY 平面为草图平面，绘制如图 3-79 所示的草图后返回"拉伸"对话框，设置"限制"选项组中"开始"和"结束"的距离值为 90 和 70，选择布尔运算为求差，如图 3-79 所示。

㉑　创建装饰字定位线。单击选项卡"主页"→"草图" 按钮，打开"创建草图"对话框，在工作区中选择镜头圆柱平面为草图平面，绘制如图 3-80 所示的草图。

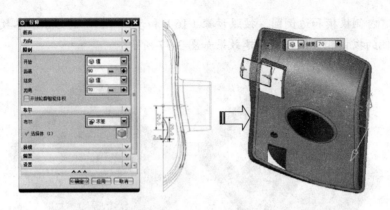

图 3-79　创建侧面孔 2

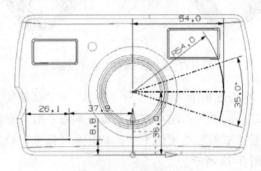

图 3-80　创建装饰字定位线

22 创建文本 1。单击选项卡"曲线"→"曲线"→"文本"按钮，打开"文本"对话框，选择"类型"下拉列表中的"在曲线上"选项，在工作区中选择上步骤创建的文本定位线，在"文本属性"选项组文本框中输入：Maco，设置"文本框"选项组中的尺寸参数，如图 3-81 所示。

图 3-81　创建文本 1

㉓ 创建文本拉伸体 1。单击选项卡 "主页" → "特征" → "拉伸" 按钮，打开 "拉伸" 对话框，选择工作区中上步骤创建的文本为截面，选择拉伸方向为 Y 轴方向，设置 "开始" 和 "结束" 的距离为 0 和 "直至选定对象"，如图 3-82 所示。

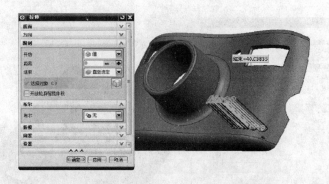

图 3-82   创建文本拉伸体 1

㉔ 创建偏置曲面。单击选项卡 "曲面" → "曲面工序" → "偏置曲面" 按钮，打开 "偏置曲面" 对话框，在工作区中选择壳体的外侧表面，设置偏置距离为 1，如图 3-83 所示。

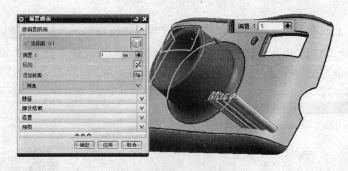

图 3-83   创建偏置曲面

㉕ 修剪文本拉伸体 1。单击选项卡 "主页" → "特征" → "修剪体" 按钮，打开 "修剪体" 对话框，在工作区中选择字体拉伸体为目标，选择偏置曲面为刀具，如图 3-84 所示。

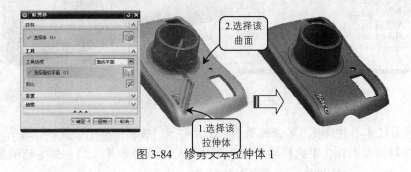

图 3-84   修剪文本拉伸体 1

㉖ 创建文本 2。单击选项卡 "曲线" → "曲线" → "文本" 按钮，选择 "类型" 下

拉列表中的"在曲线上"选项，在工作区中选择步骤（21）创建的文本定位线，在"文本属性"选项组的文本框中输入：ZOOM，设置"文本框"选项组中的尺寸参数，如图 3-85 所示。

图 3-85　创建文本 2

27 创建文本拉伸体 2。单击选项卡"主页"→"特征"→"拉伸" 按钮，打开"拉伸"对话框，选择工作区中上步骤创建的文本为截面，选择拉伸方向为 Y 轴方向，设置"开始"和"结束"的距离为 0 和"直至选定"，如图 3-86 所示。

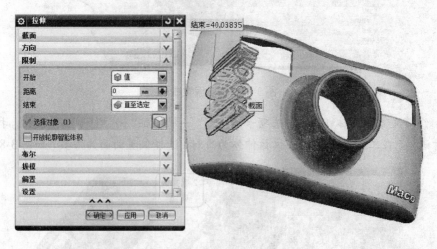

图 3-86　创建文本拉伸体 2

28 修剪文本拉伸体 1。单击选项卡"主页"→"特征"→"修剪体"选项，打开"修剪体"对话框，在工作区中选择字体拉伸体为目标，选择步骤（24）创建的偏置曲面为刀具，如图 3-87 所示。照相机外壳模型创建完成。

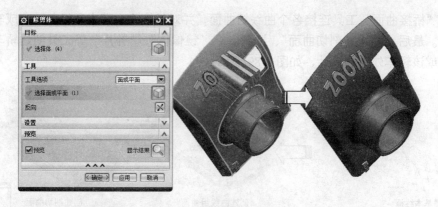

图 3-87　修剪文本拉伸体 2

3.8 案例实战——创建轿车外壳曲面

原始文件：	素材\第 3 章\轿车外壳曲面.prt
最终文件：	素材\第 3 章\轿车外壳曲面-final.prt
视频文件：	视频\3.8 创建轿车车身曲面.mp4

　　本实例创建一个轿车外壳曲面，效果如图 3-88 所示。该轿车车身外壳表面由光滑的曲面构成，这样能减少汽车在高速行驶时的风阻。车身线条由以往的直线改为波浪形线条，使轿车车身更灵活、时尚。此外，该轿车外壳把车身腰线淡化，使整车显得更加玲珑。楔形轿车造型优雅，线条简练，精巧灵活，极富动感和活力。在设计该轿车车身时，重点是掌握利用"剖切曲面"工具来创建车身曲面。

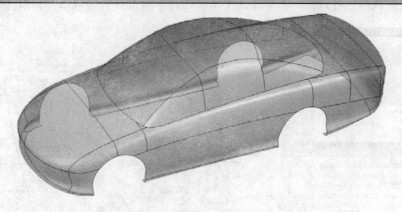

图 3-88　轿车外壳曲面设计效果

3.8.1 设计流程图

　　在设计该轿车车身外壳时，采用先局部后整体，再由整体到细节的思路方法进行设计。首先利用"通过曲线组"工具创建车身侧面以及前后翼子板的曲面。然后，利用"剖切曲

面"和"桥接曲面"工具连接各个曲线组曲面,并对其镜像、缝合和修剪,完成车身曲面的创建。最后,利用"剖切曲面"、"修剪体""镜像体"、"补片"等工具创建轿车的顶盖即可完成该轿车外壳的设计,如图 3-89 所示。

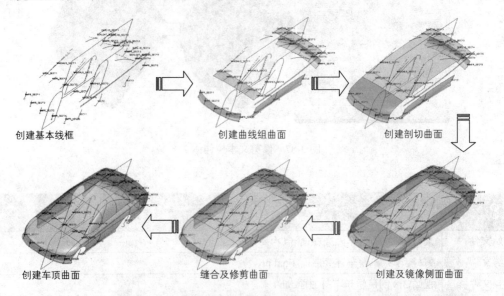

创建基本线框　　　　　　　创建曲线组曲面　　　　　　　创建剖切曲面

创建车顶曲面　　　　　　　缝合及修剪曲面　　　　　　　创建及镜像侧面曲面

图 3-89　轿车外壳曲面设计流程图

3.8.2 具体设计步骤

㉙ 创建车脸曲线组曲面。单击选项卡"主页"→"曲面"→"通过曲线组"按钮,打开"通过曲线组"对话框,在工作区中依次选择车脸前部的曲线组,如图 3-90 所示。

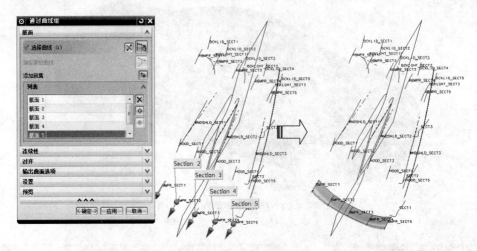

图 3-90　创建车脸曲线组曲面

㉚ 创建车身曲线组曲面。单击选项卡"主页"→"曲面"→"通过曲线组"按钮,打开"通过曲线组"对话框,在工作区中依次创建车身侧面、车尾、前后翼子板的曲线组

曲面，如图 3-91 所示。

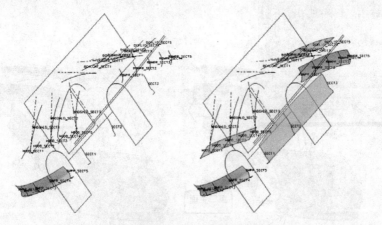

图 3-91　创建车身曲线组曲面

31 创建发动机罩曲面。单击选项卡"曲面"→"曲面"→"剖切曲面" 按钮，打开"剖切曲面"对话框，在"类型"下拉列表中选择"二次曲线"选项，"模态"下拉列表中选择"Rho"选项，在工作区中分别选择前脸面起始面，前翼子板为终止面，并在工作区中选择起始引导线、终止引导线和脊线，如图 3-92 所示。

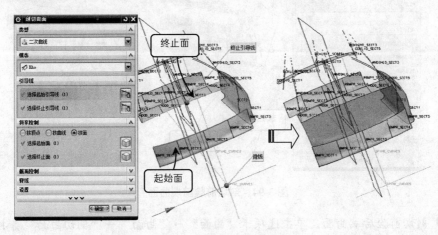

图 3-92　创建发动机罩曲面

32 桥接前脸和侧面曲面。单击选项卡"曲面"→"曲面"→"桥接" 按钮，打开"桥接曲面"对话框，在工作区依次选取前脸为边 1，车身侧面为边 2，如图 3-93 所示。

33 剖切前脸前端曲面。单击选项卡"曲面"→"曲面"→"剖切曲面" 按钮，打开"剖切曲面"对话框，在"类型"下拉列表中选择"二次曲线"选项，"模态"下拉列表中选择"Rho"选项，在工作区中分别选择发动机盖为起始面，桥接曲面为终止面，并在工作区中选择起始引导线、终止引导线和脊线，如图 3-94 所示。

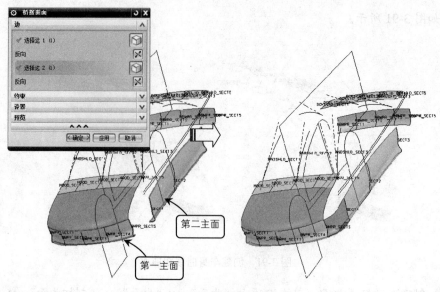

图 3-93　桥接前脸和侧面曲面

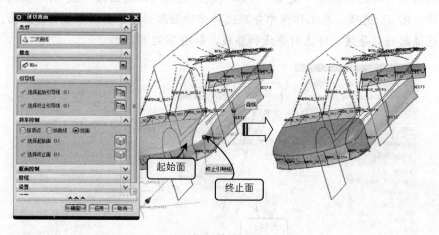

图 3-94　剖切前脸前端曲面

34 剖切前脸后端曲面。单击选项卡"曲面"→"曲面"→"剖切曲面" 按钮，打开"剖切曲面"对话框，在"类型"下拉列表中选择"二次曲线"选项，"模态"下拉列表中选择"Rho"选项，在工作区中分别选择前翼子板为起始面，车身侧面为终止面，并在工作区中选择起始引导线、终止引导线和脊线，如图 3-95 所示。

35 剖切前后翼子板曲面。单击选项卡"曲面"→"曲面"→"剖切曲面" 按钮，打开"剖切曲面"对话框，在"类型"下拉列表中选择"二次曲线"选项，"模态"下拉列表中选择"Rho"选项，在工作区中分别选择前翼子板为起始面，后翼子板为终止面，并在工作区中选择起始引导线、终止引导线和脊线，如图 3-96 所示。

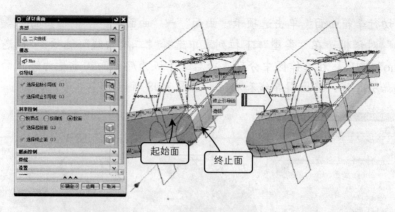

图 3-95　剖切前脸后端曲面

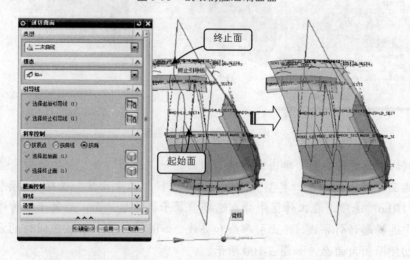

图 3-96　剖切前后翼子板曲面

36　桥接侧面和车尾曲面。单击选项卡"曲面"→"曲面"→"桥接" 按钮，打开"桥接曲面"对话框，在工作区依次选取车身侧面为第一主面，车尾曲面为第二主面，如图 3-97 所示。

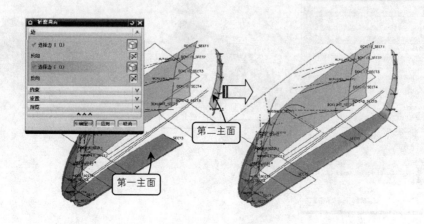

图 3-97　桥接侧面和车尾曲面

(37) 剖切行李箱曲面。单击选项卡"曲面"→"曲面"→"剖切曲面"按钮，打开"剖切曲面"对话框，在"类型"下拉列表中选择"二次曲线"选项，"模态"下拉列表中选择"Rho"选项，在工作区中分别选择后翼子板为起始面，车尾为终止面，并在工作区中选择起始引导线、终止引导线和脊线，如图3-98所示。

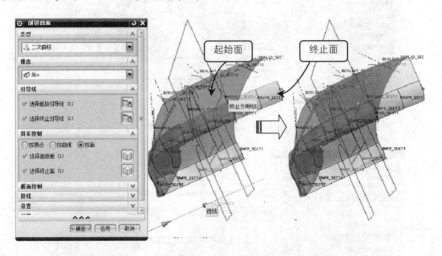

图3-98　剖切行李箱曲面

(38) 剖切侧面圆角曲面。单击选项卡"曲面"→"曲面"→"剖切曲面"按钮，打开"剖切曲面"对话框，在"类型"下拉列表中选择"二次曲线"选项，"模态"下拉列表中选择"Rho"选项，在工作区中分别选择前翼子板为起始面，后翼子板为终止面，并在工作区中选择起始引导线、终止引导线和脊线，如图3-99所示。按照同样的方法创建其他3个剖切侧面圆角曲面，如图3-100所示。

(39) 镜像车身另一侧曲面。选择菜单按钮"插入"→"关联复制"→"抽取几何体"选项，打开"抽取几何体"对话框，在工作区中选择中央的平面为镜像平面，右侧的车身侧面曲线为目标，如图3-101所示。

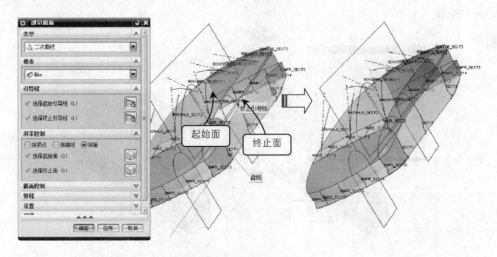

图3-99　剖切侧面圆角曲面

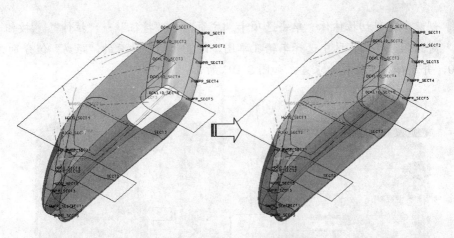

图 3-100　剖切其他侧面圆角曲面

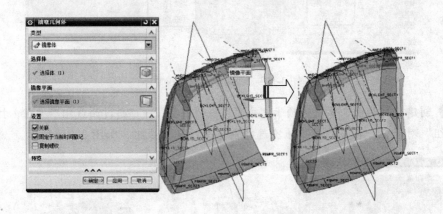

图 3-101　镜像车身另一侧曲面

40 缝合车身曲面。选择菜单按钮中的"插入"→"组合体"→"缝合"选项,打开"缝合"对话框,在工作区中选择前后翼子板剖切曲面为目标片体,选择其他的所有曲面为刀具,设置公差值为 0.1,如图 3-102 所示。

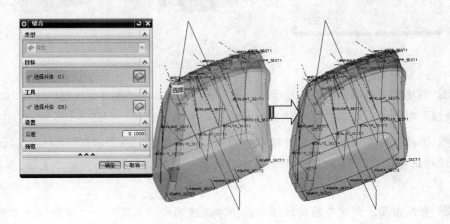

图 3-102　缝合车身曲面

(41) 创建车轮剪切拉伸体。单击选项卡"主页"→"特征"→"拉伸" ▓▓ 按钮，打开"拉伸"对话框，在工作区中选择车轮孔草图，设置开始和结束的"距离"值分别为 1200 和-1200，并选择布尔运算为求差，如图 3-103 所示。

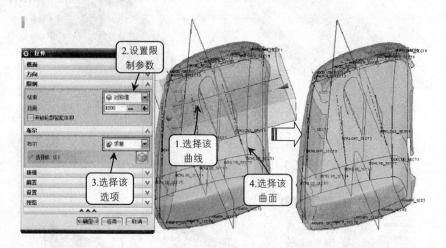

图 3-103　创建车轮剪切拉伸体

(42) 创建前窗曲面。单击选项卡"主页"→"曲面"→"通过曲线组"按钮，打开"通过曲线组"对话框，在工作区中依次选择前窗曲面的曲线组，如图 3-104 所示。

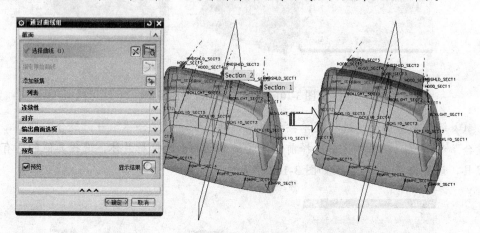

图 3-104　创建前窗曲面

(43) 创建后窗曲面。单击选项卡"主页"→"曲面"→"通过曲线组"选项，打开"通过曲线组"对话框，在工作区中依次选择后窗曲面的曲线组，如图 3-105 所示。

(44) 桥接前后窗曲面。单击选项卡"曲面"→"曲面"→"桥接" ▓▓ 按钮，打开"桥接曲面"对话框，在工作区依次选取前窗曲面为第一主面，后窗曲面为第二主面，如图 3-105 所示。

(45) 直纹曲面。创建车脸曲线组曲面。单击选项卡"主页"→"曲面"→"更多"→"直纹面"按钮，打开"直纹"对话框，在工作区中选择车身侧面的两条曲线，如图 3-106

所示。

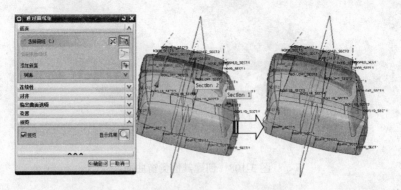

图 3-105　创建后窗曲面

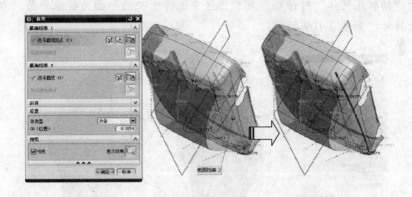

图 3-106　直纹曲面

46　创建侧窗曲面。单击选项卡"曲面"→"曲面"→"剖切曲面"按钮，打开"剖切曲面"对话框，在"类型"下拉列表中选择"二次曲线"选项，"模态"下拉列表中选择"Rho"选项，在工作区中分别选择车顶面为起始面，侧面板为终止面，并在工作区中选择起始引导线、终止引导线和脊线，如图 3-107 所示。按同样方法创建其他侧窗曲面，如图 3-108 所示。

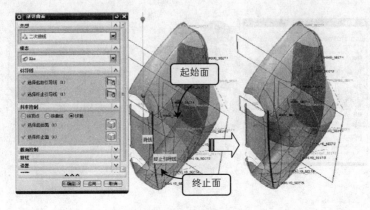

图 3-107　创建侧窗曲面

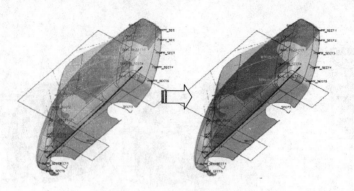

图 3-108　创建其他侧窗曲面

47 镜像另一侧窗曲面。选择菜单按钮中的"插入"→"关联复制"→"抽取几何体"选项，打开"抽取几何体"对话框，在工作区中选择中央的平面为镜像平面，右侧的车身侧面曲线为目标，如图 3-109 所示。

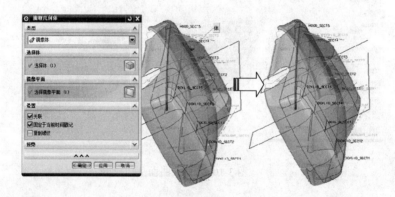

图 3-109　镜像另一侧窗曲面

48 缝合车顶和车窗曲面。选择菜单按钮中的"插入"→"组合体"→"缝合"选项，打开"缝合"对话框，在工作区中选择前窗面为目标片体，选择其他的所有曲面为刀具，设置公差值为 0.1，如图 3-110 所示。轿车外壳曲面创建完成。

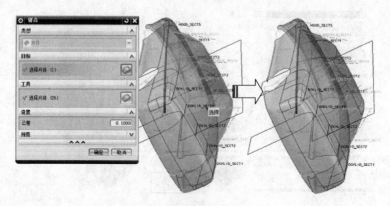

图 3-110　缝合车顶和车窗曲面

第4章
由曲面创建曲面

由曲面构造曲面是在其他片体或曲面的基础上进行构造曲面。它是将已有的面作为基面，通过各种曲面操作再生出一个新的曲面。此类型曲面大部分都是参数化的，通过参数化关联，再生的曲面随着基面改变而改变。这种方法对于特别复杂的曲面非常有用，这是因为复杂曲面仅仅利用基于曲线的构造方法比较困难，而必须借助于曲面片体的构造方法才能够获得。

本章主要介绍桥接曲面、延伸曲面、规律延伸、缝合曲面、修剪曲面、过渡曲面、N边曲面、轮廓线弯边、倒圆曲面、偏置曲面、大致偏置曲面等内容，最后还佐以实例，为读者详细讲解由曲面创建曲面的创建流程和方法。

4.1 桥接曲面

使用"桥接"工具可以使用一个片体将两个修剪过或未修剪过的表面之间的空隙补足、连接，还可以用来创建两个合并面的片体，从而生成一个新的曲面。若要桥接两个片体，则这两个面都为主面。若要合并两个面，则这两个面分别为主面和侧面。单击选项卡"曲面"→"曲面"→"桥接曲面"按钮，打开"桥接曲面"对话框。

要创建桥接曲面，依次在工作区选取两个边，然后设置连续方式并单击"确定"按钮即可，效果如图 4-1 所示。

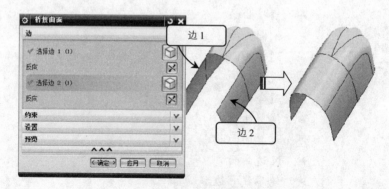

图 4-1　创建桥接曲面

4.2 倒圆曲面

倒圆曲面是指通过指定的两组曲面后，根据脊线、截面类型、相切曲线等数据控制倒圆曲面的形状。倒圆曲面和桥接曲面均可以连接两组曲面，桥接曲面为从两组曲面的边缘线延伸，其边缘线是固定的。而倒圆曲面会根据形状控制数据适当调整曲面边缘线，且其控制方式更为灵活，在产品设计中使用非常频繁。在 UG NX 10 中倒圆曲面主要包括：圆角曲面、面倒圆角、软倒圆角。另外在实体建模中常用到"边倒圆"工具，也能实现一些曲面的倒圆，创建方法相对容易，本小节不再介绍。

4.2.1 圆角曲面

圆角曲面功能可以在两组曲面之间创建半径为常数或可变的圆角曲面，创建的圆角曲面与所选择额参考曲面相切。值得注意的是：利用圆角曲面创建的曲面是非参数化的。单击选项卡"曲面"→"曲面"→"圆角" 按钮，打开"圆角"对话框，在工作区中选择两组要创建圆角的曲面，然后选择它们的相交线为脊线，并设置圆角曲面的起始点和半径参数，具体操作方法如图 4-2 所示。

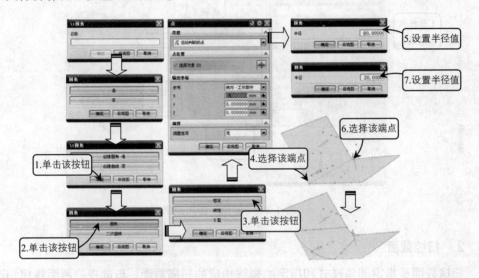

图 4-2　创建圆角曲面

4.2.2 面倒圆角

面倒圆是对实体或片体边指定半径进行倒圆角操作，并且使倒圆面相切于所选取的平面。利用该方式创建倒圆角需要在一组曲面上定义相切线串。该倒圆工具和"边倒圆"工具有些类似。单击"面倒圆" 按钮，在打开的"面倒圆"对话框中提供了以下两种创建面倒圆特征的方式。创建方法如图 4-3 所示。

1．滚动球

滚动球面倒圆是指使用一个指定半径的假想球与选择的两个面集相切形成倒圆特征。选择"类型"面板中的"滚动球"选项，"面倒圆"对话框被激活，各面板选项的含义介绍如下。

- 面链：该面板用来指定面倒圆所在的两个面，也就是倒圆角在两个选取面的相交部分。其中第一个选项组用于选择面倒圆第一组倒圆角的面，第二个选项组用于选择第二组倒圆角的面。
- 横截面：在该面板中可以设置横截面的形状和半径方式，横截面的形状分为"圆形"和"二次曲线"两种方式。创建面倒圆特征，可以依次选取要面倒圆的两个

面链，然后在"横截面"面板中的"形状"下拉列表中选择倒圆的形状样式，设置圆角的参数，如图 4-3 所示是以圆形创建的面倒圆特征。

➤ 约束和限制几何体：在该面板中可以通过设置重合边和相切曲线来限制面倒圆的形状。利用"选择重合边"工具指定陡峭边缘作为圆面的相切截面，利用"选择相切曲线"工具指定相切控制线来控制圆角半径，从而对面倒圆特征进行约束和限制操作。

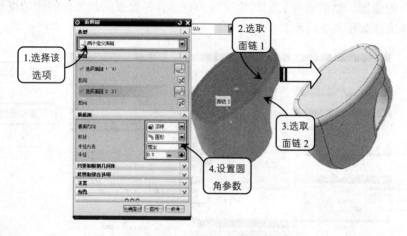

图 4-3 "圆形"圆角效果

2. 扫掠截面

扫掠截面是指定圆角样式和指定的脊线构成的扫描截面，与选择的两面集相切进行倒圆角。其中脊线是曲面指定同向断面线的特殊点集合所形成的线。也就是说，指定了脊线就决定了曲面的端面产生的方向。其中端面的 U 线必须垂直于脊线。

选择"类型"面板中的"扫掠截面"选项，并依次选取要进行面倒圆的两个面链，然后在"横截面"面板中单击"选择脊线" 按钮，在工作区中选取脊线并设置圆角参数即可，创建方法如图 4-4 所示。

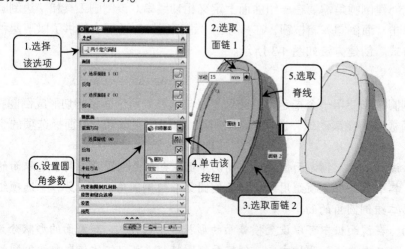

图 4-4 利用扫掠截面创建面倒圆特征

4.2.3　软倒圆角

软倒圆是沿着相切控制线相切于指定的面。软倒圆与面倒圆的选项和操作类似，不同之处在于面倒圆可指定倒圆类型及半径方式，而软倒圆则根据两相切曲线以及形状控制参数来决定倒圆的形状。软倒圆与面倒圆相比，前者更具有艺术美化效果，从而避免了有些面倒圆外形的呆板。这一点对工业造型设计有特殊的意义，使设计的产品具有良好的外观形状。单击"软倒圆"按钮 🔲，打开"软倒圆"对话框，"选择步骤"选项组用来设置软倒圆的各个参考值，"光顺性"选项组用于设置圆角的光滑度。其余选项组用于设置圆角的其他控制参数，它们的功能及用法分别介绍如下：

1．选择步骤

该选项包括 4 个按钮，分别代表创建软倒圆的 4 个步骤。可以依次单击这些按钮，选取与倒圆面相切的两个面组，并指定相切曲线，即可创建软倒圆。

> 第一组：该按钮用于选择软倒圆的第一面，可选取实体或片体上的一个或多个面作为第一个平面。

> 第二组：该按钮用于选择软倒圆的第二面，可选取实体或片体上的一个或多个面作为第二个平面。

> 第一相切曲线：该按钮用于选取第一平面上的相切曲线，可选取第一个平面上的曲线作为相切曲线，使之成为倒圆面的边缘。

> 第二相切曲线：该按钮用于选取第二平面上的相切曲线，可选取第二个平面上的曲线作为相切曲线，使之成为倒圆面的边缘。

创建倒圆角特征，必须首先选取与倒圆面相切的两个面组，并指定相切曲线。

2．光顺性

该选项组用于控制软倒圆的截面形状。实际上，软倒圆可以看成是由位于脊线法向平面上无穷多簇截面曲线组成的。该选项组包含"匹配切矢"与"匹配曲率"两个单选按钮。

> 匹配切矢：该单选按钮使倒圆面与邻接的被选面相切匹配，此时截面形状为椭圆曲线，且 Rho 和歪斜选项以灰色显示。

> 匹配曲率：该单选按钮使倒圆面与邻接的被选面采用曲率连续的光滑过渡方法，此时可用 Rho 和 Skew 这两个选项来控制倒角的形状。

3．Rho

该选项用于设置曲面拱高与弦高之比，Rho 必须大于 0 且小于 1，若 Rho 越接近 0，则倒圆面越平坦，否则就越尖锐。

4．歪斜

该选项用于设置斜率，它必须大于 0 且小于 1，Skew 越接近 0，则倒角面顶端越接近于第一面集，否则越接近于第二面集。在一般情况下，不必关心 Rho 与 Skew 的精确含义，只要知道它们的控制趋势即可。

5. 定义脊线

用于定义软倒圆的脊柱线串，可以选择曲线或实体边缘作为脊柱线。单击"定义脊线"按钮，打开"脊线"对话框，然后在绘图区中选取某条曲线或实体边作为倒圆的脊线。

图 4-5 所示就是按照上述步骤选取直线为脊线创建的软倒圆。

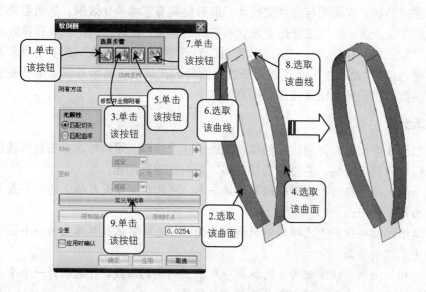

图 4-5 利用"定义脊线"选项创建软倒圆特征

> **提 示**：在选取第一组和第二组面时，工作区中会示意面的法向方向箭头，并且"选择步骤"按钮下面的"法向反向"按钮会激活，单击此按钮改变法向方向使得法向方向朝向要创建的倒圆角内侧，否则系统会警报圆角半径过大。

4.3 延伸曲面

延伸主要用于扩大曲面片体。该选项用于在已经存在的片体（或面）上建立延伸片体。延伸通常采用近似方法建立，但是如果原始面是 B-曲面，则延伸结果可能与原来曲面相同，也是 B-曲面。单击选项卡"曲面"→"曲面"→"延伸曲面" 按钮，打开"延伸曲面"对话框，在该对话框中包括了以下两种延伸方式。

4.3.1 相切

相切曲面是指延伸曲面与已有面、边缘或拐角等基面相切。具体包括"按长度"和"按百分比"两个选项。这里以"按长度"为例介绍其操作方法，首先选择要延伸的边线，然后设置延伸方法为"相切"，距离选择"按长度"并设置长度，单击"确定"按钮即可，创建方法如图 4-6 所示。

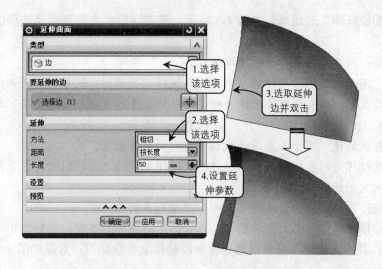

图 4-6　创建"相切"的延伸曲面

4.3.2 圆形

利用该选项延伸出的薄体各处具有相同的曲率，并依照原来薄体圆弧的曲率延伸，延伸方向与原薄体在边界处的方向相同。具体包括"固定长度"和"百分比"两个选项。以"固定长度"选项为例介绍其操作方法。选择该选项，然后选取曲面和边线，并设置延伸参数即可，延伸效果如图 4-7 所示。

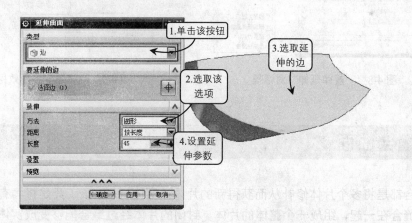

图 4-7　圆形延伸曲面

4.4　规律延伸

规律延伸用于建立凸缘或延伸。单击选项卡"曲面"→"曲面"→"规律延伸" 按

钮，打开"规律延伸"对话框，如图 4-8 所示。该对话框中主要面板及选项的功能及含义如下：

- ➤ 矢量：用于定义延伸面的参考方向。
- ➤ 面：用于选择规律延伸的参考方式，选择该选项时，选择面将是激活的。
- ➤ 规律类型：列表框用来选择一种控制延伸角度的方法，同时要在下面的规律值中输入大约的数值。
- ➤ 沿脊线的值：用于在基准曲线的两边同时延伸曲面。
- ➤ 角度规律：列表框用来选择一种控制延伸角度的方法，同时要在下面的规律值中输入大约的数值；
- ➤ 脊线：选择一条曲线来定义局部用户坐标系的原点。

要利用"规律延伸"工具延伸曲面，首先选取曲线和基准面，然后单击"指定新的位置"按钮，并指定坐标，接着设置长度参数和角度参数即可，效果如图 4-9 所示。

图 4-8 "规律延伸"对话框

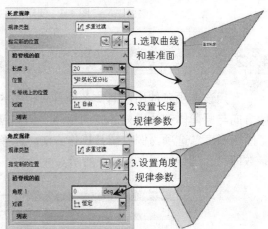

图 4-9 规律延伸曲面效果

4.5 缝合曲面

缝合都是将多个片体修补从而获得新的片体或实体特征。该工具是将具有公共边的多个片体缝合在一起，组成一个整体的片体。封闭的片体经过缝合能够变成实体。单击"缝合" 按钮，在打开的"缝合"对话框中提供了创建缝合特征的两种方式，具体介绍如下。

4.5.1 片体

该方式是指将具有公共边或具有一定缝隙的两个片体缝合在一起组成一个整体的片体。当对具有一定缝隙的两个片体进行缝合时，两个片体间的最短距离必须小于缝合的公差值。选择"类型"面板中"片体"选项，然后依次选取目标片体和工具片体进行缝合操作，创建方法如图 4-10 所示。

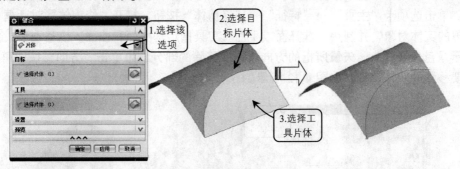

图 4-10　利用片体创建缝合特征

4.5.2　实体

该方式用于缝合选择的实体。要缝合的实体必须是具有相同形状、面积相近的表面。该方式尤其适用于无法用"求和"工具进行布尔运算的实体。选择"类型"面板中的"实体"选项，然后依次选取目标平面和工具进行缝合操作，创建方法如图 4-11 所示。

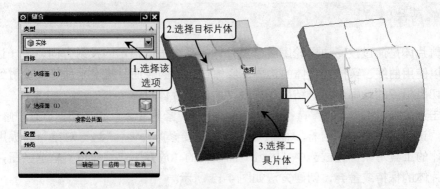

图 4-11　利用实体创建缝合特征

4.6　修剪曲面

修剪曲面功能可以将曲线或曲面作为边界，对已存在的目标曲面进行修剪。当选择曲线作为修剪的边界时，曲线可以在目标曲面上，也可以在目标曲面外，这时通过指定投影方向来去顶修剪的边界。在 UG NX 10 中可以通过 "修剪体"和"修剪片体"两个工具来修剪曲面，下面分别介绍。

4.6.1　修剪体

该工具是利用平面、曲面或基准平面对实体进行修剪操作。其中这些修剪面必须完全

通过实体，否则无法完成修剪操作。修剪后仍然是参数化实体，并保留实体创建时的所有参数。单击选项卡"主页"→"特征"→"修剪体"按钮，打开"修剪体"对话框，选取要修剪的实体对象，并利用"选择面或平面"工具指定基准面和曲面。该基准面或曲面上将显示绿色矢量箭头，矢量所指的方向就是要移除的部分，可单击"方向"按钮🅇，反向选择要移除的实体，效果如图 4-12 所示。

图 4-12　创建修剪体

4.6.2 修剪片体

修剪片体是通过投影边界轮廓线修剪片体。系统根据指定的投射方向，将一边界（该边界可以使用曲线、实体或片体的边界、实体或片体的表面、基准平面等）投射到目标片体，剪切出相应的轮廓形状。结果是关联性的修剪片体。

单击选项卡"主页"→"特征"→"更多"→"修剪片体"🔲按钮，打开"修剪片体"对话框。该对话框中的"目标"面板是用来选择要修剪片体；"边界对象"面板用来执行修剪操作的工具对象；通过选中"区域"面板中的"放弃"或"保留"单选按钮，可以控制修剪片体的保持或舍弃，创建方法如图 4-13 所示。

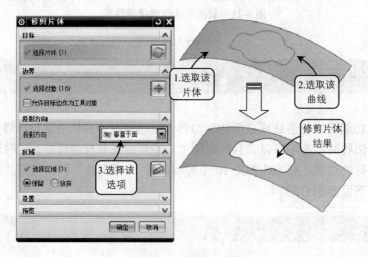

图 4-13　修剪片体

4.7 过渡曲面

　　过渡曲面功能是可以在两张或多张曲面的交叉处创建连接所选截面的曲面。但在创建过渡曲面时，选择的截面线不能是封闭的。单击选项卡"曲面"→"曲面"→"更多"→"过渡"　按钮，打开"过渡"对话框，在工作区中分别选择 3 个曲面边缘的边线组，创建方法如图 4-14 所示。

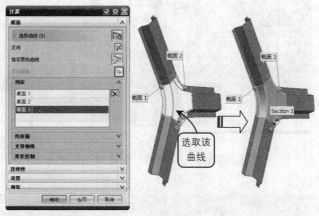

图 4-14　创建过渡曲面

4.8 N 边曲面

　　N 边曲面可以通过选取一组封闭的曲线或边创建曲面。N 边曲面的曲面小片体之间虽然有缝隙，但不必移动修剪或变化的边，就可以使生成的 N 边曲面保持光滑。N 边曲面有两种创建方式：已修剪和三角形。三角形补片方式，可以设置创建的曲面与所选边界约束曲面之间的连续性。

　　N 边曲面功能试图创建一个或多个面来覆盖光顺的、简单的环区域。这个操作不会总是成功的，这取决于该环的形状和外部约束。如果此功能失败，可以先尝试创建曲面而不指定任何的外部边界面约束，还可以尝试简化封闭环，比如定义一个光顺的、圆的、平缓的环来替代具有复杂形状的环。

4.8.1 已修剪

　　采用"已修剪"方式创建 N 边曲面时，系统基于所选的封闭曲线创建单张曲面。且修剪的单片体方式可以采用 3 种方式控制曲面的 U、V 方向：脊线、矢量和面积。本书以"脊线"为例介绍其创建方法。单击选项卡"曲面"→"曲面"→"N 边曲面"　按钮，打开"N 边曲面"对话框，选择"类型"下拉列表中的"已修剪"选项，在工作区中选择外部

环曲线、约束面，在"UV 方位"下拉列表中选择"脊线"选项，并在工作区中选择脊线，创建方法如图 4-15 所示。

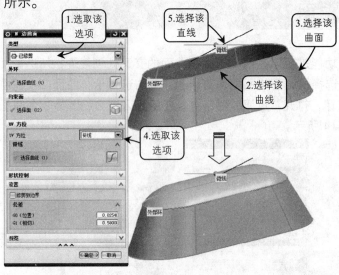

图 4-15 利用"已修剪"创建 N 边曲面

4.8.2 三角形

采用三角形补片方式创建 N 边曲面时，系统基于所选的封闭曲线创建多个三角形补片组成曲面，并且组成曲面的三角形补片相交于一点，该点称为 N 边曲面的公共中心点。三角形 N 边曲面的形状控制可以通过调节 X、Y、Z 和中心平缓滑块的数值来修改 N 边曲面的曲面形状。单击选项卡"曲面"→"曲面"→"N 边曲面" 按钮，打开"N 边曲面"对话框，在工作区中选择外部环曲线、约束面，选择"类型"下拉列表中的"三角形"选项，创建方法如图 4-16 所示。

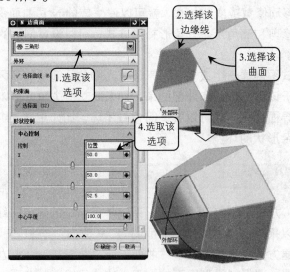

图 4-16 利用"三角形"创建 N 边曲面

4.9　轮廓线弯边

轮廓线弯边创建曲面的方法是用户指定基本边作为轮廓线弯边的基础，指定一个曲面作为基面，指定一个矢量作为轮廓线弯边的方向，系统将根据这些基本线、基本面和矢量方向，并按照一定的弯边规律生成轮廓线弯边曲面。

矢量方向可以是用户指定的矢量，也可以是基本面的法线，还可以是坐标轴的正负方向。弯边规律主要有两种：一种是根据距离和角度，另一种是指定半径。此外，还可以选择轮廓线弯边的输出类型，输出类型有"圆角和弯边""仅管道"和"仅弯边"，这些选项将决定输出地轮廓线弯边曲面的形状。

单击选项卡"曲面"→"曲面"→"曲面"→"轮廓线弯边"按钮，打开"轮廓线弯边"对话框，在"类型"下拉列表中包括了三种方式：基本型、绝对差型和视觉差型，下面分别介绍。

4.9.1　基本型

创建基本型轮廓弯边时不需要已存在的轮廓线弯边，可以在曲面的边线或曲线上进行弯边操作，弯边的参考方向可以是曲面法向也可以是用户自定义的矢量。打开"轮廓线弯边"对话框后，在"类型"下拉列表中选择"基本尺寸"选项，在工作区中选择基本曲线和基本面，并确定参考方向，创建方法如图 4-17 所示。

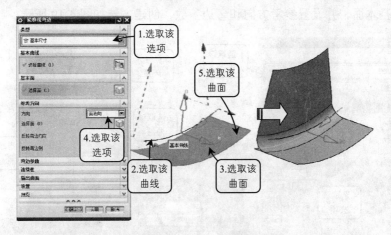

图 4-17　创建基本型轮廓线弯边

4.9.2　绝对差型

创建视觉差型轮廓线弯边时需要已存在的轮廓线弯边作为参考，并且可以设置创建的轮廓线弯边与参考轮廓线弯边之间的视觉差。打开"轮廓线弯边"对话框后，在"类型"下拉列表中选择"绝对差"选项，在工作区中选择基本曲线和基本面，并设置参考方向和

弯边参数，创建方法如图 4-18 所示。

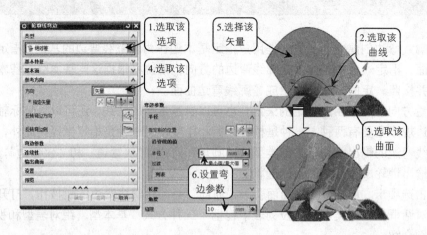

图 4-18　创建绝对缝隙型轮廓线弯边

4.9.3　视觉差型

创建绝对缝隙型轮廓线弯边时需要已存在的轮廓线弯边作为参考，并且可以设置创建的轮廓线弯边与参考轮廓线弯边之间的间隙值，间隙值定义为两弯边间的最小距离。打开"轮廓线弯边"对话框后，在"类型"下拉列表中选择"视觉差"选项，在工作区中选择基本曲线和基本面，并设置参考方向和弯边参数，创建方法如图 4-19 所示。

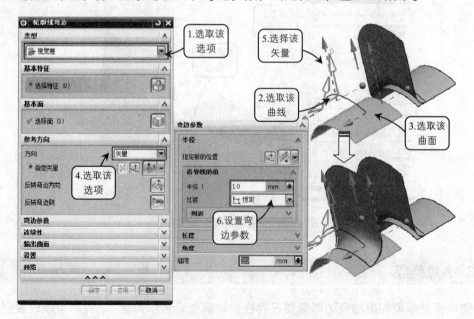

图 4-19　创建视觉差型轮廓线弯边

4.10 抽取曲面

该工具可以通过复制一个面、一组面或一个实体特征来创建片体或实体。该工具充分利用现有实体或片体来完成设计工作，并且通过抽取生成的特征与原特征具有相关性。单击"抽取几何体" 按钮，打开"抽取"对话框，该方式可以将选取的实体或片体表面抽取为片体。选择需要抽取的一个或多个实体面或片体面并进行相关设置，即可完成抽取面的操作。

选择"类型"面板中的"面"选项，"抽取"对话框被激活。在"设置"面板中，启用"固定于当前时间戳记"复选框，则生成的抽取特征不随原几何体变化而变化，禁用该复选框，则生成的抽取特征随原几何体变化而变化，时间顺序总是在模型中其他特征之后；"隐藏原先的"复选框用于控制是否隐藏原曲面或实体；"删除孔"复选框用于删除所选表面中的内孔。在激活的"面选项"下拉列表中包括 4 种抽取面的方式，具体介绍如下。

4.10.1 单个面

利用该选项可以将实体或片体的某个单个表面抽取为新的片体。图 4-20 所示为选取圆柱的端面并启用"隐藏原先的"复选框时创建的片体效果。在"曲面类型"下拉列表中包括以下 3 种抽取生成曲面类型。

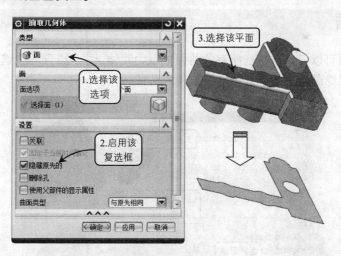

图 4-20　抽取单个面

- ➤ 与原先相同：用此方式抽取与原表面具有相同特征属性的表面。
- ➤ 三次多项式：用此方式抽取的表面接近但并不是完全复制，这种方式抽取的表面可以转换到其他 CAD、CAM 和 CAE 应用中。
- ➤ 一般 B 曲面：用此方式抽取的曲面是原表面的精确复制，很难转换到其他系统中。

中文版曲面设计从入门到精通

4.10.2 相邻面

利用该选项可以选取实体或片体的某个表面，其他与其相连的表面也会自动选中，将这组表面提取为新的片体。图 4-21 所示为选取与底部圆柱体端面相连的曲面并启用"隐藏原先的"复选框时创建的片体效果。

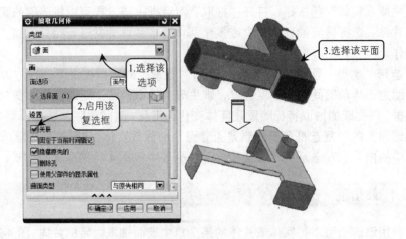

图 4-21　抽取相邻面

4.10.3 体的面

利用该选项可以将实体特征所有的曲面抽取为片体。图 4-22 所示为选取实体特征的所有曲面开启用"隐藏原先的"复选框时创建的片体效果。

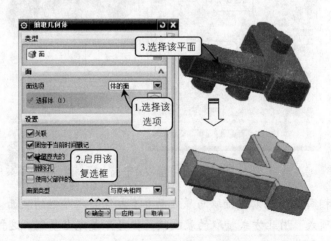

图 4-22　抽取实体的所有曲面

4.10.4　面链

利用该方式可以选取实体或片体的某个表面，然后选取其他与其相连的表面，将这组表面抽取为新的片体。它与"相邻面"方式的区别在于：相邻面是将与对象表面相邻的所有表面均抽取为片体，而面链是根据需要依次选取与对象表面相邻的表面，并且还能够成链条选取与其相邻的表面连接的面，抽取为片体。

图 4-23 所示为依次选取图中小圆柱的圆柱与其相邻的面链并启用"隐藏原先的"复选框时创建的片体效果。

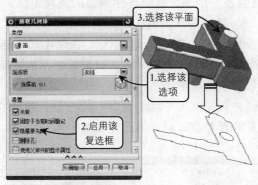

图 4-23　利用面链抽取片体

4.11　偏置曲面

偏置用于在实体或片体的表面上建立等距离偏置面，或边距偏置面，边距偏置面需要在片体上定义 4 个点，并且分别输入 4 个不同的距离参数，通过法向偏置一定的距离来建立偏置面。其中指定的距离称为偏置距离，已有面称为基面。它可以选择任何类型的单一面或多个面进行偏置操作。单击选项卡"曲面"→"曲面工序"→"偏置曲面"按钮，打开"偏置曲面"对话框。要创建偏置曲面，首先选取一个或多个欲偏置的曲面，并设置偏置的参数，最后单击"确定"按钮，即可创建出一个或多个偏置曲面，如图 4-24 所示。

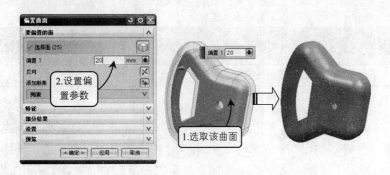

图 4-24　创建偏置曲面

4.12 大致偏置曲面

大致偏置是指从一组面或片体上创建无自相交、陡峭边或拐角等偏置片体。该方式不同于偏置曲面的操作，它可以对多个不平滑过渡的片体同时平移一定的距离，并生成单一的平滑过渡的片体。单击选项卡"曲面"→"曲面工序"→"更多"→"大致偏置" 按钮，打开"大致偏置"对话框。

该对话框中，"偏置偏差"用来设置偏移距离值的变动范围，例如系统默认的偏置距离为 10，偏置偏差为 1 时，系统将认为偏移距离的范围是 9~11；"步距"用来设置生成偏移曲面时进行运算时的步长，其值越大表示越精细，值越小表示越粗略，当其值小于一定的值时，系统可能无法产生曲面；"曲面控制"用来设置曲面的控制方式，只有在选中"云点"单选按钮后，该选项组才能被激活。

创建大致偏置曲面时，首先单击"偏置/片体"按钮，激活"CSYS 构造器"选项定义坐标系。最后依次设置偏置参数即可，创建方法如图 4-25 所示。

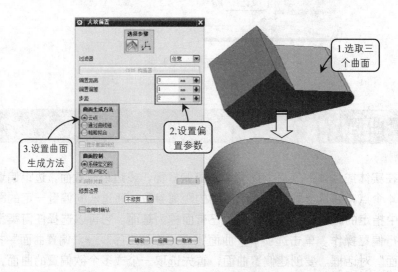

图 4-25　大致偏置曲面

4.13 案例实战——创建 MP3 耳机外壳

最终文件：	素材\第 4 章\MP3 耳机外壳.prt
视频文件：	视频\4.13 创建 MP3 耳机外壳.mp4

本例是一款 MP3、MP4 等常用的耳机，如图 4-26 所示。该耳机外壳由耳机壳体、螺孔、导线孔、凸台等结构组成。该模型比较常见，结构看似较简单易做，但综合了实体建模和曲面建模。通过本实例可以更进一步加深对实体建模和曲面建模的应用，着重掌握"修剪片体""修剪体""偏置面""缝合"等工具的运用。

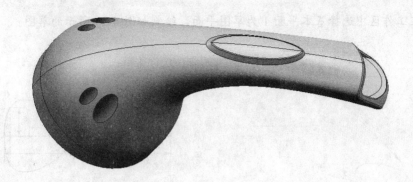

图 4-26　MP3 耳机模型效果

4.13.1　设计流程图

在创建本实例时，可以首先创建出耳机的基本线框，以及创建耳机壳的网格曲面。然后利用"修剪片体""扫掠""缝合""加厚"等工具创建出基本的耳机壳体，并创建出耳机柄端的导线孔。最后利用"拉伸""修剪体""拆分体""偏置面"等工具创建出耳机上的螺孔和凸台，即可创建出该耳机外壳模型，如图 4-27 所示。

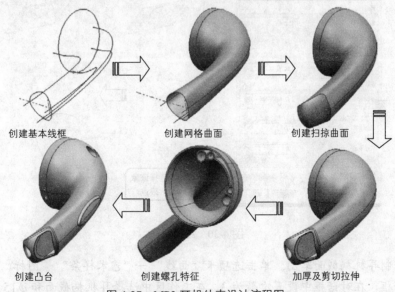

创建基本线框　　　　创建网格曲面　　　　创建扫掠曲面

创建凸台　　　　创建螺孔特征　　　　加厚及剪切拉伸

图 4-27　MP3 耳机外壳设计流程图

4.13.2　具体设计步骤

01　创建草图和基准平面 1。首先以 XY 基准平面为草图平面，绘制以坐标系中心为圆心 φ15 的圆，然后利用"基准平面"工具创建 XZ 平面向-Y 方向平移 27 的基准平面 1，如图 4-28 所示。

02　绘制耳机柄截面草图。单击选项卡"主页"→"草图" 按钮，打开"创建草图"

对话框，在工作区中选择基本平面1为草图平面，绘制如图4-29所示的草图。

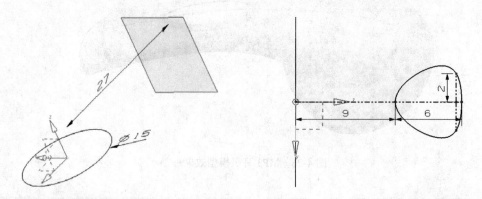

图 4-28 创建草图和基准平面 1　　　　　　　　图 4-29 绘制耳机柄截面草图

03 绘制直线。单击选项卡"曲线"→"直线" ╱ 按钮，打开"直线"对话框，在工作区中绘制耳机柄截面和φ15圆上样条曲线的4条相切线，φ15圆上的相切线与Z轴平行，耳机柄截面线上的相切线与Y轴平行，如图4-30所示。

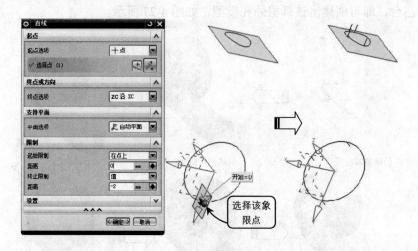

图 4-30 绘制直线

04 绘制耳机柄截面草图。单击选项卡"曲线"→"艺术样条" ∿ 图标，打开"艺术样条"对话框，在对话框中设置次数为3，在工作区中选择耳机柄截面和φ15圆对应的相切线端点，设置连续性为G1相切，如图4-31所示。按照同样的方法绘制其他3条样条曲线。

05 拉伸相切曲面。单击选项卡"主页"→"特征"→"拉伸" 按钮，打开"拉伸"对话框选择工作区中φ15圆的半圆弧，设置拉伸距离为2，按照同样的方法创建其他3个拉伸相切曲面。如图4-32所示。

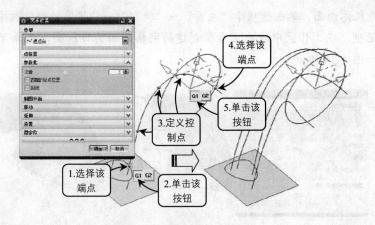

图 4-31　绘制艺术样条曲线

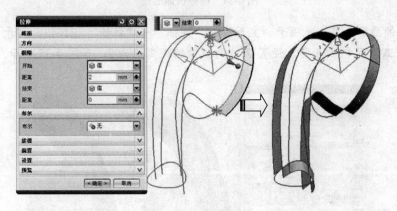

图 4-32　拉伸相切曲面

06 创建网格曲面。单击选项卡"主页"→"曲面"→"通过曲线网格" 按钮，打开"通过曲线网格"对话框，在工作区中依次选择截面线为主曲线，选择样条为交叉曲线，并选择对应的相切面设置相应的 G1 相切连续，创建方法如图 4-33 所示。

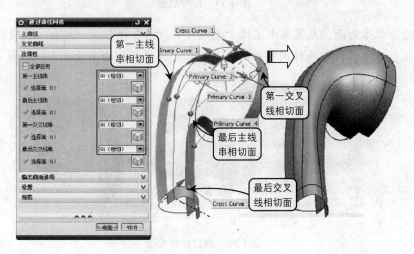

图 4-33　创建网格曲面

07 镜像机体曲面。单击选项卡"主页"→"特征"→"镜像特征" 按钮,打开"镜像特征"对话框,在工作区中选中上步骤创建的网格曲面为目标面,选择YZ基准平面为镜像平面,如图4-34所示。

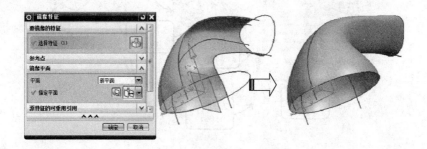

图4-34　镜像机体曲面

08 拉伸曲面。单击选项卡"主页"→"特征"→"拉伸" 按钮,打开"拉伸"对话框,选择工作区中φ15圆,设置-Z方向拉伸的距离值为2,如图4-35所示。

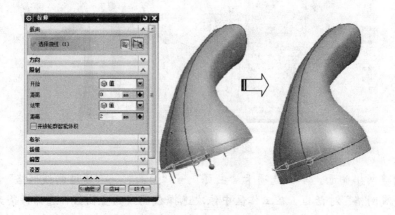

图4-35　拉伸曲面

09 缝合机体曲面。在菜单中选择"插入"→"组合体"→"缝合"选项,打开"缝合"对话框,在工作区中选择网格曲面为目标体,选择其他曲面为工具,如图4-36所示。

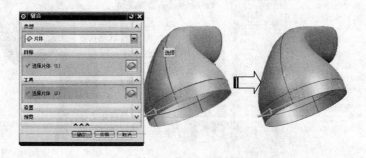

图4-36　缝合机体曲面

⑩ 绘制引导线。单击选项卡"主页"→"草图" 📷 按钮，打开"创建草图"对话框，在工作区中选择 YZ 基准平面为草图平面，绘制如图 4-37 所示的草图。

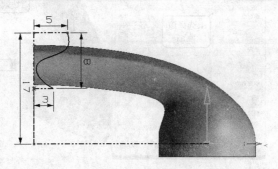

图 4-37　绘制引导线

⑪ 创建基准平面 2。单击选项卡"主页"→"特征"→"基准平面" 🔲 按钮，打开"基准平面"对话框，在"类型"下拉列表中选择"点和方向"选项，并在工作区中选择引导线的端点，如图 4-38 所示。

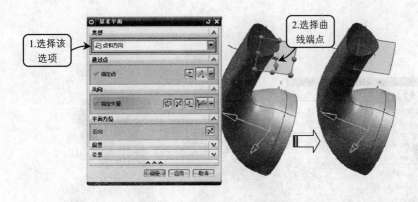

图 4-38　创建基准平面 2

⑫ 绘制扫掠截面 1。单击选项卡"主页"→"草图" 📷 按钮，打开"创建草图"对话框，在工作区中选择基准曲面 2 为草图平面，绘制如图 4-39 所示的草图。

⑬ 创建基准平面 3。单击选项卡"主页"→"特征"→"基准平面" 🔲 按钮，打开"基准平面"对话框，在"类型"下拉列表中选择"点和方向"选项，并在工作区中选择引导线的另一端点，如图 4-40 所示。

⑭ 绘制扫掠截面 2。单击选项卡"主页"→"草图" 📷 按钮，打开"创建草图"对话框，在工作区中选择基准曲面 3 为草图平面，绘制如图 4-41 所示的草图。

⑮ 扫掠曲面。单击选项卡"主页"→"曲面"→"扫掠" 🔷 按钮，打开"扫掠"对话框，在工作区中选择一条截面线，然后单击对话框中的"添加新集" ➕ 按钮，选择另一条截面线，并选择引导线，如图 4-42 所示。

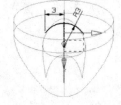

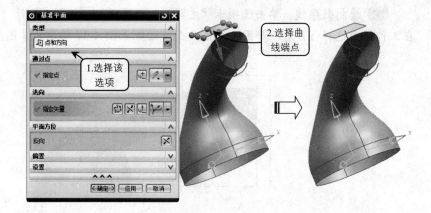

图 4-39　绘制扫掠截面 1　　　　　　　　　　　图 4-40　创建基准平面 3

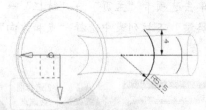

图 4-41　绘制扫掠截面 2

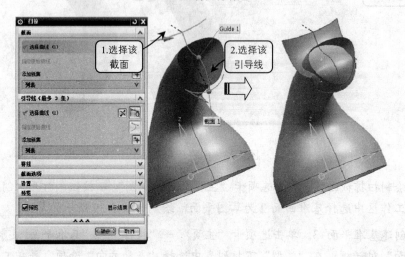

图 4-42　扫掠曲面

16 修剪耳机柄曲面。单击选项卡"主页"→"特征"→"更多"→"修剪片体"按钮，打开"修剪片体"对话框，在工作区中选择耳机柄为目标片体，选择扫掠曲面为边界对象，修剪方法如图 4-43 所示。

17 修剪扫掠曲面。单击选项卡"主页"→"特征"→"更多"→"修剪片体"按钮，打开"修剪片体"对话框，在工作区中选择扫掠曲面为目标片体，选择耳机柄为边界对象，修剪方法如图 4-44 所示。

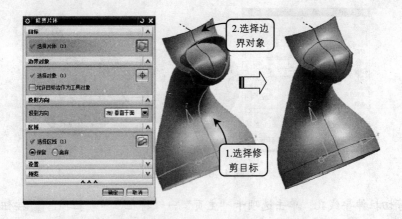

图 4-43　修剪耳机柄曲面

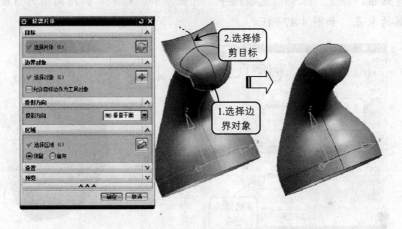

图 4-44　修剪扫掠曲面

18　缝合曲面。在菜单按钮中选择"插入"→"组合体"→"缝合"选项，打开"缝合"对话框，在工作区中选择扫掠曲面为目标体，选择其他曲面为工具，如图 4-45 所示。

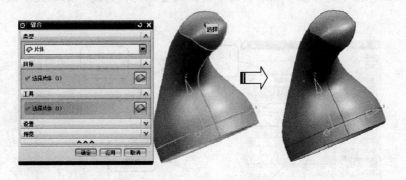

图 4-45　缝合曲面

19　加厚曲面。单击选项卡"主页"→"特征"→"更多"→"加厚"按钮，打开"加厚"对话框，在工作区中选中片体，设置向内偏置的厚度为 0.3，如图 4-46 所示。

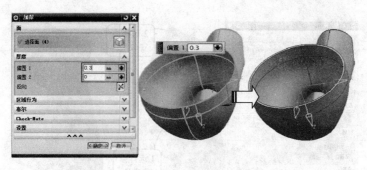

图 4-46　加厚曲面

20 剪切拉伸导线孔。单击选项卡"主页"→"特征"→"拉伸" █ 按钮，在打开的"拉伸"对话框中单击 █ 图标，选择基准平面 1 为草图平面，绘制如图所示的草图后返回"拉伸"对话框，设置"限制"选项组中"开始"和"结束"的距离值为 5.6 和 0，并设置布尔运算为求差，如图 4-47 所示。

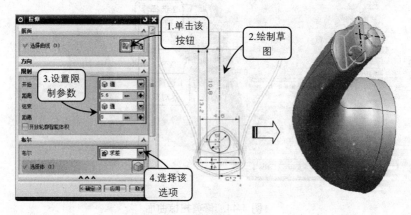

图 4-47　剪切拉伸导线孔

21 平移螺孔截面。选择菜单按钮中"编辑"→"移动对象"选项，打开"移动对象"对话框，在工作区中选择上步骤绘制的草图，设置距离、角度和副本数参数，如图 4-48 所示。

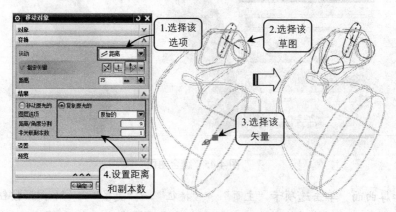

图 4-48　平移螺孔截面

　　注　意: 步骤（20）创建的草图为非外部的，所以不会出现在"部件导航器"中。可以在"部件导航器"中选择步骤（20）创建的拉伸体，单击鼠标右键，在弹出的快捷菜单中选择"使草图为外部的"选项，即可将草图外置到"部件导航器"中。

22　拉伸孔挡板。单击选项卡"主页"→"特征"→"拉伸" ▥ 按钮，打开"拉伸"对话框，在工作区中选择上步骤的平移孔截面为截面，设置拉伸开始和结束距离为 1.1 和"直至选中对象"，在工作区中选择扫掠曲面为结束对象，并在对话框中设置偏置参数，如图 4-49 所示。按照同一方法创建另一拉伸孔挡板。

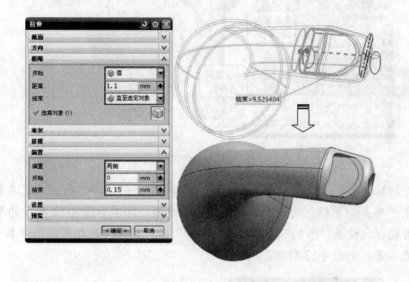

图 4-49　拉伸孔挡板

23　创建边倒圆 1。单击选项卡"主页"→"特征"→"边倒圆" ▥ 按钮，打开"边倒圆"对话框，在工作区选择孔的边缘线，设置形状为圆形，半径为 0.1，如图 4-50 所示。

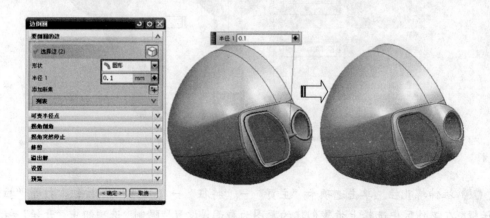

图 4-50　创建边倒圆 1

24　拉伸肋板。单击选项卡"主页"→"特征"→"拉伸" ▥ 按钮，在打开的"拉伸"

对话框中单击🖼图标，选择XY平面为草图平面，绘制如图所示的草图后返回"拉伸"对话框，设置"限制"选项组中"开始"和"结束"的距离值为0和"直至选定对象"，在工作区中选择内侧面为结束对象，并在对话框中设置偏置参数，如图4-51所示。

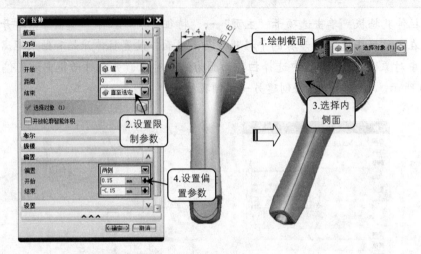

图 4-51　拉伸肋板

25 剪切拉伸螺孔。单击选项卡"主页"→"特征"→"拉伸"🖼按钮，在打开的"拉伸"对话框中单击🖼图标，选择 XY 平面为草图平面，绘制如图 4-52 所示的草图后返回"拉伸"对话框，设置"限制"选项组中"开始"和"结束"的距离值为0和8，并设置布尔运算为求差，如图 4-52 所示。

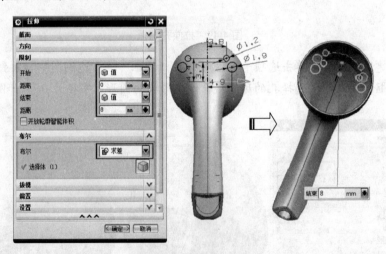

图 4-52　剪切拉伸螺孔

26 拉伸螺孔柱。单击选项卡"主页"→"特征"→"拉伸"🖼按钮，打开"拉伸"对话框，在工作区中选择上步骤创建的草图为截面，设置"限制"选项组中"开始"和"结束"的距离值为0和8，并设置布尔运算为求和，如图 4-53 所示。

27 修剪螺孔柱。单击选项卡"主页"→"特征"→"修剪体"按钮🖼，打开"修剪体"对话框，在工作区中选择螺孔柱为目标，选择步骤（9）创建的缝合曲面为工具，如图 4-54 所示。

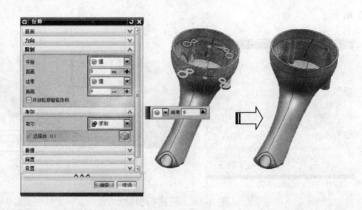

图 4-53　拉伸螺孔柱

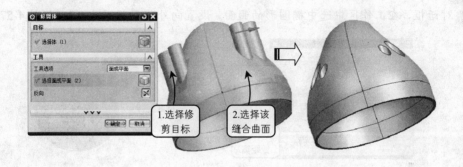

图 4-54　修剪螺孔柱

㉘ 拉伸片体。单击选项卡"主页"→"特征"→"拉伸"按钮，在打开的"拉伸"对话框中单击图标，选择 XY 平面为草图平面，绘制如图所示的草图后返回"拉伸"对话框，设置"限制"选项组中"开始"和"结束"的距离值为 10 和 15，如图 4-55 所示。

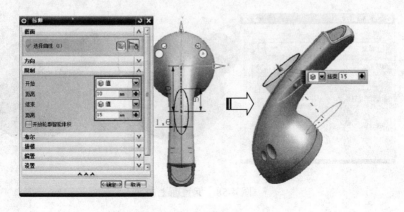

图 4-55　拉伸片体

29 创建拆分体。单击选项卡"主页"→"特征"→"更多"→"拆分体"按钮，打开"拆分体"对话框，在工作区中选择耳机壳体为目标，选择上步骤创建的拉伸片体为工具，如图4-56所示。

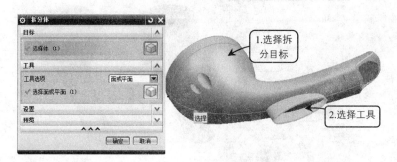

图4-56　创建拆分体

30 偏置面。在菜单按钮中选择"插入"→"偏置/缩放"→"偏置面"选项，打开"偏置面"对话框，在工作区中选中椭圆形的曲面，设置向外偏置距离为0.3，如图4-57所示。

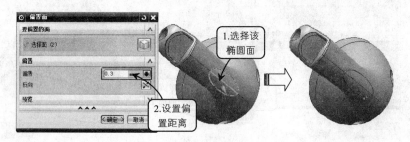

图4-57　偏置面

31 偏置面上曲面。单击选项卡"曲线"→"派生的曲线"→"在面上偏置曲线"按钮，打开"面中的偏置曲线"对话框，在工作区中选中椭圆形的曲面的边缘线，设置向内偏置距离为0.4，如图4-58所示。

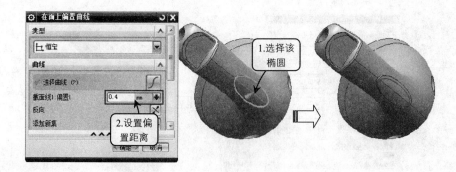

图4-58　偏置面上曲面

32 求和实体。单击选项卡"主页"→"特征"→"求和"按钮，打开"求和"对话框，在工作区中选择椭圆轮廓实体为目标，选择其他的实体为工具，如图4-59所示。

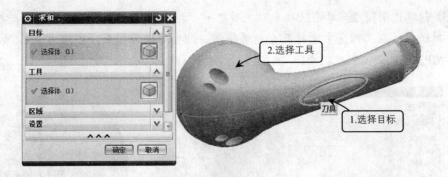

图 4-59 求和实体

33 创建曲线组曲面，单击选项卡"主页"→"曲面"→"通过曲线组"按钮，打开"通过曲线组"对话框，在工作区中依次选择偏置曲线和相交曲线，创建方法如图 4-60 所示。

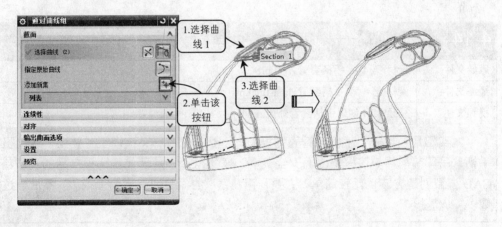

图 4-60 创建曲线组曲面

34 修剪凸台。单击选项卡"主页"→"特征"→"修剪体"按钮，打开"修剪体"对话框，在工作区中选择耳机壳体为目标，选择上步骤创建的曲面为工具，如图 4-61 所示。

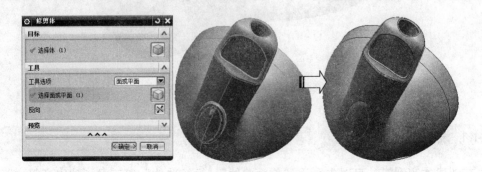

图 4-61 修剪凸台

35 创建边倒圆 2。单击选项卡"主页"→"特征"→"边倒圆" █按钮，打开"边倒圆"对话框，在工作区中选择凸台的边缘线，设置形状为圆形，半径为 0.2，如图 4-62 所示。MP3 耳机壳体创建完成。

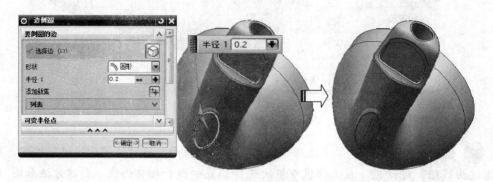

图 4-62　创建边倒圆 2

4.14 案例实战——创建手柄套管外壳

原始文件：	素材\第 4 章\手柄套管外壳.prt
最终文件：	素材\第 4 章\手柄套管外壳-final.prt
视频文件：	视频\4.14 创建手柄套管外壳.mp4

本实例是创建一个手柄套管壳体模型，如图 4-63 所示。该模型主要用于运动机械上的手柄、吊环等配件。该模型曲面安全美观、坚实耐用，是现代压铸类产品的发展趋势。其 CAD 模型创建方法也比较简单，主要利用曲线、曲面等创建出曲面模型，然后通过加厚完成。

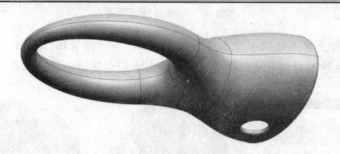

图 4-63　手柄套管外壳模型效果

4.14.1 设计流程图

在创建本实例时，可以先利用"截面曲线""桥接曲线"等工具创建出套管的基本线框，以及利用"通过曲线网格""缝合""镜像体"等工具创建壳体的网格曲面，然后利用

"修剪片体""抽取""缝合""加厚"等工具创建出基本的套管基本壳体，并创建出剪切拉伸孔。最后利用"边倒圆"工具创建出壳体上的边倒圆，即可创建出该手柄套管外壳模型，如图 4-64 所示。

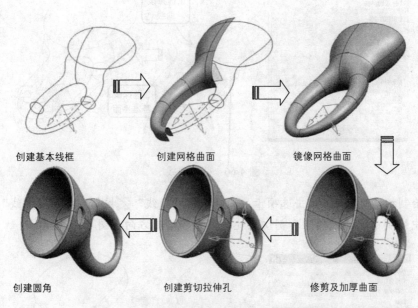

创建基本线框　　　　　创建网格曲面　　　　　镜像网格曲面

创建圆角　　　　　创建剪切拉伸孔　　　　　修剪及加厚曲面

图 4-64　手柄套管外壳设计流程图

4.14.2 具体设计步骤

01 创建基准平面 1。单击选项卡"主页"→"特征"→"基准平面" □ 按钮，打开"基准平面"对话框，在"类型"下拉列表中选择"曲线和点"选项，在工作区中选择中间曲线的端点，如图 4-65 所示。

图 4-65　创建基准平面 1

02 截面曲线。单击选项卡"曲线"→"派生的曲线"→"截面曲线" 按钮，打开"截面曲线"对话框，在工作区中选中两个椭圆曲线，选择基准平面 1 和 YZ 平面为剖切平面，如图 4-66 所示。

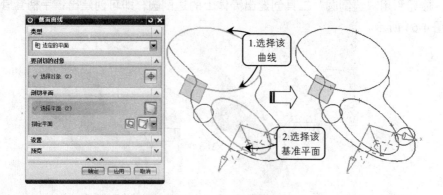

图 4-66　截面曲线

03 绘制相切直线 1。单击选项卡"曲线"→"直线" ⁄ 按钮，打开"直线"对话框，在工作区中绘制中间曲线端点和剖切点处的直线，绘制方向如图 4-67 所示。

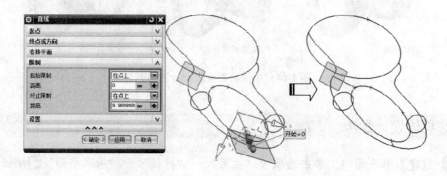

图 4-67　绘制相切直线 1

04 扫掠曲面。单击选项卡"主页"→"曲面"→"扫掠" 按钮，打开"扫掠"对话框，在工作区中选择中间的半圆为截面，选择中间的曲线段为引导线，如图 4-68 所示。

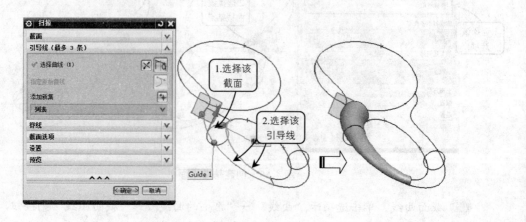

图 4-68　扫掠曲面

05 创建基准平面 2。单击选项卡"主页"→"特征"→"基准平面"□按钮，打开"基准平面"对话框，在"子类型"下拉列表中选择"点和平面/面"选项，在工作区中选择中间曲线的端点，并选择 XZ 平面为平面对象，如图 4-69 所示。

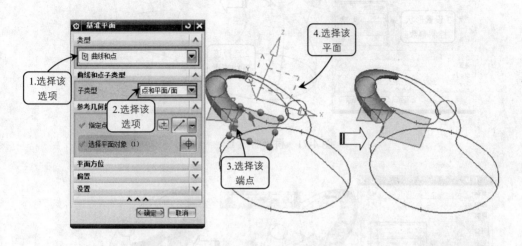

图 4-69　创建基准平面 2

06 绘制相切直线 2。单击选项卡"曲线"→"直线"╱按钮，打开"直线"对话框，在工作区中绘制中间曲线剖切点处的直线，绘制方向如图 4-70 所示。

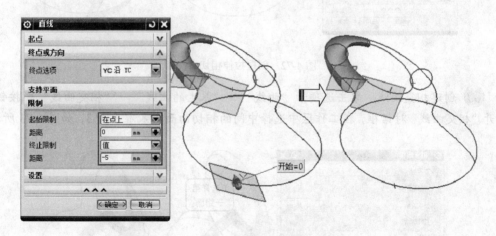

图 4-70　创建相切直线 2

07 桥接曲线 1。单击选项卡"曲线"→"派生的曲线"→"桥接曲线"按钮，打开"桥接曲线"对话框，在工作区中桥接上步骤绘制的两条直线，如图 4-71 所示。

08 拉伸相切曲面。单击选项卡"主页"→"特征"→"拉伸"按钮，打开"拉伸"对话框，选择工作区中椭圆中的一段圆弧，设置拉伸距离为10，按照同样的方法创建其他 3 个拉伸相切曲面。如图 4-72 所示。

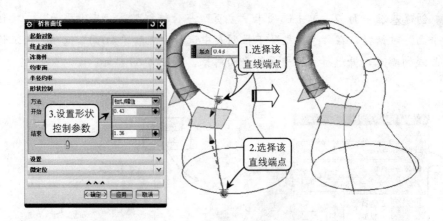

图 4-71　桥接曲线 1

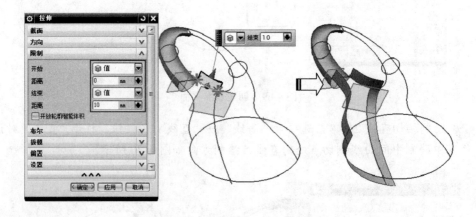

图 4-72　创建拉伸相切曲面

09　创建相交曲线。单击选项卡"曲线"→"派生的曲线"→"相交曲线" 按钮，打开"相交曲线"对话框，在工作区中选择中间的相切曲面和基准平面 3，如图 4-73 所示。

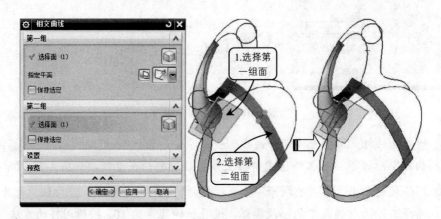

图 4-73　创建相交曲线

⑩ 桥接曲线 2。单击选项卡"曲线"→"派生的曲线"→"桥接曲线" 按钮，打开"桥接曲线"对话框，在工作区中桥接上步骤绘制的交叉曲线和拉伸片体边缘线，并在对话框中设置形状控制参数，如图 4-74 所示。

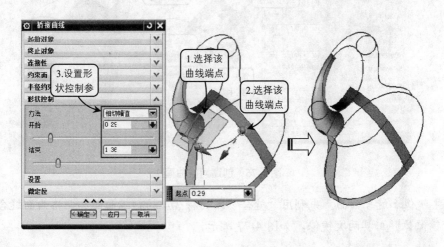

图 4-74　桥接曲线 2

⑪ 创建网格曲面 1。单击选项卡"主页"→"曲面"→"通过曲线网格" 按钮，打开"通过曲线网格"对话框，在工作区中依次选择截面线为主曲线，选择样条为交叉曲线，并选择对应的相切面设置相应的 G1 相切连续，创建方法如图 4-75 所示。按照同样的方法创建网格曲面 2，如图 4-76 所示。

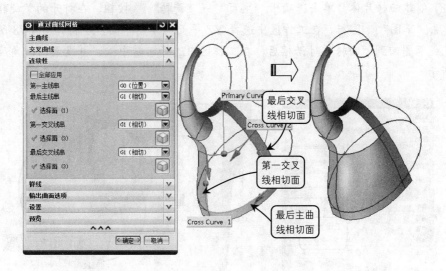

图 4-75　创建网格曲面 1

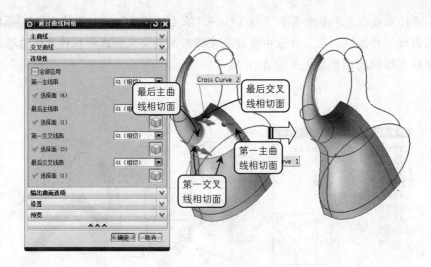

图 4-76　创建网格曲面 2

⑫ 镜像和缝合曲面。先利用"缝合"工具将 1/4 的扫掠曲面和网格曲面缝合，然后利用"镜像体"工具两次镜像，如图 4-77 所示。

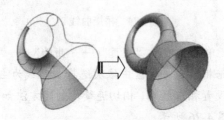

图 4-77　镜像和缝合曲面

⑬ 创建回转片体。单击选项卡"主页"→"旋转" 按钮，在打开的"旋转"对话框中单击"草图" 图标，在工作区中选择 YZ 平面为草图平面，绘制如图 4-78 所示的草图，完成草图回到"回转"对话框后，在工作区中选择回转中心，并设置回转角度，如图 4-78 所示。

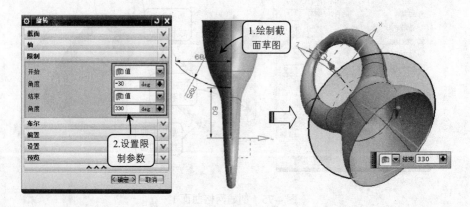

图 4-78　创建回转片体

⑭ 抽取片体。选择菜单按钮"插入"→"关联复制"→"抽取几何体"选项，打开"抽取几何体"对话框，在"类型"下拉列表中选择"体"选项，在工作区中选择手柄外壳的所有曲面，创建方法如图 4-79 所示。

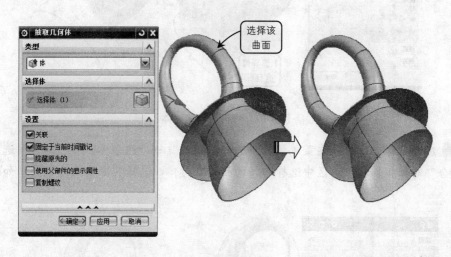

图 4-79　抽取片体

⑮ 修剪抽取的片体。单击选项卡"主页"→"特征"→"更多"→"修剪片体"按钮，打开"修剪片体"对话框，在工作区中选择抽取的片体为目标片体，选择回转曲面为边界对象，修剪方法如图 4-80 所示。

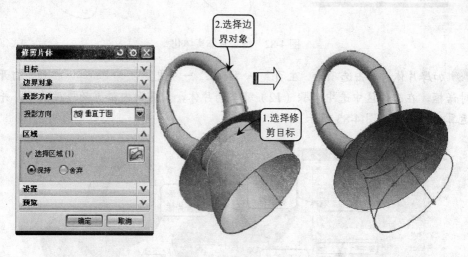

图 4-80　修剪抽取的片体

⑯ 修剪回转的片体。单击选项卡"主页"→"特征"→"更多"→"修剪片体"按钮，打开"修剪片体"对话框，在工作区中选择回转曲面为目标片体，选择抽取的片体为边界对象，修剪方法如图 4-81 所示。

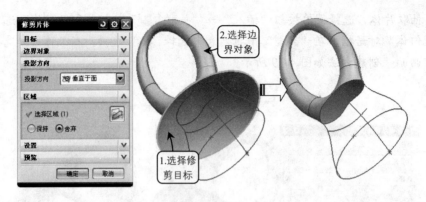

图 4-81　修剪回转的片体

⑰　缝合片体实体化。在菜单按钮中选择"插入"→"组合体"→"缝合"选项，打开"缝合"对话框，在工作区中选择回转曲面为目标体，选择其他曲面为工具，如图 4-82所示。

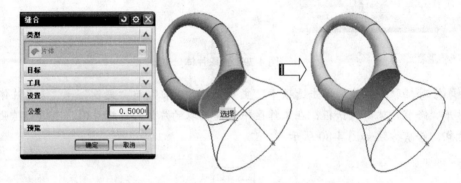

图 4-82　缝合片体实体化

⑱　加厚片体。单击选项卡"主页"→"特征"→"更多"→"加厚"按钮，打开"加厚"对话框，在工作区中选中步骤（12）缝合的片体，设置向内偏置的厚度为 3，并设置布尔运算为求和，如图 4-83 所示。

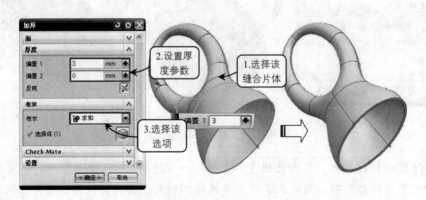

图 4-83　加厚片体

19 创建剪切拉伸孔。单击选项卡"主页"→"特征"→"拉伸" 🗔 按钮,在打开的"拉伸"对话框中单击 🗐 图标,选择 XY 平面为草图平面,绘制如图 4-84 所示的草图后返回"拉伸"对话框,设置"限制"选项组中"开始"和"结束"的距离值为 50 和-50,并设置布尔运算为求差,如图 4-84 所示。

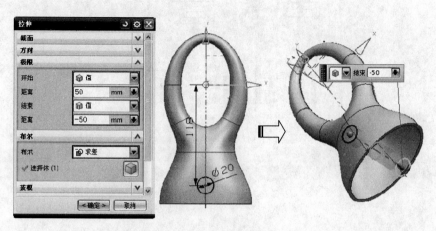

图 4-84 创建剪切拉伸孔

20 创建边倒圆。单击选项卡"主页"→"特征"→"边倒圆" 🗔 按钮,打开"边倒圆"对话框,在工作区中选择孔和套管端面边缘线,设置形状为圆形,半径为 1,如图 4-85 所示。手柄套管壳体模型创建完成。

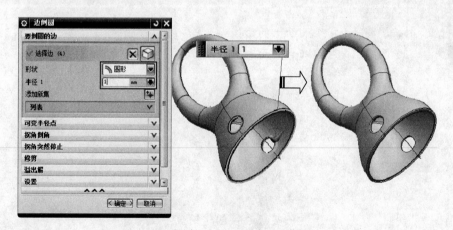

图 4-85 创建边倒圆

第 5 章
自由曲面

　　自由曲面造型常用于产品外观的概念设计。在实际的曲面建模中，只使用简单的特征建模方式就可以完成曲面产品设计的情况是非常少见的。因此，除前面章节介绍的基本曲面创建方法外，还可以通过"自由曲面形状"工具条来设计或创建自由曲面外形。

　　本章将对主要的自由曲面形状及另外一些操作功能进行介绍，包括整体突变、四点曲面、艺术曲面和样式扫掠等。

5.1　曲面上的曲线

　　在曲面上的曲线是指在所选择的曲面上快速创建曲线，创建的曲线是阶次不低于 3 次的样条曲线，使用该功能可以为过渡曲面或圆角定义相切控制线，也可以定义修剪边线。单击选项卡"曲线"→"曲线"→"曲面上的曲线" 按钮，打开"曲面上的曲线"对话框，在工作区中选择要创建曲线的面，并绘制样条，样条的绘制同样可以通过连续性设置与面上的曲线相切，系统默认设置为位置连续。创建方法如图 5-1 所示。

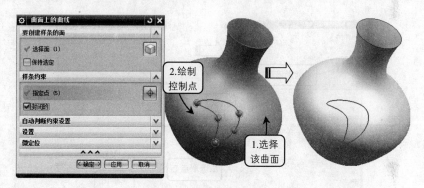

图 5-1　创建曲面上的曲线

5.2　四点曲面

　　四点曲面是指通过 4 个不在同一直线上的点来创建曲面，创建的曲面过这 4 个点。点的定义顺序决定了创建的曲面形状。单击选项卡"曲面"→"曲面"→"四点曲面" 按钮，打开"四点曲面"对话框，然后在模型中依次选择 4 点，便可创建自由曲面，改变点的选择顺序，所创建的曲面将不同，如图 5-2 所示。

5.3　整体突变

　　整体突变是指通过指定矩形的两个对角点来创建初始矩形曲面，然后再通过对矩形曲面进行拉长、折弯、歪斜、扭转和移位来对创建的初始矩形进行修改。

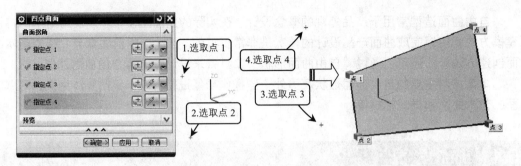

图 5-2　通过 4 点创建曲面

单击选项卡"曲面"→"曲面"→"更多"→"整体突变" 按钮，打开"点"对话框，通过"点构造器"在工作区中指定两点作为初始矩形曲面的两个对角点，指定完毕后系统会自动创建如图 5-3 所示的初始矩形曲面，同时也会打开"整体突变形状控制"对话框，在其中通过对"拉长""折弯""歪斜""扭转"和"移位"滑标的调节即可改变初始矩形曲面的形状。

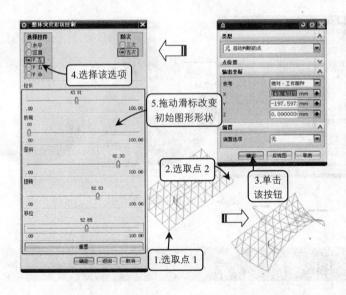

图 5-3　整体突变创建曲面

5.4　变换曲面

变换曲面是通过动态缩放、旋转或平移 3 种方式来改变曲面形状的。这 3 种方式都是围绕控制点沿 XC、YC、ZC 轴的一个或多个方向不同程度的变形。单击选项卡"曲面"→"编辑曲面"→"更多"→"变换曲面"按钮 ，打开"变换曲面"对话框，此时若选取要变换的曲面，将打开"点"对话框。此时，根据"点"对话框中的提示选取变形曲面上的控制点，将打开"变形曲面"（二）对话框。在该对话框中可以对曲面进行缩放、旋转和平移 3 种变形操作。

> 缩放: 该选项以等比例的方式来动态缩放选取的曲面，它可以沿不同的参考轴(包括 XC、YC、ZC) 方向来单一或同时变换曲面。其中滑块数值为 50 表示不变换，大于 50 表示放大，小于 50 表示缩小。若 XC 轴方向数值为 55.7，YC 轴方向的数值为 36.8，ZC 轴方向的数值为 0，则曲面的变换效果如图 5-4 所示。

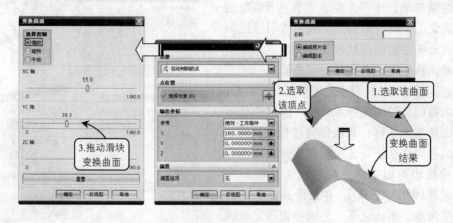

图 5-4　利用缩放变换片体

> 旋转: 旋转是将曲面围绕选取的控制点进行单一或多个方向旋转操作。利用该操作可以使曲面在 X 轴（或 Y 轴、Z 轴）方向上进行旋转。其中滑块的数值为 50 表示不旋转，大于 50 表示正向，小于 50 负向旋转。若 XC 轴滑块的数值为 34.1，其他轴向为默认选项，其旋转效果如图 5-5 所示。

> 平移: 平移是将曲面以选取的控制点为起点，沿单一或多个方向进行平移操作。利用该操作可以将曲面在 X 轴（或 Y 轴、Z 轴）方向上进行平移。其中滑块的数值为 50 表示不平移，大于 50 表示正向，小于 50 负向平移。若 XC 轴滑块的数值为 35.9，其平移效果如图 5-6 所示。

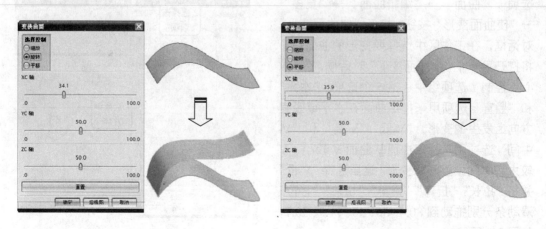

图 5-5　旋转变换片体　　　　　　图 5-6　平移变换片体

5.5 艺术曲面

艺术曲面可以通过预先设置的曲面构造方式来生成曲面，从快速简捷地生成曲面。在UG NX 10 中，"艺术曲面"可以根据所选择的主线串自动创建符合要求的 B 曲面。在生成曲面之后，可以添加交叉线串或引导线串来更改原来曲面的形状和复杂程度。

单击选项卡"曲面"→"曲面"→"艺术曲面" 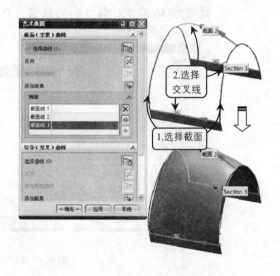 按钮，打开"艺术曲面"对话框，"艺术曲面"对话框的形式和"通过曲线网格"工具基本一样，其操作方法也很相似。两者的不同点在于：艺术曲面不一定要选择交叉曲线也可以自动生成曲面（功能类似"通过曲线组"工具），并且所选择的主曲线不能为点。相比之下"艺术曲面"更适合用于自由曲面造型，"通过曲线网格"更适合在已有网格基础上或已存在的点、面的边上创建曲面。创建方法如图 5-7 所示。

图 5-7 创建艺术曲面

5.6 曲面变形

曲面变形工具能对曲面进行动态的变形。该工具可以通过选择不同的方位对曲面进行拉长、弯折、歪斜、扭转和移位操作。单击选项卡"曲面"→"编辑曲面"→"更多"→"使曲面变形"按钮，打开"使曲面变形"对话框，在工作区中选择要变形的曲面后，将打开另一个"使曲面变形"对话框，在"中心点控制"选项组中包括 5 个选项："水平"和"竖直"选项用来指定曲面在水平或竖直方向上发生的变形，"V-低""V-高"和"V-中间"选项用来指定曲面从曲面 V 较小、V 较大和中间位置开始变形。这里选择"V-低"并将"拉长""折弯""歪斜""扭转""移位"滑动条分别拖动到 80.4、50、50、71.9、30.7，如图 5-8 所示。

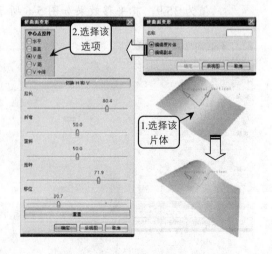

图 5-8 曲面变形

5.7 样式圆角

样式圆角是将相切或曲率约束应用到圆角的相切曲线，从而创建出平滑过渡的圆角曲面，其中平滑过渡的相邻面称为壁。单击选项卡"曲面"→"曲面"→"样式圆角"按钮
，打开"样式圆角"对话框，如图 5-9 所示。该对话框中常用选项的功能及含义如下：

- ➢ 规律：该选项是通过规律控制相切的方式产生圆角。
- ➢ 曲线：该选项是指通过曲线生成倒角。
- ➢ 为壁1选择面：单击该按钮，选择倒圆角的第 1 壁面。
- ➢ 为壁2选择面：单击该按钮，选择倒圆角的第 2 壁面。
- ➢ 中心曲线：单击"中心曲线"按钮，选择圆角面所在的中心线即壁面交线。
- ➢ 脊线：单击该按钮，选取圆角面所在的曲面。

图 5-9　"样式圆角"对话框

创建样式圆角曲面方法为：首先选择"规律"选项，然后依次选取第 1 壁、第 2 壁、中心曲线和脊线。选取壁面要确定中心曲线方向，最后单击"确定"按钮即可完成创建样式圆角操作，创建方法如图 5-10 所示。

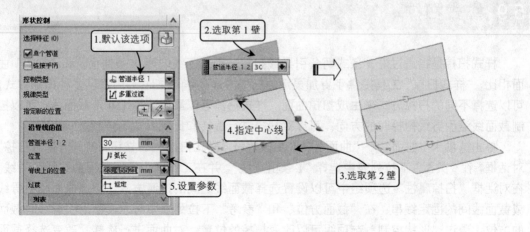

图 5-10　创建样式圆角

5.8 样式拐角

样式拐角工具可以在 3 张圆角曲面与基本曲面的投影交点处创建一个 A 类拐角，也可以在实体上创建样式拐角。

单击选项卡"曲面"→"曲面"→"样式拐角" 按钮，打开"样式拐角"对话框，在工作区中分别选择 3 个圆角曲面，并选择基本面。在"修剪曲线控制"选项组中可以控制圆角曲面之间修剪曲线的创建方式。通过"形状控制"选项组可以对拐角的顶部基本曲线和底部桥接曲线等进行控制，并可以在"方法"下拉菜单中选择"深度""歪斜""相切幅值"和"桥接"等方式进行控制，如图 5-11 所示。

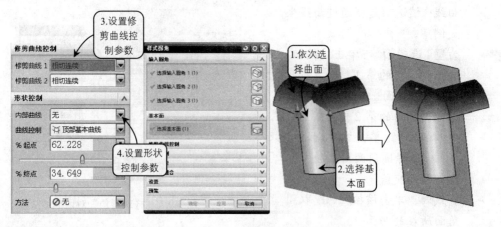

图 5-11　创建样式拐角

5.9 样式扫掠

样式扫掠是指通过沿一条或两条引导线扫掠一组截面线创建 A 类曲面。和"扫掠"曲面相比，"样式扫掠"工具提供了更加灵活的扫描方式。"样式扫掠"内置了多种扫掠方式，可以选择不同的扫掠方式来生成扫掠曲面。样式扫掠可以最多选择 150 条截面线；可以控制截面线沿引导线扫掠时的方向；可以对扫掠进行旋转和比例缩放等控制。

单击选项卡"曲面"→"曲面"→"更多"→"样式扫掠" 按钮，打开"样式扫掠"对话框，在"类型"下拉列表中选择"1 条引导线"，并在工作区中选择截面曲线和引导线。在对话框"扫掠属性"选项组中可以设置选择截面线之间的过渡方式；扫掠曲面和引导线或截面线间的固定线串；在"截面方位"和"参考"下拉列表中可以设置沿引导线时截面的方位。通过"形状控制"选项组可以改变扫掠的位置；对曲面进行旋转；改变选择截面处曲线的深度；沿 U 或 V 方向对扫掠曲面进行修剪。创建方法如图 5-12 所示。

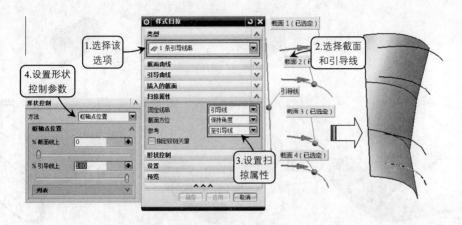

图 5-12 创建样式扫掠

5.10 案例实战——创建钓鱼竿支架模型

最终文件：	素材\第 5 章\钓鱼竿支架.prt
视频文件：	视频\5.10 创建钓鱼竿支架模型.mp4

本实例是一款休闲钓鱼竿支架实体壳模型，如图 5-13 所示。该模型整体结构相对比较简单，但是拐角连接处是比较复杂的，控制难度较大，必须利用曲线工具绘制满足连续性条件的线框，才可以创建出平滑的连接。通过本实例可以熟练掌握通过现有曲面创建连续性线框的创建方式，将特征建模和曲面建模工具运用自如。

图 5-13 钓鱼竿支架模型效果

5.10.1 设计流程图

在创建本实例时，可以先利用"基准平面""草图""投影曲线"等工具创建出钓鱼竿支架的基本线框，以及利用"扫掠""拉伸""边倒圆"等工具创建支架拐角两端的定位特征。利用"点""桥接曲线""直线""相交曲线""曲面上的曲线"等工具创建出拐角处的曲线。最后利用"通过曲线网格""缝合""镜像体"等工具创建出钓鱼竿支架的曲面，并利用"加厚"工具加厚曲面即可创建出本实例，如图 5-14 所示。

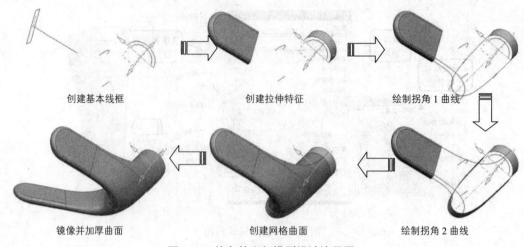

创建基本线框　　　　　　　　　创建拉伸特征　　　　　　　　绘制拐角 1 曲线

镜像并加厚曲面　　　　　　　　创建网格曲面　　　　　　　　绘制拐角 2 曲线

图 5-14　钓鱼竿支架模型设计流程图

5.10.2　具体设计步骤

01 绘制支架端面截面。单击选项卡"主页"→"草图"　按钮，打开"创建草图"对话框，在工作区中选择 XY 平面为草图平面，绘制如图 5-15 所示的草图。

02 创建拉伸片体。单击选项卡"主页"→"特征"→"拉伸"图标　，打开"拉伸"对话框。在"拉伸"对话框中单击　图标，打开"创建草图"对话框，选择基准平面 YZ 平面为草绘平面，绘制如图所示尺寸的草图，返回拉伸对话框后，在"拉伸"对话框中，设置"限制"选项组中"开始"和"结束"的距离值为 20 和 0，如图 5-16 所示。

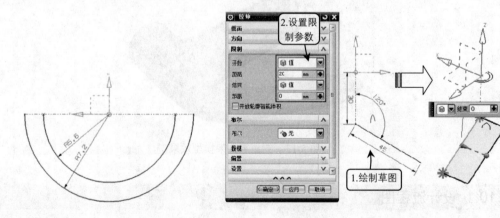

图 5-15　绘制支架端面截面　　　　　　　　　图 5-16　创建拉伸片体

03 创建投影曲线。单击选项卡"曲线"→"派生的曲线"→"投影曲线"　按钮，打开"投影曲线"对话框，在工作区中选择如图 5-17 所示的草图曲线，将其投影到上步骤中的拉伸表面上。

04 创建基准平面 1。单击选项卡"主页"→"特征"→"基准平面"　按钮，打开

"基准平面"对话框，在"类型"下拉列表中选择"点和方向"选项，并在工作区中选择投影曲线的端点，如图 5-18 所示。

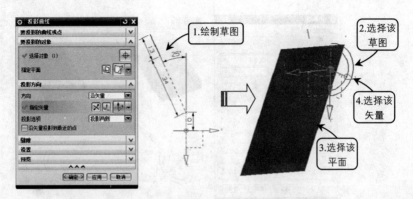

图 5-17 创建投影曲线

05 绘制扫掠截面。单击选项卡"主页"→"草图" 按钮，打开"创建草图"对话框，在工作区中选择上步骤创建的基准平面为草图平面，绘制如图 5-19 所示的草图。

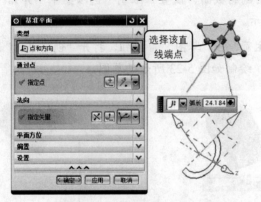

图 5-18 创建基准平面 1

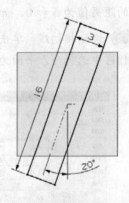

图 5-19 绘制扫掠截面

06 创建扫掠体。单击选项卡"主页"→"曲面"→"更多"→"沿引导线扫掠"按钮，打开"沿引导线扫掠"对话框，在工作区中选择截面曲线和引导线，如图 5-20 所示。

图 5-20 创建扫掠体

07 创建边倒圆。单击选项卡"主页"→"特征"→"边倒圆" 按钮，打开"边倒

圆"对话框，在对话框中设置形状为圆形，半径为 8，在工作区中选择扫掠体的两个棱边。按同样的方法创建半径为 1.5 的倒圆角，如图 5-21 所示。

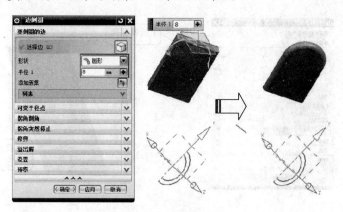

图 5-21　创建边倒圆

08 创建相切曲面。单击选项卡"主页"→"特征"→"拉伸" 按钮，打开"拉伸"对话框。在工作区中选择步骤（1）绘制的截面，设置"限制"选项组中"开始"和"结束"的距离值为 5 和 0，如图 5-22 所示。

09 绘制相切线。单击选项卡"主页"→"草图" 按钮，打开"创建草图"对话框，在工作区中选择 YZ 平面为草图平面，绘制如图 5-23 所示的草图。

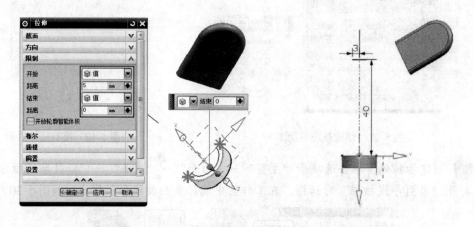

图 5-22　创建相切曲面　　　　　　　　图 5-23　绘制相切线

10 桥接曲线。单击选项卡"曲线"→"派生的曲线"→"桥接曲线" 按钮，打开"桥接曲线"对话框，在工作区中选择相切曲面边缘和上步骤所创建的相切直线，并在对话框"形状控制"选项组中设置参数，如图 5-24 所示。

11 创建点 1。单击选项卡"曲线"→"点" 按钮，打开"点"对话框，在"类型"下拉列表中选择"点在曲线/边上"选项，在工作区中选择要创建边界点的圆弧，然后在对话框中设置 U 向参数百分比为 20，如图 5-25 所示。

3

3

3

3

3

3

3

3

3

3

3

3

3

3

3

3

3

3

3

3

3

3

3

3

3

3

3

3

3

3

3

3

3

3

3

3

3

3

3

3

3

3

3

3

3

3

3

3

3

3

3

3

3

3

3

3

3

3

3

3

3

3

3

3

3

3

3

3

3

3

3

3

3

3

3

3

3

3

3

3

3

3

3

3

3

3

3

3

3

3

3

3

3

3

3

3

3

3

3

3

3

3

3

3

3

3

3

3

3

3

3

3

3

3

3

3

3

3

3

3

3

3

3

3

3

3

3

3

3

3

3

3

3

3

3

3

3

3

3

3

3

3

3

3

3

3

3

3

3

3

3

3

3

3

3

3

3

3

3

3

3

3

3

3

3

3

3

3

3

3

3

3

3

3

3

3

3

3

3

3

3

3

3

3

3

3

3

3

3

3

3

3

3

3

3

3

3

3

3

3

3

3

3

3

3

3

3

3

3

3

3

3

3

3

3

3

3

3

3

3

3

3

3

3

3

3

3

3

3

3

3

3

3

3

3

3

3

3

3

3

3

3

3

3

3

3

3

3

3

3

3

3

3

3

3

3

3

3

3

3

3

3

3

3

3

3

3

3

3

3

3

3

3

3

3

3

3

3

3

3

3

3

3

3

3

3

3

3

3

3

3

3

3

3

3

3

3

3

3

3

3

3

3

3

3

3

3

3

3

3

3

3

3

3

3

3

3

3

3

3

3

3

3

3

3

3

3

3

3

3

3

3

3

3

3

3

3

3

3

3

3

3

3

3

3

3

3

3

3

3

3

3

3

3

3

3

3

3

3

3

3

3

3

3

3

3

3

3

3

3

3

3

3

3

3

3

3

3

3

3

3

3

3

3

3

3

3

3

3

3

3

3

3

3

3

3

3

3

3

3

3

3

3

3

3

3

3

3

3

3

3

3

3

3

3

3

3

3

3

3

3

3

3

3

3

3

3

3

3

3

3

3

3

3

3

3

3

3

3

3

3

3

3

3

3

3

3

3

3

3

3

3

3

3

3

3

3

3

3

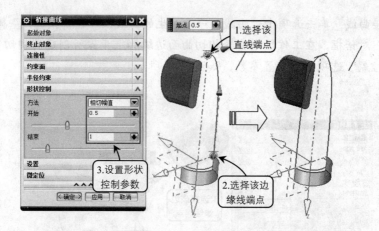

图 5-24　桥接曲线

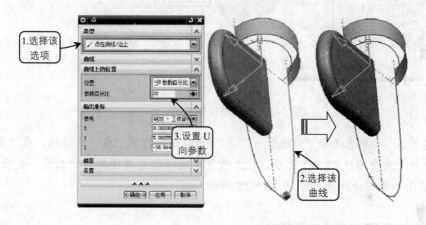

图 5-25　创建点 1

12　创建连接线段 1。单击选项卡"曲线"→"直线" 按钮，打开"直线"对话框，在工作区中选择上步骤创建的两个基准点，如图 5-26 所示。

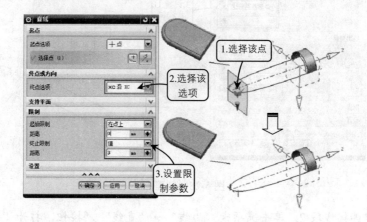

图 5-26　创建连接线段 1

3197

⑬ 桥接曲线。单击选项卡 "曲线" → "派生的曲线" → "桥接曲线" 按钮，打开 "桥接曲线" 对话框，在工作区中选择相切曲面边缘和上步骤所创建的相切直线，并在对话框 "形状控制" 选项组中设置参数，如图 5-27 所示。

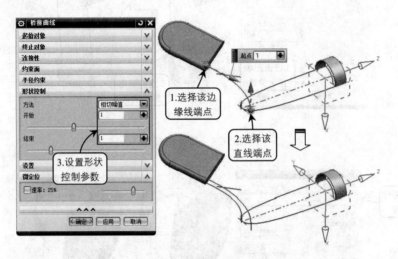

图 5-27　创建桥接曲线 1

⑭ 创建点 2。单击选项卡 "曲线" → "点" 按钮，打开 "点" 对话框，在 "类型" 下拉列表中选择 "点在曲线/边上" 选项，在工作区中选择要创建边界点的曲线，然后在对话框中设置 U 向参数百分比为 80，如图 5-28 所示。

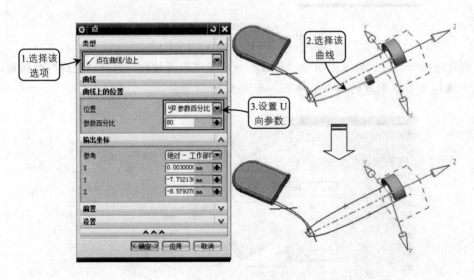

图 5-28　创建点 2

⑮ 创建连接线段 2。单击选项卡 "曲线" → "直线" 按钮，打开 "直线" 对话框，在工作区中选择上步骤创建的两个基准点，如图 5-29 所示。

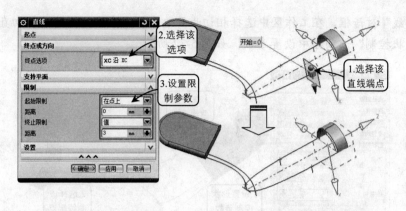

图 5-29　创建桥接曲线 2

⑯ 创建基准平面 2。单击选项卡"主页"→"特征"→"基准平面" □按钮，打开"基准平面"对话框，在"类型"下拉列表中选择"二等分"选项，并在工作区中选择扫掠体上下平面，如图 5-30 所示。

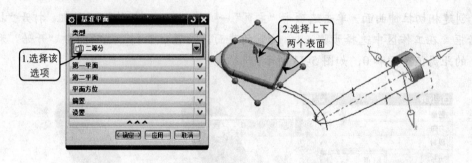

图 5-30　创建基准平面 2

⑰ 创建相交曲线。单击选项卡"曲线"→"派生的曲线"→"相交曲线" 按钮，打开"相交曲线"对话框，在工作区中选择扫掠体表面为第一组面，选择上步骤所创建的基准平面为第二组面，如图 5-31 所示。

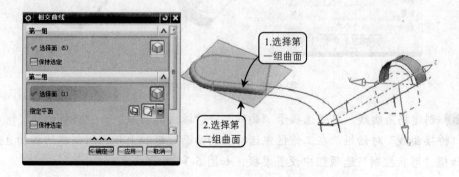

图 5-31　创建相交曲线

⑱ 桥接曲线。单击选项卡"曲线"→"派生的曲线"→"桥接曲线" 按钮，打开

UG NX 10 中文版曲面设计从入门到精通

"桥接曲线"对话框，在工作区中选择相切曲面边缘和上步骤所创建的相切直线，并在对话框"形状控制"选项组中设置参数，如图5-32所示。

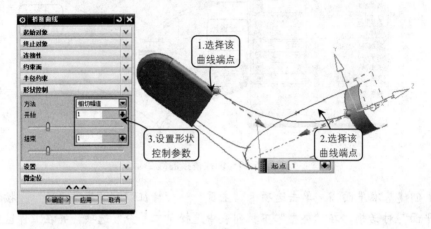

图 5-32　桥接曲线

19 创建相切拉伸曲面。单击选项卡"主页"→"特征"→"拉伸"按钮，打开"拉伸"对话框。在工作区中选择步骤（1）绘制的截面，设置"限制"选项组中"开始"和"结束"的距离值为5和0，如图5-33所示。

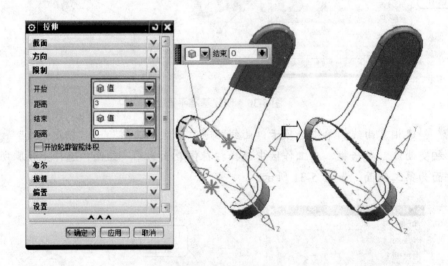

图 5-33　创建相切拉伸曲面

20 创建拐角曲线。单击选项卡"曲线"→"派生的曲线"→"桥接曲线"按钮，打开"桥接曲线"对话框，在工作区中选择相切曲面边缘和上步骤所创建的相切直线，并在对话框"形状控制"选项组中设置参数，如图5-34所示。

21 创建网格曲面1。单击选项卡"主页"→"曲面"→"通过曲线网格"按钮，打开"通过曲线网格"对话框，在工作区中依次选择拉伸片体和扫掠体端面曲线为主曲线，选择4条拐角曲线为交叉曲线，创建方法如图5-35所示。

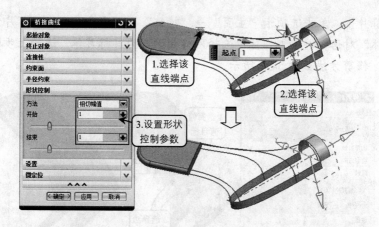

图 5-34　创建拐角曲线 2

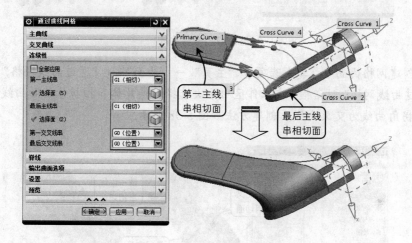

图 5-35　创建网格曲面 1

㉒ 创建曲面上曲线。单击选项卡"曲线"→"曲面上的曲线" 按钮，打开"曲面上的曲线"对话框，在工作区中选择要创建曲线的面，绘制连接平面边缘线的圆角曲线，并选择与边缘线的连续性为 G1 相切，按同样的方法绘制另一侧面上的曲线，如图 5-36 所示。

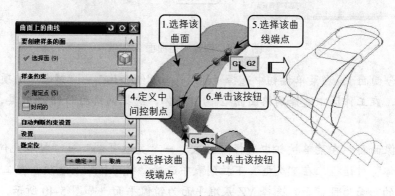

图 5-36　创建曲面上曲线

23 修剪片体。单击选项卡"主页"→"特征"→"更多"→"修剪片体"按钮，打开"修剪片体"对话框，在工作区中选择网格曲面 1 为目标片体，选择上步骤绘制的曲线为边界对象，修剪方法如图 5-37 所示。

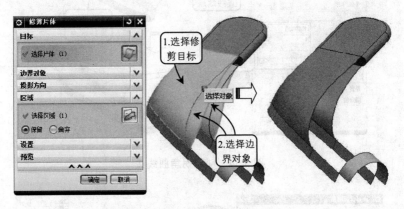

图 5-37 修剪片体

24 创建网格曲面 2。单击选项卡"主页"→"曲面"→"通过曲线网格"按钮，打开"通过曲线网格"对话框，在工作区中依次选择拉伸片体和扫掠体端面曲线为主曲线，选择 4 条拐角曲线为交叉曲线，创建方法如图 5-38 所示。

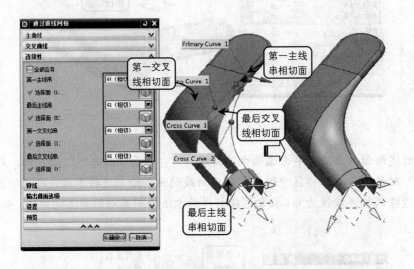

图 5-38 创建网格曲面 2

25 缝合曲面 1。在菜单按钮中选择"插入"→"组合体"→"缝合"选项，打开"缝合"对话框，在工作区中选择网格曲面 2 为目标体，选择网格曲面 1 为刀具，如图 5-39 所示。

26 镜像曲面。在菜单按钮中选择"插入"→"关联复制"→"抽取几何体"，打开"抽取几何体"对话框，在"类型"下拉列表中选择"镜像体"选项，在工作区中选中上步骤缝合的曲面为目标面，选择 YZ 基准平面为镜像平面，如图 5-40 所示。

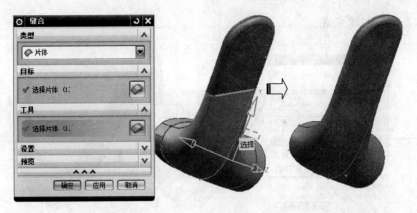

图 5-39　缝合曲面 1

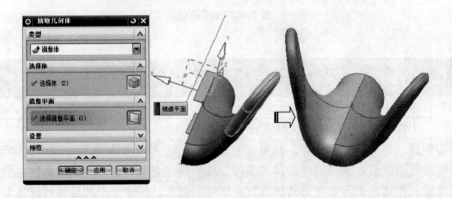

图 5-40　镜像曲面

27 缝合曲面 2。在菜单按钮中选择"插入"→"组合体"→"缝合"选项，打开"缝合"对话框，在工作区中选择步骤（25）缝合的曲面为目标体，选择上步骤镜像的曲面为刀具，如图 5-41 所示。

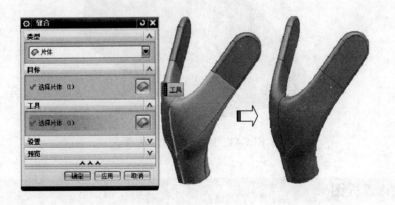

图 5-41　缝合曲面 2

28 加厚曲面。单击选项卡"主页"→"特征"→"更多"→"加厚"按钮，打开"加厚"对话框，在工作区中选中片体，设置向内偏置的厚度为 1.2，如图 5-42 所示。钓鱼竿

UG NX 10 中文版曲面设计从入门到精通

支架实体壳模型创建完成。

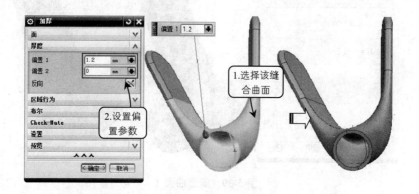

图 5-42　加厚曲面

5.11 案例实战——创建鼠标外壳模型

最终文件：	素材\第 5 章\鼠标外壳.prt
视频文件：	视频\5.11 创建鼠标外壳模型.mp4

　　本实例是创建一个鼠标外壳，效果如图 5-43 所示。该实例是曲面创建中的典型例子，它需要综合运用曲面大部分创建工具和编辑工具创建出各部分结构。其结构是由很多块网格曲面组成，并且这些网格曲面间都具有连续性的要求。从该模型的结构特征来看，属于完全对称的曲面特征，因此可首先创建一侧曲面，然后通过镜像和缝合操作，获得整体的曲面。

图 5-43　鼠标外壳模型效果

5.11.1 设计流程图

　　在创建本实例时，可以先利用"拉伸"工具创建出鼠标外壳的基本形状，以及利用"投影曲线""相交曲线""修剪片体"等工具创建出鼠标侧面和顶面的相切曲面。然后利用"桥接曲线""直线"等工具绘制网格曲面所需要的相切曲线，并利用"通过曲线网格"工具创建网格曲面。最后利用"缝合""镜像体"等工具创建出鼠标另一侧的曲面，并利用"面倒圆"等工具创建倒圆角即可完成本实例。如图 5-44 所示。

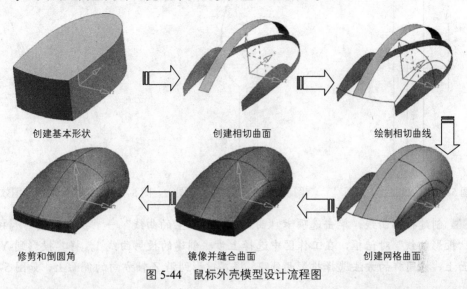

创建基本形状　　　　　　　创建相切曲面　　　　　　　绘制相切曲线

修剪和倒圆角　　　　　　　镜像并缝合曲面　　　　　　创建网格曲面

图 5-44　鼠标外壳模型设计流程图

5.11.2　具体设计步骤

01 创建拉伸体。单击选项卡"主页"→"特征"→"拉伸"图标，打开"拉伸"对话框。在"拉伸"对话框中单击图标，打开"创建草图"对话框，选择基准平面 XZ 平面为草绘平面，绘制如图 5-45 所示尺寸的草图，返回拉伸对话框后，在"拉伸"对话框中，设置"限制"选项组中"开始"和"结束"的距离值为 0 和 40，如图 5-45 所示。

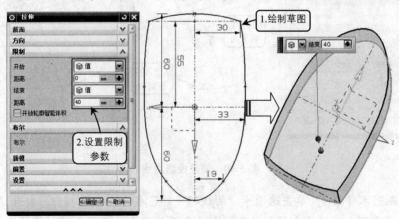

图 5-45　创建拉伸体

02 投影曲线草图。单击选项卡"主页"→"草图"按钮，打开"创建草图"对话框，在工作区中选择 YZ 平面为草图平面，绘制如图 5-46 所示的投影曲线草图。按同样方法在 XY 平面上绘制如图 5-47 所示的投影曲线 2 草图，绘制投影曲线草图后效果如图 5-48 所示。

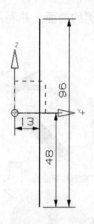

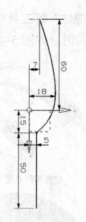

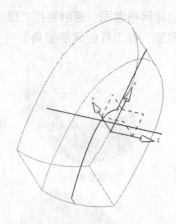

图 5-46　投影曲线 1 草图　　　图 5-47　投影曲线 2 草图　　图 5-48　绘制投影曲线草图效果

03 创建投影曲线。单击选项卡"曲线"→"派生的曲线"→"投影曲线"按钮，打开"投影曲线"对话框，在工作区中选择上步骤创建的投影曲线 1，将其投影到 -Y 方向的侧面上，按同样的方法选择投影曲线 2，将其投影到沿 Z 轴方向的侧面上，如图 5-49 所示。

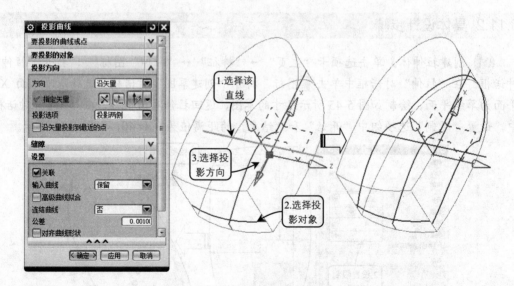

图 5-49　创建投影曲线

04 绘制艺术样条 1。单击选项卡"曲线"→"艺术样条"按钮，打开"艺术样条"对话框，在工作区中连接两个投影曲线与 XY 平面的交点，在两点间创建阶次为 3 的艺术样条，如图 5-50 所示。

05 创建轮廓相切面。单击选项卡"主页"→"特征"→"拉伸"按钮，打开"拉伸"对话框。在工作区中选择上步骤绘制的样条，设置"限制"选项组中"开始"和"结束"的距离值为 0 和 10，如图 5-51 所示。

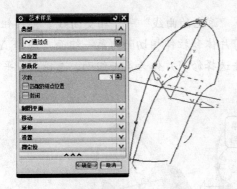

图 5-50 绘制艺术样条 1

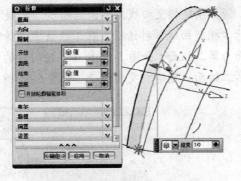

图 5-51 创建轮廓相切面

06 抽取片体。选择菜单按钮中的 "插入" → "关联复制" → "抽取几何体" 选项，打开 "抽取几何体" 对话框，在 "面选项" 下拉列表中选择 "单个面" 选项，在工作区中选择拉伸体侧面，创建方法如图 5-52 所示。

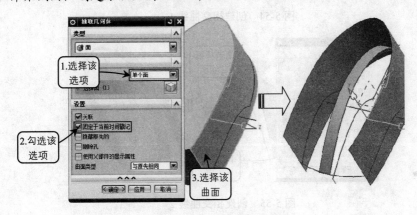

图 5-52 抽取片体

07 修剪片体。单击选项卡 "主页" → "特征" → "更多" → "修剪片体" 按钮，打开 "修剪片体" 对话框，在工作区中选择上步骤抽取的片体为目标片体，选择投影曲线 2 为边界对象，修剪方法如图 5-53 所示。

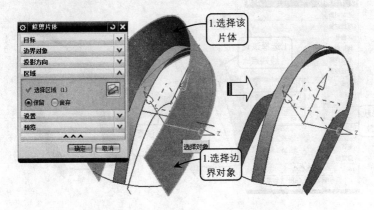

图 5-53 修剪片体

08 创建相交曲线。单击选项卡"曲线"→"派生的曲线"→"相交曲线" 按钮，打开"相交曲线"对话框，在工作区中选择修剪片体和拉伸相切面为第一组面，选择 YZ 平面为第二组面，如图 5-54 所示。按同样的方法选择修剪片体为第一组面，选择 XY 平面为第二组面，创建相交曲线 2，如图 5-55 所示。

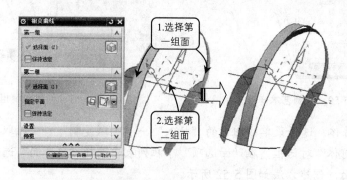

图 5-54   创建相交曲线 1

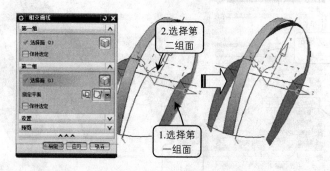

图 5-55   创建相交曲线 2

09 桥接曲线 1。单击选项卡"曲线"→"派生的曲线"→"桥接曲线" 按钮，打开"桥接曲线"对话框，在工作区中选择相切曲面边缘和上步骤所创建的相交曲线，并在对话框"形状控制"选项组中设置参数，如图 5-56 所示。

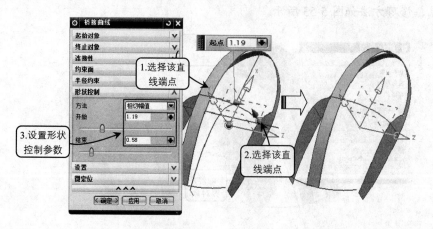

图 5-56   桥接曲线 1

10　创建网格曲面 1。单击选项卡"主页"→"曲面"→"通过曲线网格" 按钮，打开"通过曲线网格"对话框，在工作区中依次选择桥接曲线和修剪片体边缘线主曲线，选择拉伸片体和修剪片体边缘线为交叉曲线，创建方法如图 5-57 所示。

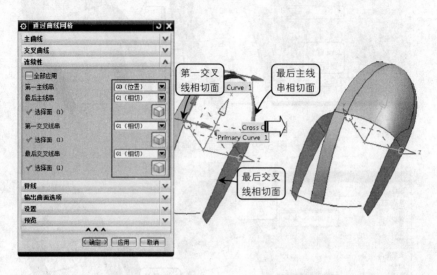

图 5-57　创建网格曲面 1

11　创建直线 1。单击选项卡"曲线"→"直线" 按钮，打开"直线"对话框，在工作区中连接投影曲线 1 端点和修剪片体的边缘线端点，如图 5-58 所示。

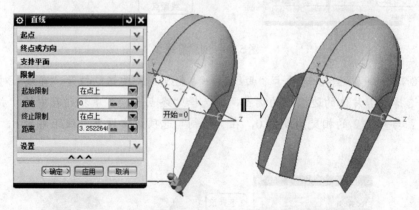

图 5-58　创建直线 1

12　创建面上偏置曲线。单击选项卡"曲线"→"派生的曲线"→"在面上偏置曲线"按钮，打开"在面上偏置曲线"对话框，在工作区中选择网格曲面 1 的边缘线，向内偏置为 7，如图 5-59 所示。

13　创建直线 2。单击选项卡"曲线"→"直线" 按钮，打开"直线"对话框，在工作区中选择修剪片体的边缘线的端点，并选择"终点选项"下拉列表中的"相切"选项，设置与边缘线相切，如图 5-60 所示。

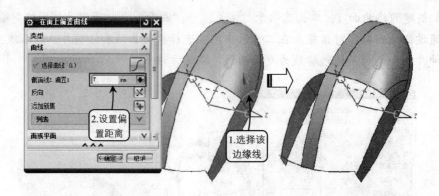

图 5-59　创建面上偏置曲线

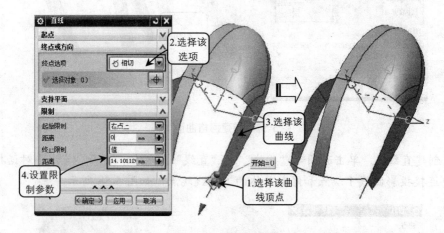

图 5-60　创建直线 2

14 创建直线 3。单击选项卡 "曲线" → "直线" / 按钮，打开 "直线" 对话框，在工作区中选择修剪片体的边缘线的端点，并选择 "终点选项" 下拉列表中的 "成一角度" 选项，设置与直线 2 的相交角度为 0，在 "限制" 选项组中设置直线距离为 8，如图 5-61 所示。

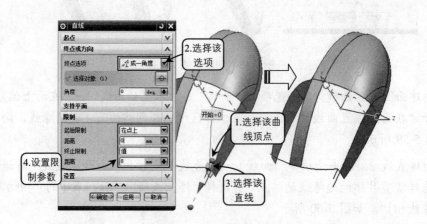

图 5-61　创建直线 3

(15) 桥接曲线 2。单击选项卡 "曲线" → "派生的曲线" → "桥接曲线" 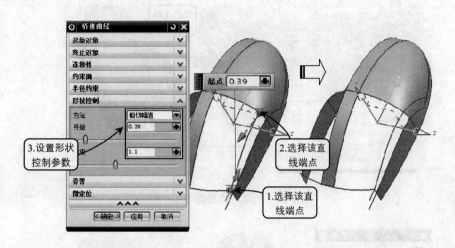 按钮，打开 "桥接曲线" 对话框，在工作区中选择面上偏置曲线端点和上步骤所创建的直线 3 端点，并在对话框 "形状控制" 选项组中设置参数，如图 5-62 所示。

图 5-62　桥接曲线 2

(16) 创建网格曲面 2。单击选项卡 "主页" → "曲面" → "通过曲线网格" 按钮，打开 "通过曲线网格" 对话框，在工作区中依次选择投影曲线 1 和桥接曲线 1 为主曲线，选择两条相切面边缘线和桥接曲线 2 为交叉曲线，创建方法如图 5-63 所示。

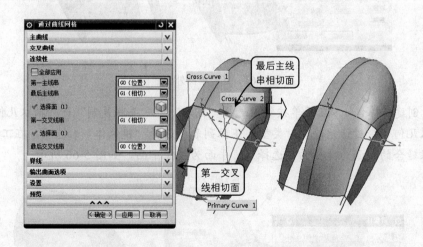

图 5-63　创建网格曲面 2

(17) 创建网格曲面 3。单击选项卡 "主页" → "曲面" → "通过曲线网格" 按钮，打开 "通过曲线网格" 对话框，在工作区中依次选择直线 1 和桥接曲线 1 为主曲线，选择两条相切面边缘线和桥接曲线 2 为交叉曲线，创建方法如图 5-64 所示。

(18) 缝合单侧外壳曲面。在菜单按钮中选择 "插入" → "组合体" → "缝合" 选项，打开 "缝合" 对话框，在工作区中选择网格曲面 2 为目标体，选择其他网格曲面为刀具，如图 5-65 所示。

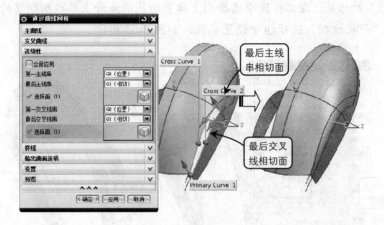

图 5-64　创建网格曲面 3

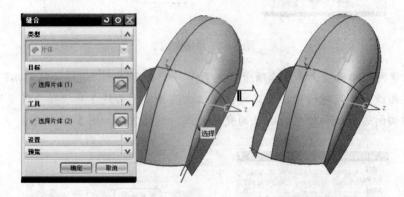

图 5-65　缝合单侧外壳曲面

19 创建镜像体 1。在菜单按钮中选择"插入"→"关联复制"→"抽取几何体",打开"抽取几何体"对话框,在"类型"下拉列表中选择"镜像体" 选项,在工作区中选中上步骤缝合的曲面为目标面,选择 XY 平面为镜像平面,如图 5-66 所示。

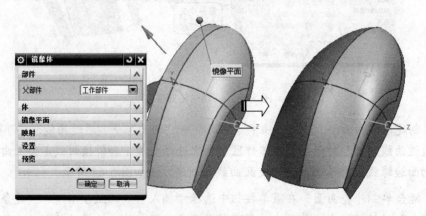

图 5-66　创建镜像体 1

20 扫掠曲面。单击选项卡"主页"→"曲面"→"扫掠" ◇ 按钮，打开"扫掠"对话框，在工作区中选择相切面的边缘线为截面，选择投影曲线 1 为引导线，如图 5-67 所示。

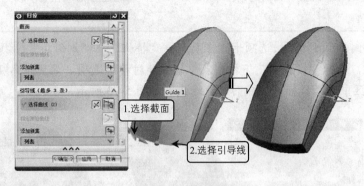

图 5-67　扫掠曲面

21 创建有界平面。单击选项卡"主页"→"曲面"→"更多"→"有界平面"按钮，将打开"有界平面"对话框，在工作区中选择鼠标曲面底面轮廓线，如图 5-68 所示。

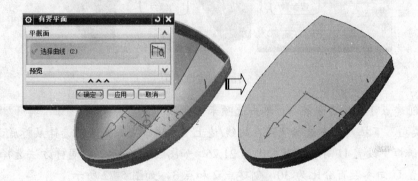

图 5-68　创建有界平面

22 缝合曲面实体化。在菜单按钮中选择"插入"→"组合体"→"缝合"选项，打开"缝合"对话框，在工作区中选择步骤（18）缝合的曲面为目标体，选择其他所有的曲面为刀具，并设置合适的公差使曲面缝合，如图 5-69 所示。

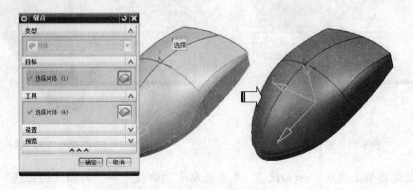

图 5-69　缝合曲面实体化

提示：在 UG NX 10 中曲面的实体化可以通过"缝合"封闭曲面自动生成，若没有自动生成，请加大缝合公差值即可。

23 创建倒斜角 1。单击选项卡"主页"→"特征"→"倒斜角"按钮，打开"倒斜角"对话框，选择"横截面"下拉列表中的"非对称"选项，设置距离 1 为 6，距离 2 为 4，在工作区中选择鼠标前端底面的边缘线，如图 5-70 所示。

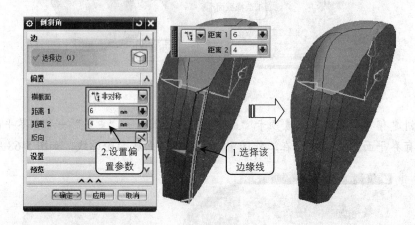

图 5-70　创建倒斜角 1

24 创建点 1、点 2 和点 3。单击选项卡"曲线"→"点"按钮，打开"点"对话框，在"类型"下拉列表中选择"点在曲线/边上"选项，在工作区中选择鼠标底面边缘线，然后在对话框中设置 U 向参数百分比为 21.76，如图 5-71 所示。按同样方法选择倒角的边缘线，设置 U 向参数百分比为 30，创建点 2 和点 3，如图 5-72 所示。

图 5-71　创建点 1

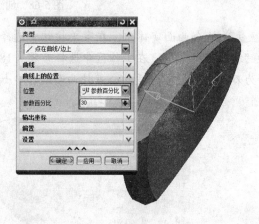

图 5-72　创建点 2 和点 3

25 创建曲面上曲线 1 和曲线 2。单击选项卡"曲线"→"曲面上的曲线"按钮，打开"曲面上的曲线"对话框，在工作区中选择要创建曲线的面，绘制连接点 1 和点 2 的样条曲线，如图 5-73 所示。按照同样的方法创建底面上连接点 1 和点 3 的样条曲线，如图 5-74 所示。

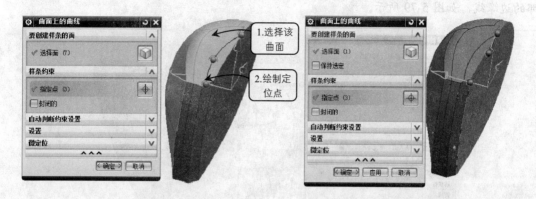

图 5-73　创建曲面上曲线 1　　　　　　　　图 5-74　创建曲面上曲线 2

㉖　创建直线 4。单击选项卡"曲线"→"直线" ╱ 按钮，打开"直线"对话框，在工作区中连接点 2 和点 3，如图 5-75 所示。

㉗　绘制艺术样条 2。单击选项卡"曲线"→"艺术样条" ∿ 按钮，打开"艺术样条"对话框，在工作区中连接两个面上曲线中间点，在两点间创建阶次为 3 的艺术样条，如图 5-76 所示。

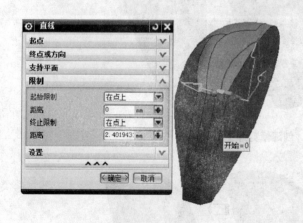

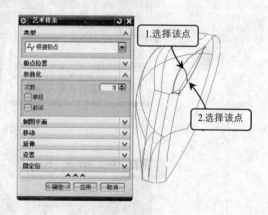

图 5-75　创建直线 4　　　　　　　　　　图 5-76　绘制艺术样条 2

㉘　创建网格曲面 4。单击选项卡"主页"→"曲面"→"通过曲线网格"按钮 ▦，打开"通过曲线网格"对话框，在工作区中依次选择点、样条曲线和直线为主曲线，选择 2 条面上曲线为交叉曲线，创建方法如图 5-77 所示。

㉙　创建修剪体 1。单击选项卡"主页"→"特征"→"修剪体"按钮 ⬚，打开"修剪体"对话框，在工作区中选择鼠标实体为目标，选择上步骤创建的网格曲面为刀具，修剪方法如图 5-78 所示。

30 创建边倒圆 1。单击选项卡"主页"→"特征"→"边倒圆"按钮，打开"边倒圆"对话框，在对话框中设置形状为圆形，半径为 2，在工作区中选择两个靠近鼠标底部的边缘线，如图 5-79 所示。

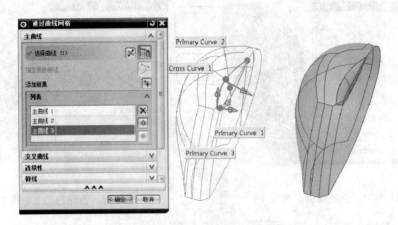

图 5-77 创建网格曲面 4

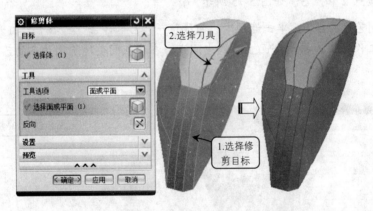

图 5-78 创建修剪体 1

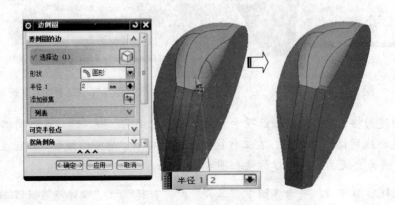

图 5-79 创建边倒圆 1

31 绘制曲线组截面草图。单击选项卡"主页"→"草图"按钮，打开"创建草图"

对话框，在工作区中选择 XZ 平面为草图平面，绘制如图 5-80 所示的草图。

32 创建曲线组曲面。单击选项卡"主页"→"曲面"→"通过曲线组"按钮，打开"通过曲线组"对话框，在工作区中选择上步骤绘制的草图和网格曲面 3 的边缘线，创建方法如图 5-81 所示。

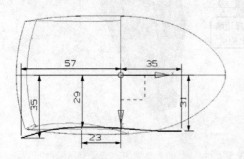

图 5-80　绘制曲线组截面草图

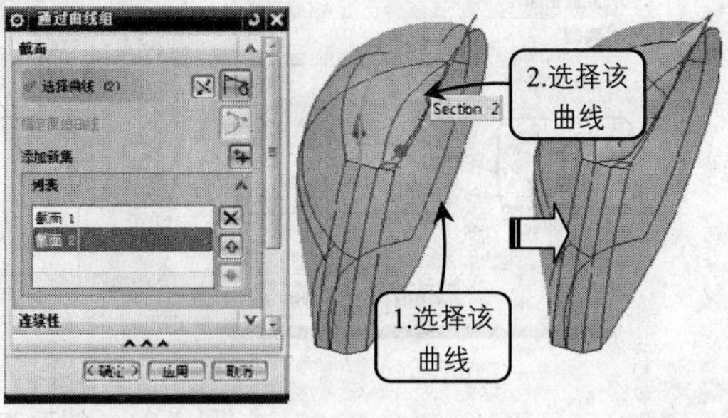

图 5-81　创建曲线组曲面

33 创建修剪体 2。单击选项卡"主页"→"特征"→"修剪体"按钮，打开"修剪体"对话框，在工作区中选择鼠标实体为目标，选择上步骤创建的网格曲面为刀具，修剪方法如图 5-82 所示。

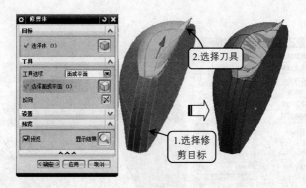

图 5-82　创建修剪体 2

34 创建直线 4 和直线 5。单击选项卡"曲线"→"直线"按钮，打开"直线"对话框，在工作区中选择边缘上的点，并选择"终点选项"下拉列表中的"相切"选项，设置与边缘线相切，在"限制"选项组中设置直线长度为 10，如图 5-83 所示。按同样方法创建直线 5，如图 5-84 所示。

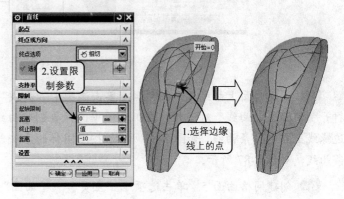

图 5-83　创建直线 4

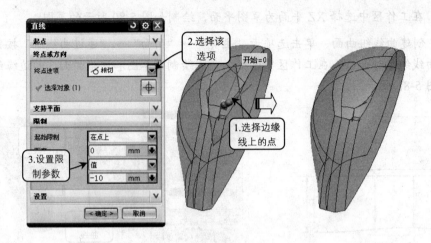

图 5-84　创建直线 5

35 桥接曲线 3。单击选项卡 "曲线" → "派生的曲线" → "桥接曲线" 按钮，打开 "桥接曲线" 对话框，在工作区中选择上步骤绘制的直线 4 和直线 5 的端点，并在对话框 "形状控制" 选项组中设置参数，如图 5-85 所示。

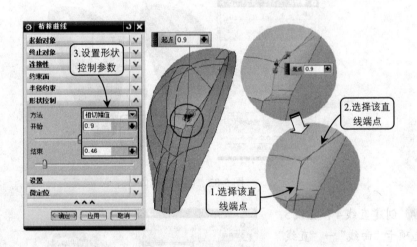

图 5-85　桥接曲线 3

36 创建曲面上曲线 3 和曲线 4。单击选项卡 "曲线" → "曲面上的曲线" 按钮，打开 "曲面上的曲线" 对话框，在工作区中选择要创建曲线的面，绘制连接直线 4 端点和边缘线上点的样条曲线，如图 5-86 所示。按照同样的方法创建连接直线 5 和边缘线上的样条曲线，如图 5-87 所示。

37 创建网格曲面 5。单击选项卡 "主页" → "曲面" → "通过曲线网格" 按钮，打开 "通过曲线网格" 对话框，在工作区中依次选择上步骤绘制的两条面上曲线为主曲线，选择桥接曲线 3 和边缘线为交叉曲线，创建方法如图 5-88 所示。

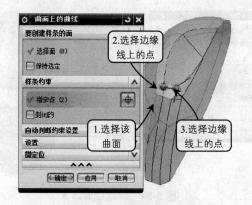

图 5-86　创建曲面上曲线 3

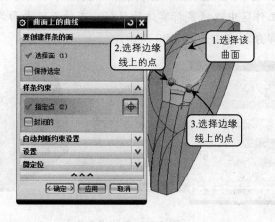

图 5-87　创建曲面上曲线 4

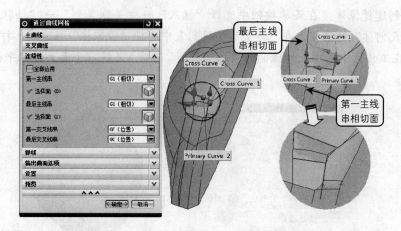

图 5-88　创建网格曲面 5

38 创建修剪体 3。单击选项卡"主页"→"特征"→"修剪体"按钮，打开"修剪体"对话框，在工作区中选择鼠标实体为目标，选择上步骤创建的网格曲面为刀具，修剪方法如图 5-89 所示。

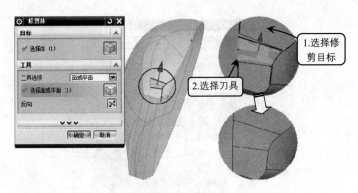

图 5-89　创建修剪体 3

39 创建修剪体 4。单击选项卡"主页"→"特征"→"修剪体"按钮▣，打开"修剪体"对话框，在工作区中选择鼠标实体为目标，选择 XY 平面为刀具，修剪掉另一边没有创建细节特征的部分，方法如图 5-90 所示。

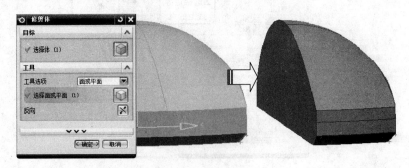

图 5-90　创建修剪体 4

40 创建镜像体。在菜单按钮中选择"插入"→"关联复制"→"抽取几何体"，打开"抽取几何体"对话框，在"类型"下拉列表中选择"镜像体"🔳选项，打开"镜像体"对话框，在工作区中选中上步骤的修剪体为目标，选择 YZ 基准平面为镜像平面，如图 5-91 所示。

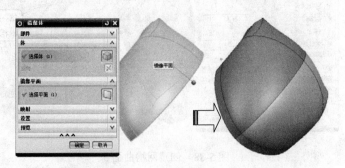

图 5-91　创建镜像体

41 求和实体。单击选项卡"主页"→"特征"→"求和"🗐按钮，打开"求和"对话框，在工作区中选择镜像体和修剪体，将他们求和，如图 5-92 所示。

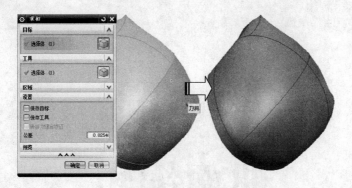

图 5-92　求和实体

42 创建边倒圆 2。单击选项卡"主页"→"特征"→"边倒圆" 按钮，打开"边倒圆"对话框，在对话框中设置形状为圆形，半径为 4，在工作区中选择鼠标前端的两条边缘线，如图 5-93 所示。

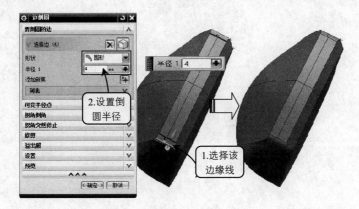

图 5-93　创建边倒圆 2

43 创建面倒圆。单击选项卡"曲面"→"曲面"→"面倒圆" 按钮，打开"面倒圆"对话框，在对话框中设置"横截面"选项组中的参数，在工作区中选择鼠标上盖曲面的边缘线，如图 5-94 所示。鼠标外壳模型创建完成。

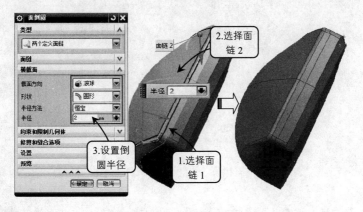

图 5-94　创建面倒圆

第 6 章
曲面编辑

学习目标：

- 修剪片体
- 修剪和延伸
- X 成形
- 扩大曲面
- 片体边界
- 更改阶次
- 更改刚度
- 更改边
- 案例实战——创建空气过滤罩模型
- 案例实战——创建轿车转向盘模型

编辑曲面是对已经存在的曲面进行修改。在建模过程中，当曲面被创建后，往往根据需要对曲面进行相关的编辑才能符合设计要求。UG NX 10 中的编辑曲面功能可以重新编辑曲面特征的参数，也可以通过变形和再生工具对曲面直接进行编辑操作，从而创建出风格多变的自由曲面造型，以满足不同的产品设计需求。

6.1 修剪片体

修剪片体是通过投影边界轮廓线修剪片体。系统根据指定的投射方向，将一边界（该边界可以使用曲线、实体或片体的边界、实体或片体的表面、基准平面等）投射到目标片体，剪切出相应的轮廓形状。结果是关联性的修剪片体。

单击选项卡"主页"→"特征"→"更多"→"修剪片体" 按钮，打开"修剪片体"对话框。该对话框中的"目标"面板是用来选择要修剪片体；"边界对象"面板用来执行修剪操作的工具对象；通过选中"区域"面板中的"舍弃"或"保持"单选按钮，可以控制修剪片体的保持或舍弃，创建方法如图 6-1 所示。

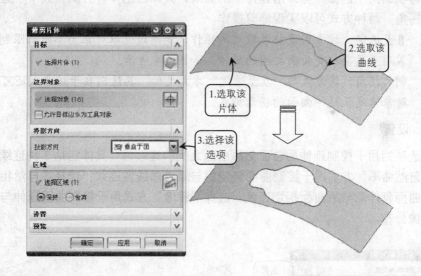

图 6-1　修剪片体

6.2 修剪和延伸

"修剪与延伸"分为两个独立命令。以前版本在使用"修剪与延伸" 命令时，只能对模型进行简单的延伸与剪切式修剪，而 UG NX 10 中新增"延伸片体" 命令，且能在"偏置"文本框中输入负值，对曲面进行缩短，如图 6-2 所示。

单击选项卡"曲面"→"曲面工序"→"修剪和延伸"按钮，打开"修剪和延伸"对话框，如图 6-3 所示，对话框中各选项组的功能介绍如下：

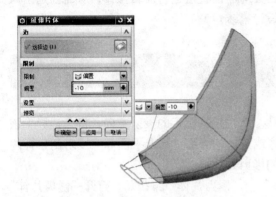

图 6-2　对曲面进行缩短

图 6-3　"修剪和延伸"对话框

1. 修剪和延伸类型

该选项组用于选择修剪或沿延伸面的方式，具体包括 4 种方式，其中"直至选定"和"制作拐角"两种方式可以实现修剪操作。

➢ 直至选定：该方式是非参数化的操作，是通过选取对象为参照来限制延伸的面，常用于复杂相交曲面之间的延伸，如图 6-4 所示。

➢ 制作拐角：该方式与"直至选定"方式类似，其区别在于该方式还可以通过参照对象来定义延伸曲面的拐角形式。

2. 设置

该选项组用于控制延伸后曲面与原曲面之间的连续性，具体包括 3 种连续方式。其中选择"自然曲率"方式用于控制曲面延伸后与原曲面线性连续；选择"自然相切"方式用于控制曲面延伸后与原曲面相切连续；选择"镜像"方式用于控制曲面延伸与原曲面的曲率呈镜像分布。

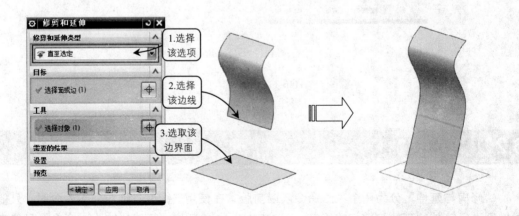

图 6-4　修剪和延伸片体

　　延伸片体是 UG NX 10 新增加的曲面命令,用以延伸和修剪曲面。以往的版本中,要对曲面进行延伸可以通过"修剪和延伸"命令 来完成,但延伸曲面却只能将曲面延长,无法缩短。即使是按反方向延伸的话也只会重生成与原曲面相切的新的延伸曲面。所以在此基础之上,UG NX 10 新出的"延伸片体"命令 既能对曲面进行延伸,也能对曲面进行修剪片体般的缩短,如图 6-5 所示。

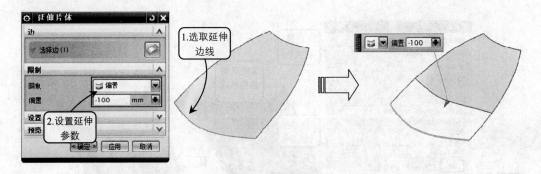

图 6-5　延伸片体

6.3　X 成形

　　X 成形用于编辑样条和曲面的极点(控制点)来改变曲面的形状,包括平移、旋转、缩放、垂直于曲面移动以及极点平面化等变换类型,常用于复杂曲面的局部变形操作。

　　单击选项卡"曲面"→"编辑曲面"→"X 成形" 按钮,打开"X 成形"对话框,如图 6-6 所示。该对话框中的"方法"面板中包含了以下 4 种 X 成形的方式。

图 6-6　"X 成形"对话框

6.3.1 移动

移动是控制曲面的点沿一定方向平移，从而改变曲面形状的一种方式。在曲面上每一点代表一个控制手柄，然后通过手柄来改变控制点沿某个方向的位置，创建方法如图 6-7 所示。

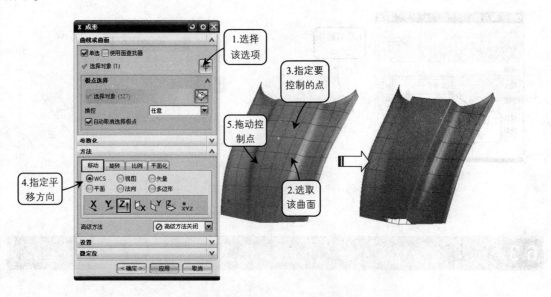

图 6-7 沿 ZC 方向平移效果

6.3.2 旋转

旋转是指绕指定的枢轴点和矢量旋转单个或多个点或极点，可用的选项和约束因用户选择的对象的类型而异。一般是对旋转对象所在的平面或是绕着某一旋转轴进行旋转，效果如图 6-8 所示。

6.3.3 比例

比例是通过将曲面控制点沿某一方向为轴进行旋转操作，从而改变曲面形状。该方式不仅可以沿某个方向进行缩放，还可以整体按比例进行缩放，效果如图 6-9 所示。

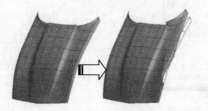

图 6-8 绕 ZC 方向旋转效果   图 6-9 沿 XC 方向缩放效果

6.3.4　平面化

该选项是指通过选取各极点所在的多义线，将该极点用一条直线连续在一起，如果将所有的多义线进行该操作，则该曲面变为一个平面，效果如图 6-10 所示。

6.4　扩大曲面

扩大曲面主要是对未修剪的曲面或片体进行放大或缩小。单击选项卡"曲面"→"编辑曲面"→"扩大" ◇ 按钮，打开"扩大"对话框。在工作区中选取要扩大的曲面，此时"扩大"对话框中的各选项被激活，该对话框常用选项的功能及含义如下：

> ➤ 线性：选择该选项，只可以对选取的曲面或片体按照一定的方式进行扩大，不能进行缩小的操作。
> ➤ 自然：选择该选项，既可以创建一个比原曲面大的曲面，也可以创建一个小于该曲面的薄体。
> ➤ 起点/终点：这 4 个文本框主要用来输入 U、V 向外边缘进行变化的比例，也可以通过拖动滑块来修改变化程度。
> ➤ 全部：启用该复选框后，%U 起点、%U 终点、%V 起点、%V 终点 4 个文本框将同时增加或减少相同的比例。
> ➤ 重置调整大小参数：选择该选项后，系统将自动恢复设置，即生成一个与原曲面相同大小的曲面。
> ➤ 编辑副本：启用该复选框，在原曲面不被删除的情况下生成一个编辑后的曲面。

下面叙述创建扩大曲面的方法，在"扩大"对话框中的"模式"选项组下选择扩大的方式，并在相应的文本框中设置扩大的参数或拖动相应的滑块，最后单击"确定"按钮即可，创建方法如图 6-11 所示。

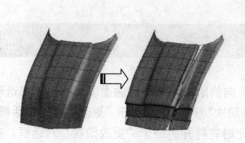

图 6-10　平面化效果

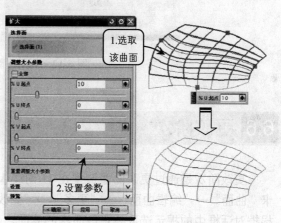

图 6-11　扩大曲面效果

6.5 片体边界

片体边界是通过修改或替换边界原有曲面的边界，从而生成一个新的曲面。在设计过程中可以根据设计需要决定边界的去留，在一定程度上相当于修剪功能。单击选项卡"曲面"→"编辑曲面"→"边界" 按钮，打开"编辑片体边界"对话框。该对话框中有"编辑原片体"和"编辑副本"两个单选按钮，然后选取要编辑的曲面，此时将打开另一个"编辑片体边界"对话框，在该对话框中包括以下 3 种编辑片体边界的操作方式。

➤ 移除孔：该选项是用来删除片体中的孔特征，在工作区选取相应的孔后，单击"确定"按钮即可完成该操作，操作方法如图 6-12 所示。

➤ 移除修剪：选择该选项，在打开的"确认"对话框中警告用户该操作将删除该自由特征的参数，询问用户选择是否继续进行该项操作。单击对话框中的"取消"按钮将取消该操作，若想继续操作，可以单击"确定"按钮。

➤ 替换边：该选项用来重新定位曲线边界或替换原有边界。

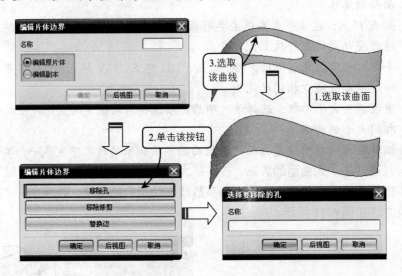

图 6-12　利用移除孔替换边界

6.6 更改阶次

更改阶次是通过更改曲面造型在 U 向或 V 向的阶次，来更改曲面度大小。单击选项卡"曲面"→"编辑曲面"→"更多"→"更改阶次" 按钮，打开"更改阶次"对话框，根据对话框中的提示选取要更改阶次的曲面，此时将打开另一个"更改阶次"对话框，在该对话框中设置新的阶次参数，最后单击"确定"按钮即可完成操作，创建方法如图 6-13 所示。

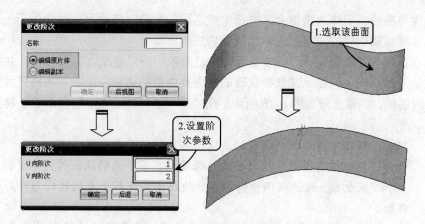

图 6-13　更改阶次改变形状

6.7 更改刚度

更改刚度和更改阶次都是更改曲面造型曲面度的方式。其区别在于：更改刚度前后与更改阶次前后曲面造型的变化效果相反。更改刚度是通过更改曲面 U 向或 V 向的阶次来修改曲面形状。单击选项卡"曲面"→"编辑曲面"→"更改刚度" 按钮，打开"更改刚度"对话框。此时，如选取要更改刚度的曲面，便可打开另一个"更改刚度"对话框，然后在该对话框中设置 U 向或 V 向的阶次参数并单击"确定"按钮即可完成操作，如图6-14 所示。

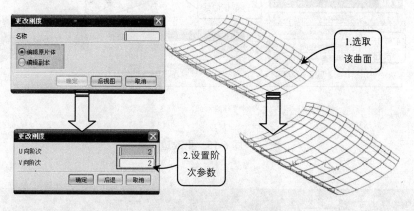

图 6-14　更改曲面刚度效果

6.8 更改边

更改边是利用各种方法来修改曲面的边缘，从而生成新的曲面。利用该操作可以使曲

面的边缘与曲线或实体边缘重合来进行边缘匹配，也可以使曲面的边缘位于一个平面内，还可以直接编辑边缘的法向、曲率和横向切线。

单击选项卡"曲面"→"编辑曲面"→"更多"→"更改边" 按钮，并根据打开的"更改边"对话框中的提示选取要编辑的曲面及曲面的边缘。此时，将打开另外几个"更改边"对话框，创建方法如图 6-15 所示。在"更改边"对话框中包含以下 5 种更改边的方式。

> 仅边：该选项用于仅将调整的边缘与某个作为参考的体素匹配。
> 边和法向：该选项用于待调整的边缘及其在各个点的法线作为参考的体素匹配。
> 边和交叉切线：该选项用于待调整的边缘及其在各个点的切线与作为参考的体素匹配。
> 边和曲率：该选项用于待调整的边缘及其在各个点的曲率与作为参考的体素匹配。
> 检查偏差—不：该选项用于设置是否进行偏离检查、选择该选项将在不进行偏离检查和进行偏离检查之间转换。

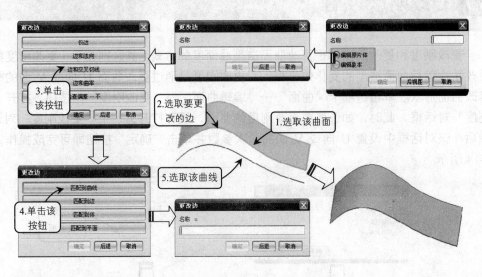

图 6-15　更改边效果

6.9 案例实战——创建空气过滤罩模型

最终文件：	素材\第 6 章\空气过滤罩.prt
视频文件：	视频\6.9 创建空气过滤罩模型.mp4

本案例是创建一个空气过滤罩，效果如图 6-16 所示。该过滤罩上端曲面是空气过滤罩模型的主要曲面，空气过滤罩一般用于洁净车间、洁净厂房、实验室及洁净手术室。

图 6-16 空气过滤罩模型效果

6.9.1 设计流程图

在创建本实例时，可以先利用"基准平面""草图""截面曲线"等工具创建出过滤罩上端曲面的基本线框，以及利用"有界平面""通过曲线网格"等工具创建上端的网格曲面。利用"拉伸""投影曲线""修剪片体"等工具创建出下端的曲面。最后利用"加厚""边倒圆""软倒圆""拉伸"等工具创建出壳体模型及过滤孔，即可创建出本实例，如图 6-17 所示。

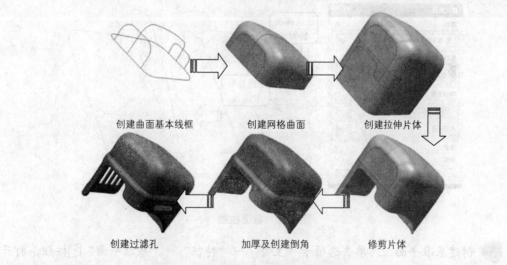

创建曲面基本线框　　　　创建网格曲面　　　　创建拉伸片体

创建过滤孔　　　　加厚及创建倒角　　　　修剪片体

图 6-17 空气过滤罩模型设计流程图

6.9.2 具体设计步骤

01 绘制曲面截面。单击选项卡"主页"→"草图" 按钮，打开"创建草图"对话框，在工作区中选择 YZ 平面为草图平面，绘制如图 6-18 所示的草图。

02 创建基准平面 1。单击选项卡"主页"→"特征"→"基准平面" 按钮，打开

"基准平面"对话框,在"类型"下拉列表中选择"按某一距离"选项,在工作区中选择 XZ 平面,创建距离值为 19 基准平面 1 和距离值为 43 基准平面 2,如图 6-19 所示。

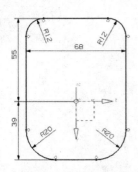

图 6-18 绘制曲面截面

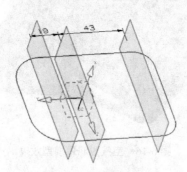

图 6-19 创建基准平面 1

图 6-20 绘制交叉网格线

03 绘制交叉网格线。单击选项卡"主页"→"草图" 📖 按钮,打开"创建草图"对话框,在工作区中选择 XY 平面为草图平面,绘制如图 6-20 所示的草图。

04 截面曲线。单击选项卡"曲线"→"派生的曲线"→"截面曲线" 📖 按钮,打开"截面曲线"对话框,在工作区中选择上步骤绘制的网格线为剖切曲线,选择步骤(2)创建的基准平面为剖切平面,如图 6-21 所示。

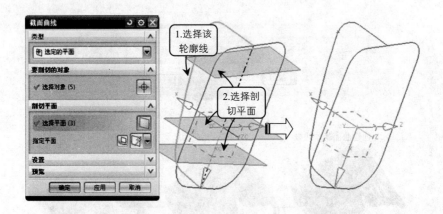

图 6-21 截面曲线

05 创建基准平面 2。单击选项卡"主页"→"特征"→"基准平面" □ 按钮,打开"基准平面"对话框,在"类型"下拉列表中选择"成一角度"选项,在工作区中选择 XY 平面和通过的轴,如图 6-22 所示。

06 创建基准平面 3。单击选项卡"主页"→"特征"→"基准平面" □ 按钮,打开"基准平面"对话框,在"类型"下拉列表中选择"两直线"选项,在工作区中选择两条直线,如图 6-23 所示。

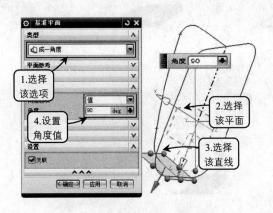

图 6-22 创建基准平面 2

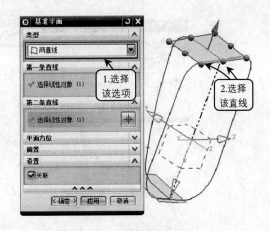

图 6-23 创建基准平面 3

07 绘制曲面网格线 1。单击选项卡"主页"→"草图" 按钮,打开"创建草图"对话框,在工作区中选择基准平面 3 为草图平面,绘制如图 6-24 所示的草图。

08 绘制曲面网格线 2。单击选项卡"主页"→"草图" 按钮,打开"创建草图"对话框,在工作区中选择基准平面 4 为草图平面,绘制如图 6-25 所示的草图。

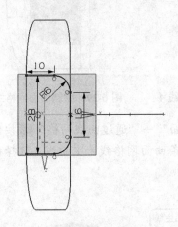

图 6-24 绘制曲面网格线 1

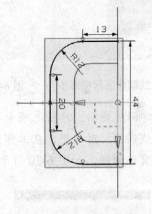

图 6-25 绘制曲面网格线 2

09 创建有界平面。单击选项卡"主页"→"曲面"→"更多"→"有界平面"按钮 ,打开"有界平面"对话框,在工作区中选择上步骤绘制的网格曲线 2 和底面线,创建有界平面,按同样的方法创建另一侧有界平面,如图 6-26 所示。

10 绘制曲面网格线 3。单击选项卡"主页"→"草图" 按钮,打开"创建草图"对话框,在工作区中选择基准平面 1 为草图平面,绘制如图 6-27 所示的草图。

11 绘制曲面网格线 4。单击选项卡"主页"→"草图" 按钮,打开"创建草图"对话框,在工作区中选择 XZ 平面为草图平面,绘制如图 6-28 所示的草图。

12 绘制曲面网格线 5。单击选项卡"主页"→"草图" 按钮,打开"创建草图"对话框,在工作区中选择基准平面 2 为草图平面,绘制如图 6-29 所示的草图。

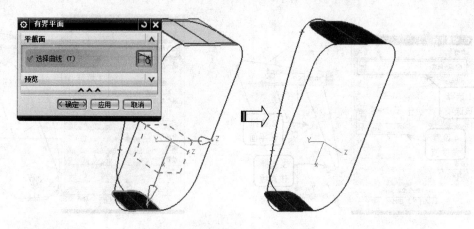

图 6-26　创建有界平面

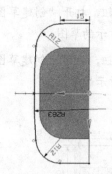　　　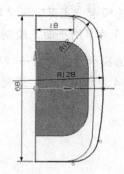　　　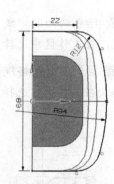

图 6-27　绘制曲面网格线 3　　　图 6-28　绘制曲面网格线 4　　　图 6-29　绘制曲面网格线 5

13 创建网格曲面。单击选项卡 "主页" → "曲面" → "通过曲线网格" 按钮，打开 "通过曲线网格" 对话框，在工作区中依次选择 5 条曲面网格线为主曲线，选择截面线和交叉线为交叉曲线，如图 6-30 所示。

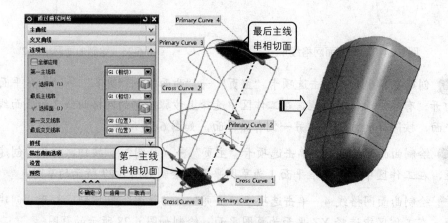

图 6-30　创建网格曲面

14 缝合曲面。菜单按钮中选择 "插入" → "组合体" → "缝合" 选项，打开 "缝合"

对话框，在工作区中选择有界平面为目标片体，选择其他所有面为刀具，如图 6-31 所示。

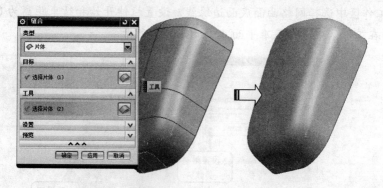

图 6-31   缝合曲面

15 加厚曲面。单击选项卡"主页"→"特征"→"更多"→"加厚"按钮，打开"加厚"对话框，在工作区中选中片体，设置向内偏置的厚度为 2，如图 6-32 所示。

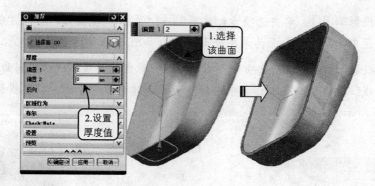

图 6-32   加厚曲面

16 创建基准平面 4。单击选项卡"主页"→"特征"→"基准平面"按钮，打开"基准平面"对话框，在"类型"下拉列表中选择"按某一距离"选项，在工作区中选择 YZ 平面，设置偏置距离为 48，如图 6-33 所示。

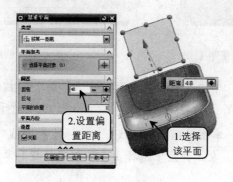

图 6-33   创建基准平面 4

⑰ 创建拉伸片体。单击选项卡"主页"→"特征"→"拉伸" ▥ 按钮，打开"拉伸"对话框，在工作区中选择网格曲面底面边缘线，设置拉伸开始和结束距离为 0 和"直至选定对象"，并在工作区中选择基准平面 4，如图 6-34 所示。

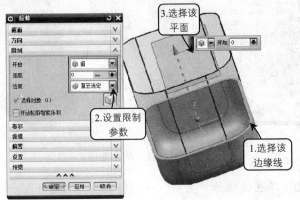

图 6-34　创建拉伸片体

⑱ 绘制投影草图 1。单击选项卡"主页"→"草图" ▥ 按钮，打开"创建草图"对话框，在工作区中选择 XY 平面为草图平面，绘制如图 6-35 所示的草图。

⑲ 创建投影曲线 1。单击选项卡"曲线"→"派生的曲线"→"投影曲线" ▤ 按钮，打开"投影曲线"对话框，在工作区中选择上步骤创建的投影草图，将其投影到拉伸片体上，如图 6-36 所示。

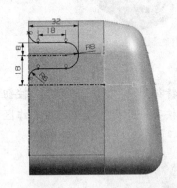

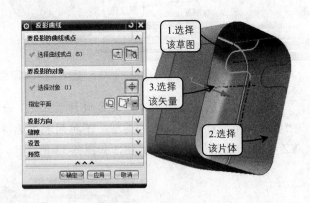

图 6-35　绘制投影草图 1　　　　　　　　图 6-36　创建投影曲线 1

⑳ 绘制投影草图 2。单击选项卡"主页"→"草图" ▥ 按钮，打开"创建草图"对话框，在工作区中选择 XY 平面为草图平面，绘制如图 6-37 所示的草图。

㉑ 创建投影曲线 2。单击选项卡"曲线"→"派生的曲线"→"投影曲线" ▤ 按钮，打开"投影曲线"对话框，在工作区中选择上步骤创建的投影草图，将其投影到拉伸片体上，如图 6-38 所示。

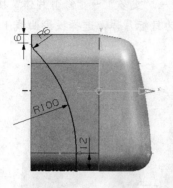

图 6-37 绘制投影草图 2

图 6-38 创建投影曲线 2

㉒ 绘制投影草图 3。单击选项卡"主页"→"草图" 按钮,打开"创建草图"对话框,在工作区中选择 XZ 平面为草图平面,绘制如图 6-39 所示的草图。

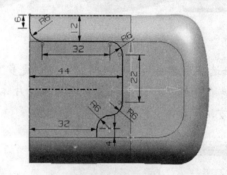

图 6-39 绘制投影草图 3

㉓ 创建投影曲线 3。单击选项卡"曲线"→"派生的曲线"→"投影曲线" 按钮,打开"投影曲线"对话框,在工作区中选择上步骤创建的投影草图,将其投影到拉伸片体上,如图 6-40 所示。

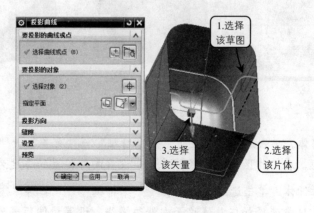

图 6-40 创建投影曲线 3

㉔ 修剪片体 1。单击选项卡 "主页" → "特征" → "更多" → "修剪片体" 按钮 🗂，打开 "修剪片体" 对话框，在工作区中选择拉伸片体为目标片体，选择投影曲线 1 为边界对象，修剪方法如图 6-41 所示。

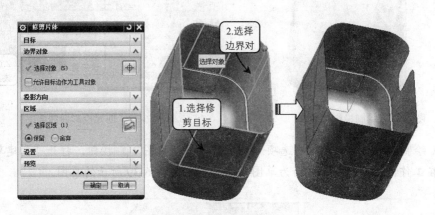

图 6-41　修剪片体 1

㉕ 修剪片体 2。单击选项卡 "主页" → "特征" → "更多" → "修剪片体" 按钮 🗂，打开 "修剪片体" 对话框，在工作区中选择拉伸片体为目标片体，选择投影曲线 2 和投影曲线 3 为边界对象，修剪方法如图 6-42 所示。

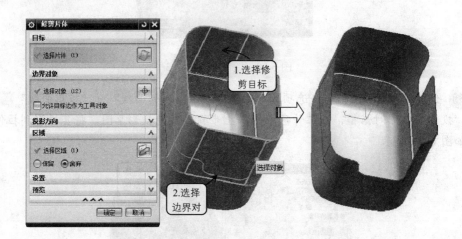

图 6-42　修剪片体 2

㉖ 加厚片体。单击选项卡 "主页" → "特征" → "更多" → "加厚" 按钮 📧，打开 "加厚" 对话框，在工作区中选中修剪片体，设置向外偏置的厚度为 2，如图 6-43 所示。

㉗ 创建拉伸体。单击选项卡 "主页" → "特征" → "拉伸" 🔳 按钮，打开 "拉伸" 对话框，在工作区中选择加厚片体端面内外边缘线，设置拉伸距离为 4，并设置布尔运算为求和，如图 6-44 所示。

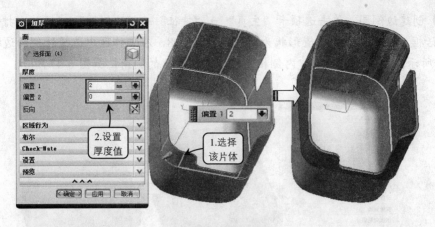

图 6-43　加厚片体

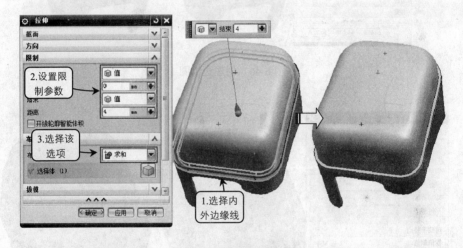

图 6-44　创建拉伸体

28 求和实体。单击选项卡"主页"→"特征"→"求和"按钮,打开"求和"对话框,在工作区中选择加厚片体为目标,依次逐个选择其他的几何体为刀具,如图 6-45 所示。

图 6-45　求和实体

㉙ 创建边倒圆。单击选项卡"主页"→"特征"→"边倒圆" █按钮，打开"边倒圆"对话框，在对话框中设置形状为圆形，半径为 8，在工作区中选择外侧的边缘线，如图 6-46 所示。按同样方法创建内侧相交线处半径为 2 的圆角，如图 6-47 所示。

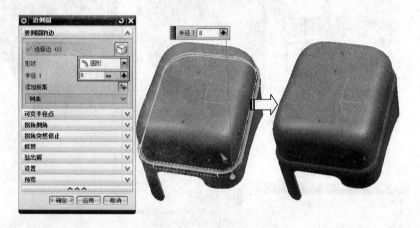

图 6-46　创建边倒圆 1

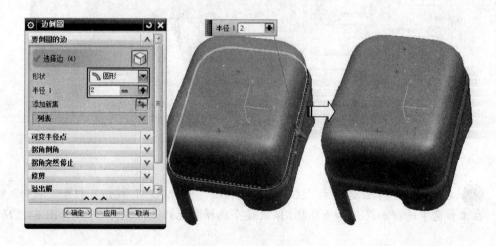

图 6-47　创建边倒圆 2

㉚ 创建面中的偏置曲线。单击选项卡"曲线"→"派生的曲线"→"在面上偏置曲线"按钮 ，打开"在面上偏置曲线"对话框，在工作区中选择网格曲面 1 的边缘线，向内偏置 4.5，如图 6-48 所示。

㉛ 创建软倒圆。单击选项卡"曲面"→"曲面"→"编辑软倒圆" 按钮，打开"编辑软倒圆"对话框，在工作区中选择加厚曲面内侧表面和阶梯面为第一组面，选择网格曲面加厚内侧面为第二组面，选择加厚曲面内侧表面和阶梯面的相交线为第一相切曲线，选择偏置曲线为第二相切曲线，创建方法如图 6-49 所示。

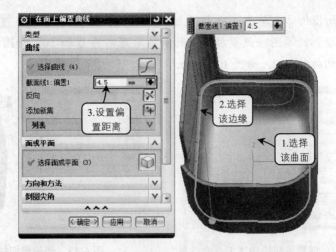

图 6-48　面中的偏置曲线

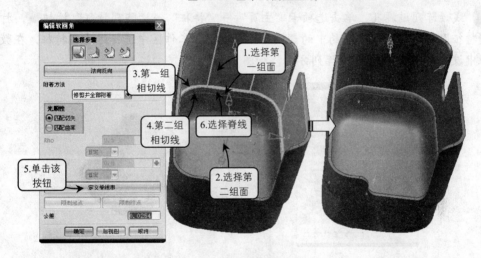

图 6-49　创建软倒圆

32　绘制过滤孔截面草图。单击选项卡"主页"→"草图" 按钮，打开"创建草图"对话框，在工作区中选择 XY 平面为草图平面，绘制如图 6-50 所示附加费的草图。按同样的方法绘制过滤孔 2 截面草图，如图 6-51 所示。

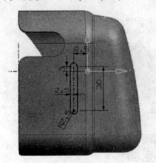

图 6-50　绘制过滤孔 1 截面草图

图 6-51　绘制过滤孔 2 截面草图

33 创建剪切拉伸体。单击选项卡"主页"→"特征"→"拉伸" 按钮，在工作区中选择上步骤所绘制的草图，设置拉伸开始和结束距离为 0 和 50，如图 6-52 所示。按同样的方法创建剪切拉伸体 2，如图 6-53 所示。

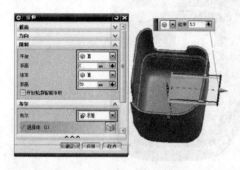

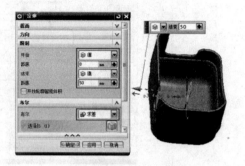

图 6-52 创建剪切拉伸体 1   图 6-53 创建剪切拉伸体 2

34 线性阵列过滤孔。单击选项卡"主页"→"特征"→"阵列特征"按钮，打开"阵列特征"对话框，选择布局中的"线性"选项，在工作区中选择过滤孔特征，在数量和节距中设置 6 与 10，并选择阵列方向，如图 6-54 所示。

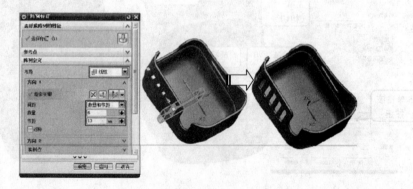

图 6-54 线性阵列过滤孔

35 创建基准平面 5。单击选项卡"主页"→"特征"→"基准平面" 按钮，打开"基准平面"对话框，在"类型"下拉列表中选择"按某一距离"选项，在工作区中选择 YZ 平面，设置偏置距离为 25，如图 6-55 所示。

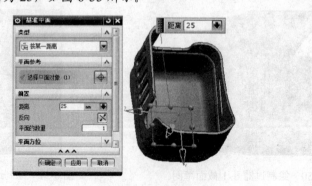

图 6-55 创建基准平面 5

36 绘制拉伸体截面草图。单击选项卡"主页"→"草图"🖼按钮，打开"创建草图"对话框，在工作区中选择上步骤创建的基准平面为草图平面，绘制如图 6-56 所示的草图。

图 6-56   绘制拉伸体截面草图

37 创建拉伸体。单击选项卡"主页"→"特征"→"拉伸"🖼按钮，打开"拉伸"对话框，在工作区中选择上步骤所绘制的草图，设置拉伸开始和结束距离为 0 和"直至选定"，并在工作区中选择内侧壳体面，如图 6-57 所示。

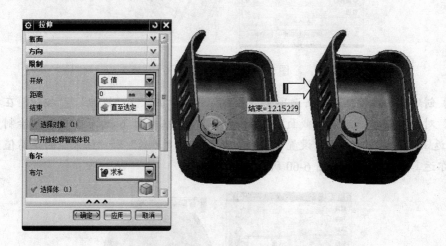

图 6-57   创建拉伸体

38 创建简单孔。单击选项卡"主页"→"特征"→"孔"🖼按钮，打开"孔"对话框，在工作区中选择上步骤绘制圆柱体底圆中心，选择"成形"下拉列表框中的"简单"选项，设置孔直径和深度，如图 6-58 所示。

39 创建基准平面 6。单击选项卡"主页"→"特征"→"基准平面"🖼按钮，打开"基准平面"对话框，在"类型"下拉列表中选择"按某一距离"选项，在工作区中选择基准平面 5，设置偏置距离为 3，如图 6-59 所示。

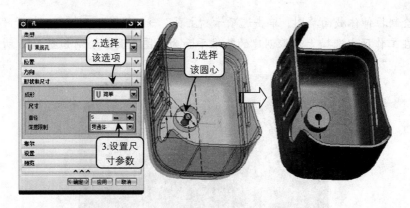

图 6-58　创建简单孔

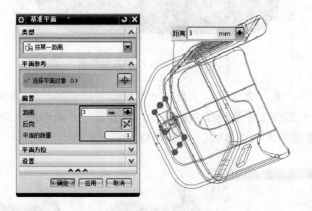

图 6-59　创建基准平面 6

40 创建剪切拉伸体。单击选项卡"主页"→"特征"→"拉伸" 按钮，在打开的"拉伸"对话框中单击"绘制截面" 图标，选择基准平面 6 为草图平面，绘制直径为10 的圆返回"拉伸"对话框，设置"限制"选项组中"开始"和"结束"的距离值为 0 和10，布尔运算选择求差，如图 6-60 所示。

图 6-60　创建剪切拉伸体

41 创建边倒圆。单击选项卡"主页"→"特征"→"边倒圆" 按钮，打开"边倒圆"对话框，在对话框中设置形状为圆形，半径为 1，在工作区中选择剪切拉伸体和过滤孔的边缘线，如图 6-61 所示。按同样方法创建壳体边缘线的边倒圆，如图 6-62 所示。空气过滤罩壳体创建完成。

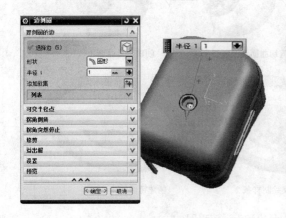

图 6-61　创建边倒圆

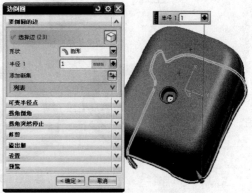

图 6-62　创建边倒圆

6.10　案例实战——创建轿车转向盘模型

最终文件：	素材\第 6 章\轿车转向盘.prt
视频文件：	视频\6.10 创建轿车转向盘模型.mp4

本案例是创建一个汽车转向盘模型，如图 6-63 所示。该汽车转向盘结构精简结实，通过三个手柄孔，将转向盘旋转柄连接起来，各个曲面通过光滑的圆角顺接过渡。造型美观，且经久耐用，是现行汽车零件行业不可或缺的产品。

6.10.1　设计流程图

在创建本实例时，可以先利用"基准平面""草图""艺术样条"等工具创建一侧的基本线框，以及利用"扫掠""通过曲线网格"等工具创建出一侧的基本曲面。利用"曲面上的曲线""相交曲线""修剪片体""艺术样条"等工具修剪曲面及绘制圆角曲线，并利用"通过曲线网格"创建出圆角曲面 1。最后利用"镜像体""缝合"等工具创建出转向盘另一侧曲面，并用创建圆角曲面 1 的方法创建圆角曲面 2，即可创建出本实例，如图 6-64 所示。

图 6-63　轿车转向盘模型效果

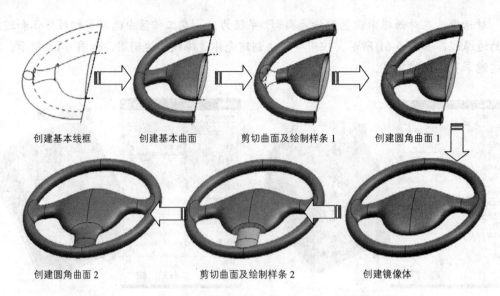

创建基本线框   创建基本曲面   剪切曲面及绘制样条 1   创建圆角曲面 1

创建圆角曲面 2   剪切曲面及绘制样条 2   创建镜像体

图 6-64   轿车转向盘模型设计流程图

6.10.2 具体设计步骤

01 绘制转向盘轮廓。单击选项卡"主页"→"草图" 按钮，打开"创建草图"对话框，在工作区中选择 XZ 平面为草图平面，绘如图 6-65 所示的草图。

02 绘制手轮截面。单击选项卡"主页"→"草图" 按钮，打开"创建草图"对话框，在工作区中选择 XY 平面为草图平面，绘如图 6-66 所示的草图。

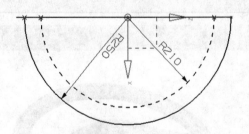

图 6-65   绘制转向盘轮廓

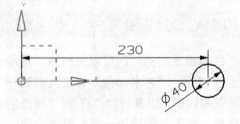

图 6-66   绘制手轮截面

03 扫掠曲面。单击选项卡"主页"→"曲面"→"扫掠"按钮，打开"扫掠"对话框，在工作区中选择截面曲线和引导线，如图 6-67 所示。

04 创建基准平面 1。单击选项卡"主页"→"特征"→"基准平面" 按钮，打开"基准平面"对话框，在"类型"下拉列表中选择"按某一距离"选项，在工作区中选择 YZ 平面，并设置距离值为 128，如图 6-68 所示。

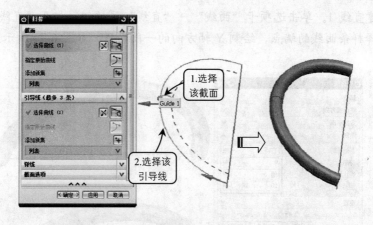

图 6-67 扫掠曲面

05 创建相切线 1。单击选项卡"主页" → "草图" 📇按钮，打开"创建草图"对话框，在工作区中选择 XZ 平面为草图平面，绘如图 6-69 所示的两条相切线。

图 6-68 创建基准平面 1

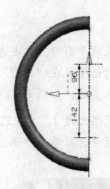

图 6-69 创建相切线 1

06 绘制艺术样条 1。单击选项卡"曲线" → "曲线" → "艺术样条" 〜 按钮，打开"艺术样条"对话框，在工作区中连接相切线和轮廓线上的点，绘制如图 6-70 所示的样条，并设置连续性为 G1 相切连续。

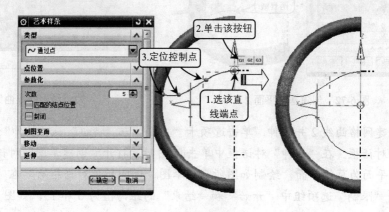

图 6-70 绘制艺术样条 1

07 创建直线 1。单击选项卡"曲线"→"直线" ✏ 按钮，打开"直线"对话框，在工作区中选择样条曲线的端点，绘制 Y 轴方向的一段直线，如图 6-71 所示。

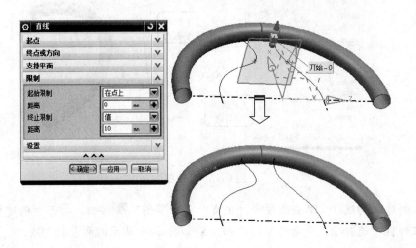

图 6-71　创建相切线 2

08 创建基准平面 2。单击选项卡"主页"→"特征"→"基准平面" □ 按钮，打开"基准平面"对话框，在"类型"下拉列表中选择"两直线"选项，并在工作区中选择上步骤绘制的两条直线，如图 6-72 所示。

09 绘制网格曲线 1。单击选项卡"主页"→"草图" 🖼 按钮，打开"创建草图"对话框，在工作区中选择基准平面 2 为草图平面，绘如图 6-73 所示的网格曲线草图。

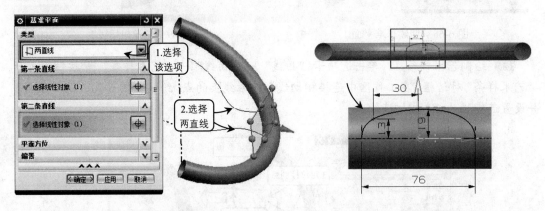

图 6-72　创建基准平面 2　　　　　　　图 6-73　绘制网格曲线 1

10 创建网格曲线 2 并拉伸。单击选项卡"主页"→"特征"→"拉伸" 🖩 按钮，打开"拉伸"对话框。在"拉伸"对话框中单击🖼图标，打开"创建草图"对话框，选择基准平面 YZ 平面为草绘平面，绘制如图所示的草图，返回拉伸对话框后，在"拉伸"对话框中，设置"限制"选项组中"开始"和"结束"的距离值为 0 和 15，如图 6-74 所示。

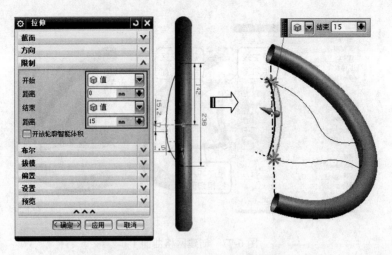

图 6-74　创建网格曲线 2 并拉伸

11 绘制网格曲线 3。单击选项卡"主页"→"草图" 按钮，打开"创建草图"对话框，在工作区中选择基准平面 1 为草图平面，绘如图 6-75 所示的网格曲线草图。

12 创建拉伸相切面。单击选项卡"主页"→"特征"→"拉伸" 按钮，打开"拉伸"对话框。在工作区中选择步骤（6）绘制的艺术样条，设置"限制"选项组中"开始"和"结束"的距离值为 0 和 15，如图 6-76 所示。

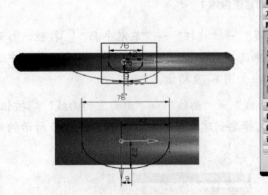

图 6-75　创建网格曲线 3

图 6-76　创建拉伸相切面

13 创建网格曲面 1。单击选项卡"主页"→"曲面"→"通过曲线网格" 按钮，打开"通过曲线网格"对话框，在工作区中依次选择网格曲线 1、2、3 为主曲线，选择样条曲线为交叉曲线，并设置对应相切片体为 G1 相切连续，创建方法如图 6-77 所示。

14 创建镜像体 1。单击选项卡"主页"→"特征"→"更多"→"镜像特征" 按钮，打开"镜像特征"对话框，在工作区中选中上步骤的网格曲面为目标面，选择 YZ 基准平面为镜像平面，如图 6-78 所示。

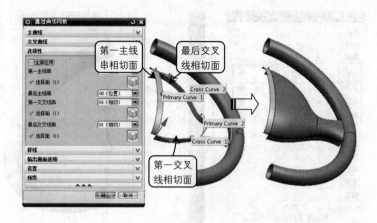

图 6-77　创建网格曲面 1

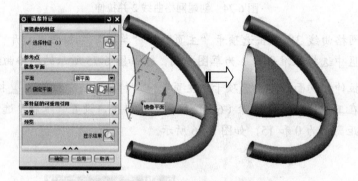

图 6-78　创建镜像体 1

(15)　创建基准平面 3。单击选项卡"主页"→"特征"→"基准平面" ⬚按钮，打开"基准平面"对话框，在"类型"下拉列表中选择"按某一距离"选项，并在工作区中选择基准平面 1，设置向外偏置的距离值为 40，如图 6-79 所示。

(16)　创建曲面上曲线 1。单击选项卡"曲线"→"曲线"→"曲面上的曲线" ⬚按钮，打开"曲面上的曲线"对话框，在工作区中选择要创建曲线的面，绘制如图 6-80 所示的封闭且对称的曲线。

图 6-79　创建基准平面 3

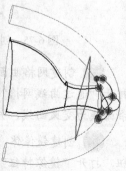

图 6-80　创建曲面上的曲线 1

⑰ 修剪片体 1。单击选项卡 "主页" → "特征" → "更多" → "修剪片体" 按钮 🖾，打开 "修剪片体" 对话框，在工作区中选择扫掠曲面为目标片体，选择上步骤绘制的曲线为边界对象，修剪方法如图 6-81 所示。

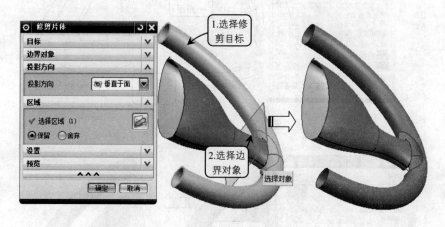

图 6-81 修剪片体 1

⑱ 修剪片体 2。单击选项卡 "主页" → "特征" → "更多" → "修剪片体" 按钮，打开 "修剪片体" 对话框，在工作区中选择网格曲面 1 为目标片体，选择基准平面 3 为边界对象，修剪方法如图 6-82 所示。

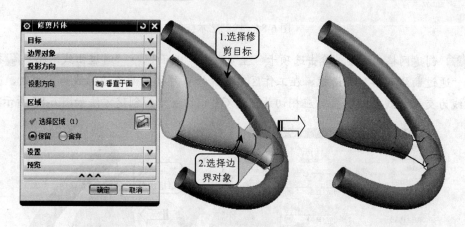

图 6-82 修剪片体 2

⑲ 创建相交曲线 1。单击选项卡 "曲线" → "派生的曲线" → "相交曲线" 🔳 按钮，打开 "相交曲线" 对话框，在工作区中选择管道外表面为第一组面，选择上 XZ 基准平面为第二组面，如图 6-83 所示。

⑳ 绘制艺术样条 2。单击选项卡 "曲线" → "艺术样条" 〜 按钮，打开 "艺术样条" 对话框，在工作区中连接网格曲面和扫掠曲面上的相交曲线的端点，绘制如图 6-84 所示的两条艺术样条，并设置连续性为 G1 相切连续。

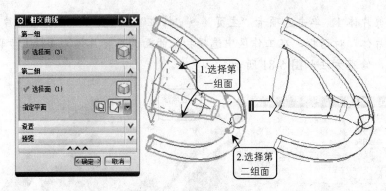

图 6-83　创建相交曲线 1

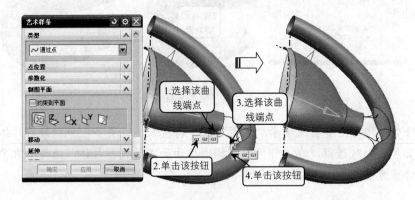

图 6-84　绘制艺术样条 2

21 创建网格曲面 2。单击选项卡"主页"→"曲面"→"通过曲线网格" 按钮，打开"通过曲线网格"对话框，在工作区中选择修剪片体的两条边缘线为主曲线，选择样条曲线为交叉曲线，并设置对应相切片体为 G1 相切连续，创建方法如图 6-85 所示。

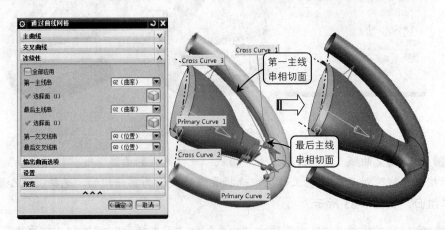

图 6-85　创建网格曲面 2

22 创建镜像体 2。选择菜单按钮"插入"→"关联复制"→"抽取几何体"选项，打开"抽取几何体"对话框，在"类型"下拉列表中选择"镜像体"，打开"镜像体"对话框，在工作区中选中所有曲面为目标，选择 YZ 基准平面为镜像平面，如图 6-86 所示。

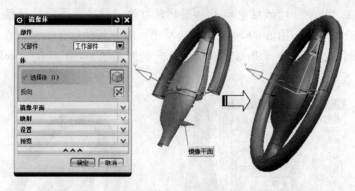

图 6-86　创建镜像体 2

23　缝合曲面 1。在菜单按钮中选择"插入"→"组合体"→"缝合"选项，打开"缝合"对话框，在工作区中选择扫掠曲面为目标体，选择工作区中其他的曲面为刀具，如图 6-87 所示。

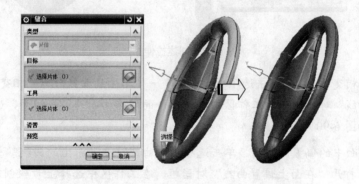

图 6-87　缝合曲面 1

24　创建基准平面 4。单击选项卡"主页"→"特征"→"基准平面" □ 按钮，打开"基准平面"对话框，在"类型"下拉列表中选择"按某一距离"选项，并在工作区中选择 XY 平面，设置向外偏置的距离值为 175，如图 6-88 所示。

图 6-88　创建基准面 4

25 创建拉伸片体1。单击选项卡"主页"→"特征"→"拉伸" 按钮，打开"拉伸"对话框。在"拉伸"对话框中单击 图标，打开"创建草图"对话框，选择创建基准面3为草绘平面，绘制如图6-89所示尺寸的草图，返回拉伸对话框后，在"拉伸"对话框中，设置"限制"选项组中"开始"和"结束"的距离值为-50和60，如图6-89所示。

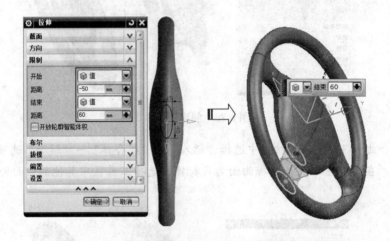

图6-89　创建拉伸片体1

26 创建相交曲线2。单击选项卡"曲线"→"派生的曲线"→"相交曲线" 按钮，打开"相交曲线"对话框，在工作区中选择缝合的网格曲面为第一组面，选择拉伸片体为第二组面，如图6-90所示。

27 创建面中的偏置曲线1。单击选项卡"曲线"→"派生的曲线"→"在面上偏置曲线"按钮，打开"在面上偏置曲线"对话框，在工作区中选择上步骤创建的相交曲线，向外偏置25，如图6-91所示。

图6-90　创建相交曲线2　　　　　　图6-91　创建面中的偏置曲线1

28 修剪片体3。单击选项卡"主页"→"特征"→"更多"→"修剪片体"按钮 ，打开"修剪片体"对话框，在工作区中选择缝合的网格曲面为目标片体，选择偏置曲线为边界对象，修剪方法如图6-92所示。

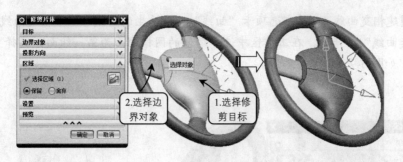

图 6-92　修剪片体 3

㉙ 创建相交曲线 3。单击选项卡 "曲线" → "派生的曲线" → "相交曲线" 🔲 按钮，打开 "相交曲线" 对话框，在工作区中选择缝合的扫掠曲面为第一组面，选择拉伸片体为第二组面，如图 6-93 所示。

㉚ 创建面中的偏置曲线 2。单击选项卡 "曲线" → "派生的曲线" → "在面上偏置曲线" 按钮 📄，打开 "在面上偏置曲线" 对话框，在工作区中选择上步骤创建的相交曲线，向外偏置 14，如图 6-94 所示。

图 6-93　创建相交曲线 3   图 6-94　创建面中的偏置曲线 2

㉛ 修剪片体 4。单击选项卡 "主页" → "特征" → "更多" → "修剪片体" 按钮 📄，打开 "修剪片体" 对话框，在工作区中选择缝合的网格曲面为目标片体，选择偏置曲线为边界对象，修剪方法如图 6-95 所示。

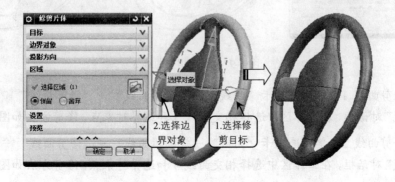

图 6-95　修剪片体 4

32 创建相交曲线 4。单击选项卡"曲线"→"派生的曲线"→"相交曲线"按钮，打开"相交曲线"对话框，在工作区中选择缝合的网格曲面为第一组面，选择 XZ 平面为第二组面，如图 6-96 所示。

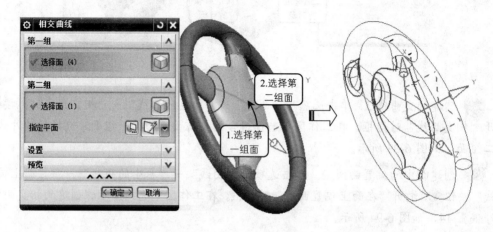

图 6-96　创建相交曲线 4

33 创建相交曲线 5。单击选项卡"曲线"→"派生的曲线"→"相交曲线"按钮，打开"相交曲线"对话框，在工作区中选择缝合的扫掠曲面为第一组面，选择 XZ 平面为第二组面，如图 6-97 所示。

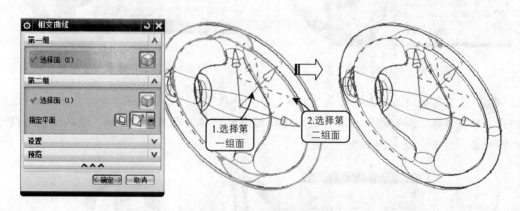

图 6-97　创建相交曲线 5

34 修剪曲线 1。单击选项卡"曲线"→"编辑曲线"→"修剪曲线"按钮，打开"修剪曲线"对话框，在工作区中选择相交曲线 3 和边界对象点，修剪方法如图 6-98 所示。

35 修剪曲线 2。单击选项卡"曲线"→"编辑曲线"→"修剪曲线"按钮，打开"修剪曲线"对话框，在工作区中选择相交曲线 4 和边界对象点，修剪方法如图 6-99 所示。

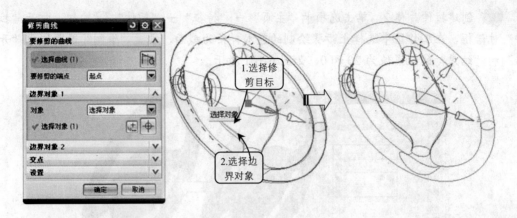

图 6-98　修剪曲线 1

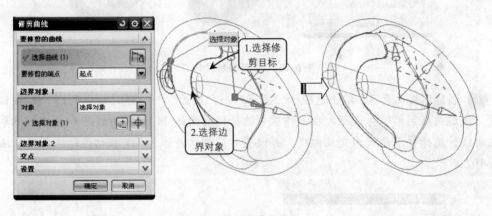

图 6-99　修剪曲线 2

36 绘制艺术样条 3。单击选项卡"曲线"→"曲线"→"艺术样条" 按钮，打开"艺术样条"对话框，在工作区中连接网格曲面和扫掠曲面上的相交曲线，绘制如图 6-100 所示的两条艺术样条，并设置连续性为 G1 相切连续。

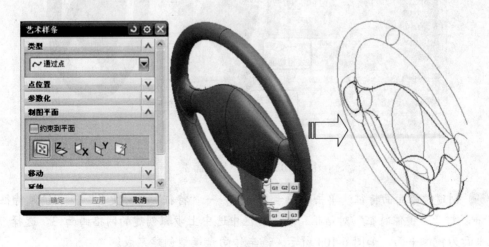

图 6-100　创建艺术样条 3

37 创建拉伸片体 2。单击选项卡"主页"→"特征"→"拉伸" ▦ 按钮,打开"拉伸"对话框,在工作区中选择上步骤绘制的艺术样条为截面,设置"限制"选项组中"开始"和"结束"的距离值为 20 和 0,如图 6-101 所示。

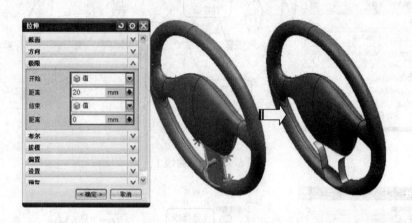

图 6-101　创建拉伸片体 2

38 创建网格曲面 3。单击选项卡"主页"→"曲面"→"通过曲线网格" ▦ 按钮,打开"通过曲线网格"对话框,在工作区中选择偏置曲线 1、偏置曲线 2 和拉伸片体草图为主曲线,选择样条曲线为交叉曲线,并设置对应相切片体为 G1 相切连续,创建方法如图 6-102 所示。

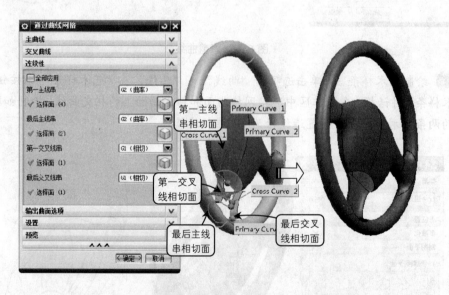

图 6-102　创建网格曲面 3

39 创建镜像曲面特征。单击选项卡"主页"→"特征"→"更多"→"镜像特征"按钮 ❖,打开"镜像特征"对话框,在工作区中选中上步骤创建的网格曲面 3,选择 XZ 基准平面为镜像平面,如图 6-103 所示。汽车转向盘模型创建完成。

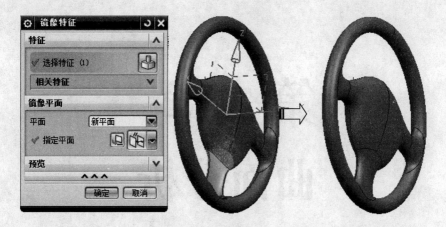

图 6-103　镜像曲面特征

第 7 章
曲面分析

在用 UG NX 10 进行曲面建模的过程中，经常需要对所要创建的曲面进行分析，从而对所创建的曲面的形状进行分析验证，改变曲面创建的参数和设置以满足曲面设计分析工作的需要，这样才能够更好地完成比较复杂的曲面建模工作。

UG NX 10 曲面建模提供了多种多样的分析方法。常见的分析方法主要集中在"分析"选项卡下的各个选项组中，主要的曲面分析工具如图 7-1 所示。本章将对该工具中的一些工具进行介绍，这些分析工具可以非常方便地用于曲面曲线分析。

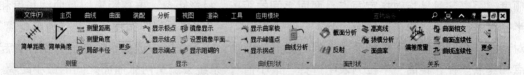

图 7-1　"分析"选项卡

7.1 曲线分析

曲线分析工具可以分析所选曲线的曲率、峰值点和拐点等。在工作区中选择要分析的曲线后，单击选项卡"分析"→"曲线形状"→"显示曲率梳" 按钮、"显示峰值" 按钮、"显示拐点" 按钮，可分别对曲线的曲率梳、峰值和拐点进行分析。也可以在菜单按钮中选择"分析"→"曲线"→"曲线分析"选项，打开"曲线分析"对话框，在"分析显示"选项组中勾选"显示曲率梳"选项。拖动"针比例"和"针数"滑动条可以控制显示梳的形状，勾选"峰值"选项后，在工作区中将显示曲线的峰值，如图 7-2 所示。

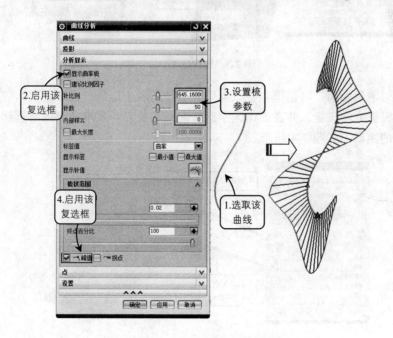

图 7-2　曲线曲率和峰值分析

7.2 距离测量

在 UG NX 10 曲面设计中，曲面测量以及误差的修改非常重要。在曲面测量过程中，一般要测量点到面的误差、曲线到曲面的偏差，对外观要求较高的曲面还要检查表面的光顺度。距离测量是指对指定两点、两面之间的距离、投影距离、屏幕距离以及曲线长度和半径等进行测量。单击选项卡"分析"→"测量"→"测量距离"按钮，打开"测量距离"对话框，在"类型"下拉列表中选择"距离"选项，在工作区中选择两个曲面分别作为起点和终点。在"距离"下拉列表中选择"最小值"，系统会测量两张曲面之间的最小距离；在"距离"下拉列表中选择"最大值"，系统会测量两张曲面之间的最大距离。如图 7-3所示。

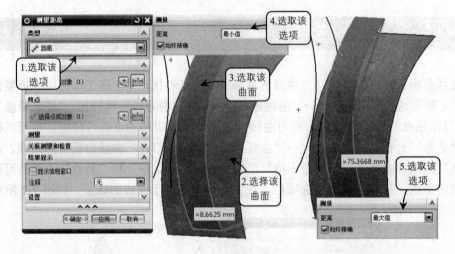

图 7-3　测量距离

再次打开"测量距离"对话框，在"类型"下拉列表中选择"投影距离"，在"矢量"选项组中设置投影方向矢量，并在工作区中选择起点和终点，系统会测量所选起点和终点在矢量方向上的距离，如图 7-4 所示。

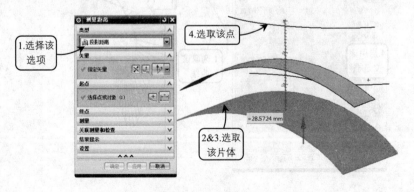

图 7-4　投影距离

有兴趣的读者可以在"类型"下拉列表中选择"屏幕距离""长度""半径""点在曲线上"等选项测量其他对象之间的距离，比如曲线与曲面、点与曲线等。

7.3 角度测量

使用角度测量工具可精确计算两对象之间（两曲线间、两平面间、直线和平面间）的角度参数。在菜单中选择"分析"→"测量角度"选项，打开"测量角度"对话框，在"类型"下拉列表中选择"按对象"选项，在工作区中选择两个曲线分别作为第一个参考和第二个参考。在"方向"下拉列表中选择"内角"选项，系统会测量两条曲线之间的内角；在"方向"下拉列表中选择"外角"，系统会测量两条曲线之间的外角，如图 7-5 所示。

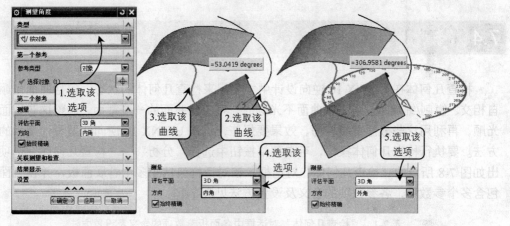

图 7-5　按对象测量角度

再次打开"测量角度"对话框，在"类型"下拉列表中选择"按 3 点"，并在工作区中选择基点、基线的终点和量角器的终点，系统会测量所选以基点为中心的起点和终点之间的角度，如图 7-6 所示。在"类型"下拉列表中选择"按屏幕点"，操作方法与"按 3 点"类似，系统会测量所选 3 个点在屏幕方向上的角度，如图 7-7 所示。

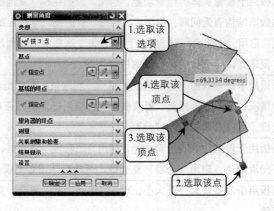

图 7-6　按 3 点测量角度

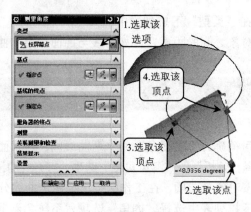

图 7-7　按屏幕点测量角度

7.4　检测几何体

　　检查几何体在 UG NX 10 逆向设计中主要用来检查几何体的状态，包括曲面光顺性、自相交、锐刺/细缝等。当一张曲面不光顺时，可求此曲面的一些截面，调整这些截面使其光顺，再利用这些截面重新构面，效果要好些，这是 UG NX 10 逆向造型设计常用的一种方法。要执行检查几何体操作，可在菜单按钮中选择"分析"→"检查几何体"选项，弹出如图 7-8 所示的"检查几何体"对话框。该对话框包括了多个卷展面板，并在各面板中包含多个参数项，各参数项的含义及设置方法见表 7-1。

表 7-1　"检查几何体"对话框中各面板参数项的含义及设置方法

参数项	含义及设置方法
对象检查/检查后状态	该面板用于设置对象的检查功能，启用"微小的"复选框，可在几何对象中查找所有微小的实体、面、曲线和边；启用"未对齐"复选框，可检查所选几何对象与坐标轴的对齐情况
体检查/检查后状态	该面板用于设置实体的检查功能，启用"数据结构"复选框，可检查每个选择实体中的数据结构有无问题；启用"一致性"复选框，可检查每个选择实体内部是否有冲突；启用"面相交"复选框，可检查每个选择实体表面是否交叉；启用"片体边界"复选框，可查找选择片体的所有边界
面检查/检查后状态	该面板用于设置表面的检查功能，启用"光顺性"复选框，可检查 B 表面的平滑过渡情况；启用"自相交"复选框，可检查所选表面是否自交；启用"锐利/细缝"复选框，可检查表面是否被分割
边检查/检查后状态	该面板用于设置边缘的检查功能，启用"光顺性"复选框，可检查所有与表面连接但不光滑的边；启用"公差"复选框，可检查超出距离误差的边
检查准则	该面板用于设置最大公差大小，可在"距离"和"角度"文本框中输入对应的最大公差值

在该对话框中单击"选择对象"按钮![button]，然后在工作区中选取要分析的对象，并根据几何对象的类型和要检查的项目在对话框中选择相应的选项，接着单击"操作"面板中的"检查几何体"按钮，并单击右侧的"信息"按钮![button]，弹出"信息"窗口，其中将列出相应的检查结果，如图 7-9 所示。

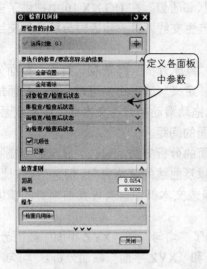

图 7-8 "检查几何体"对话框

图 7-9 检查几何体"信息"窗口

7.5 偏差测量

偏差测量工具主要用于分析曲线或曲面与其他几何元素之间的偏差，能够动态地提供图形或数值结果显示。在所分析的曲线或曲面上还可以显示超出最大允许偏差值的位置，以及偏差数值最小或最少的地方。这些图形或数值表示的结果包括矢量表示、标记、数值等，通常可以称之为偏差测量对象。

单击选项卡"分析"→"关系"→"偏差测量"![button]按钮，打开"偏差测量"对话框，在工作区中选择要比较的两个对象，对象包括曲线、

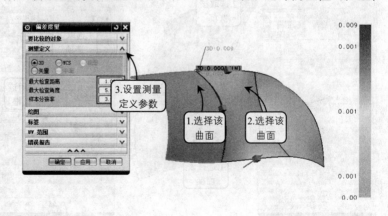

图 7-10 检查几何体"信息"窗口

边缘、面和动态偏差对象。在"测量定义"选项组中可以定义测量的方法、最大检查距离、最大检查角度、样本分辨率等参数，如图 7-10 所示。

7.6 截面分析

截面分析工具可以用于分析自由表面的形状和质量。在 UG NX 10 中提供了多种截面分析方法用于分析。通过这些截面与目标曲面产生交线，进一步通过分析这些交线的曲率变化情况来分析表面的情况。

在菜单按钮中选择"分析"→"形状"→"截面分析" 选项，打开"截面分析"对话框，在工作区中选择要分析截面的曲面，在"定义"选项组中可以设置"截面放置"和"截面对齐"的方式，勾选"数量"选项后可以拖动滑动条或在文本框中设置截面的数量，拖动"间距"滑动条或在文本框中可以设置截面的间距。

在"截面分析"选项组中可以设置多种截面的分析方法。勾选"显示曲率梳"复选框可以比较形象地显示截面交线的曲率变化规律以及曲线的弯曲方向。勾选"建议比例因子"复选框可以在下面的"针比例""针数"滑动条或文本框中自有设置曲率针的梳齿长度大小。

在如图 7-11～如图 7-16 所示中，分别表示了"均匀"和"XYZ 平面"截面分析、"通过点"和"XYZ 平面"截面分析、"在点之间"和"XYZ 平面"截面分析、"均匀"和"平行平面"截面分析、"均匀"和"对齐的曲线"截面分析、"均匀"和"等参数"截面分析的显示效果。有兴趣的读者还可以进行其他截面放置和对齐组合方式一些截面分析。可以看出"截面分析"工具提供了多种截面分析方法和截面参数的分析比较情况，因此可以比较灵活地显示曲面分析的能力和要求。

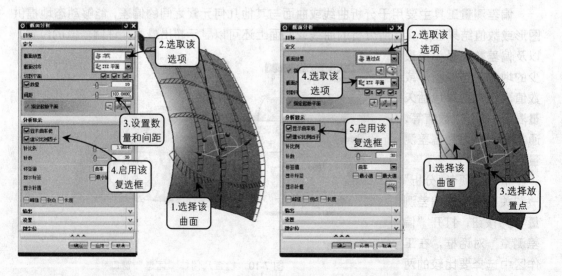

图 7-11 "均匀"和"XYZ 平面"截面分析　　图 7-12 "通过点"和"XYZ 平面"截面分析

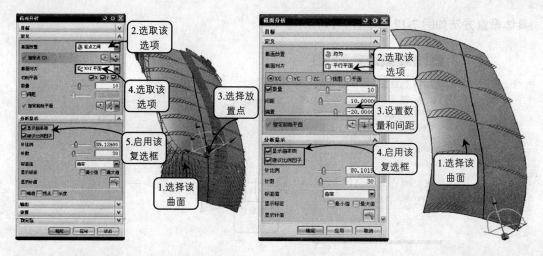

图 7-13　"在点之间"和"XYZ 平面"截面分析　　图 7-14　"均匀"和"平行平面"截面分析

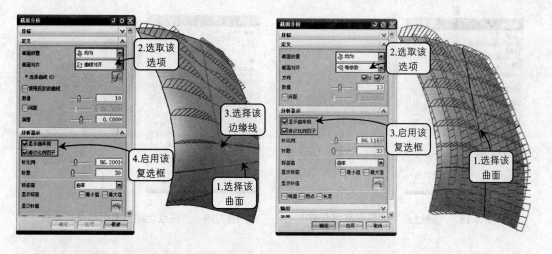

图 7-15　"均匀"和"曲线对齐"截面分析　　图 7-16　"均匀"和"等参数"截面分析

7.7 高亮线分析

高亮线分析是一种反射分析方法，常用于分析曲面的质量，能够通过一组特定的光源投影到曲面上，在曲面上形成一组反射线。如果通过旋转改变曲面的视角，那么可以很方便地观察曲面的变化情况。单击选项卡"分析"→"面形状"→"高亮线" 按钮，打开"高亮线"对话框，在"光源放置"下拉列表中有 3 个选项，"均匀"是指等距、等间隔的光源，可以在"光源数"文本框中输入光源数目，在"光源间距"文本框中输入光源间距。"通过点"方式则需要在曲面上选择一系列光源需要通过的点。"在点之间"方式则可以在曲面上选择两个点作为光源照射的边界点。

在选择了设置光源放置后，在工作区中选择要高亮线分析的曲面，并设置相关的参数，

具体设置方法如图 7-17～如图 7-19 所示。

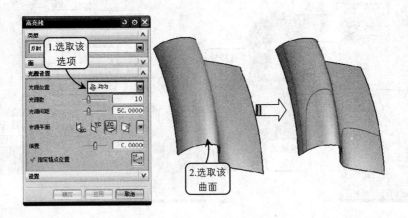

图 7-17　"均匀"类型高亮线分析

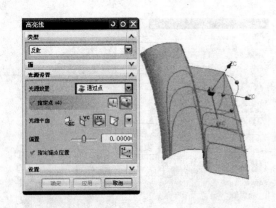

图 7-18　"通过点"类型高亮线分析

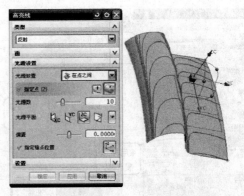

图 7-19　"在点之间"类型高亮线分析

7.8　曲面连续性分析

　　曲面连续性分析工具可以用于分析两组或多组曲面之间的过渡连续性条件，包括位置连续、斜率连续、曲率连续以及曲率的斜率连续等内容。即在分析中常常提到的 G0、G1、G2 和 G3 连续性分析判断检查条件。单击选项卡"分析"→"关系"→"曲面连续性分析"按钮，打开"曲面连续性"对话框，在"类型"下拉菜单中包括"边到边"和"边到面"两个选项，在"对照对象"选项组中可以选择工作区中要分析曲面的边缘和参考边缘。在"连续性检查"选项组中可以进行 G0、G1、G2 和 G3 连续性分析方法。在"针显示"选项组中可以设置连续指针的显示和比例因子控制针的显示长度以及密度。

　　打开"曲面连续性"对话框后，可以设置分析曲面连续性的类型，这里选择"边到边"，然后再工作区中选择目标边缘和参考边缘，分别对下面的曲面 1、曲面 2 和曲面 3 进行连续性分析，分析方法如图 7-20～图 7-23 所示。

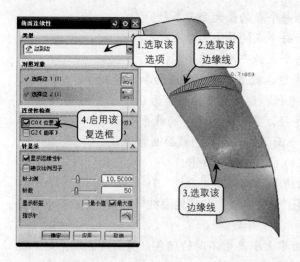

图 7-20 "G0(位置)"曲面连续性分析   图 7-21 "G1(相切)"曲面连续性分析

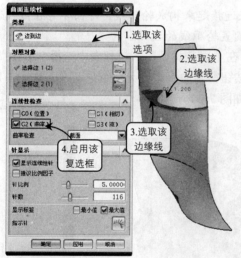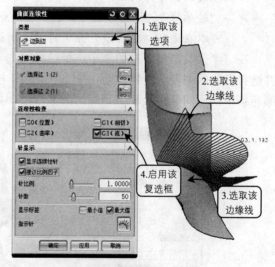

图 7-22 "G2(曲率)"曲面连续性分析   图 7-23 "G3(流)"曲面连续性分析

7.9 曲面半径分析

　　曲面半径分析方法可以用于检查整张曲面的曲率分布情况，曲面上的不同位置的曲率情况可以通过不同的显示类型进行显示，可以非常直观地观察曲面上的曲率半径的分布情况和变化情况。单击选项卡"分析"→"更多"→"半径"　按钮，打开"面分析-半径"对话框，在"半径类型"下拉菜单中包括 8 个选项：

　　➢　"高斯"：在所选曲面上显示每个点的高斯曲率半径。

> ➤ "最大值"：在所选的曲面上显示每个点的最大曲率半径。
> ➤ "最小值"：在所选的曲面上显示每个点的最小曲率半径。
> ➤ "平均"：在所选的曲面上显示每个点的平均曲率半径。
> ➤ "正常"：显示截平面内的曲率半径，截平面由曲面法向和参考矢量方向确定。如果参考矢量方向与某点处法向平行，则该点处的曲率为 0。
> ➤ "截面"：显示截平面内的曲率半径，采用此种类型的截平面平行于参考平面，如果参考平面平行于某点处的切平面，则该点处的截面曲率为 0。
> ➤ "U"：在所选曲面上显示每个点的 U 方向曲率半径。
> ➤ "V"：在所选曲面上显示每个点的 V 方向曲率半径。

在"显示类型"下拉菜单中包括"云图""刺猬梳"和"轮廓线"3 个选项，下面分别介绍。

> ➤ "云图"：根据曲面上每一点的曲率大小产生不同的颜色，将所有点联系起来进行显示，同时配有图标显示不同颜色曲率的大小。
> ➤ "刺猬梳"：同样根据颜色来显示不同的曲率，同时通过每一点的曲率方向代表此处的曲率方向。
> ➤ "轮廓线"：通过将相同曲率半径的点连接起来构成轮廓线，即曲率等值线图，可以在进行"轮廓线"分析时显示所设置轮廓线的数目。

在"半径类型"下拉列表中选择"平均"，在"显示类型"下拉列表中选择"云图"，并选择工作区中要分析的曲面，单击"应用"按钮得到曲率半径分析结果，在工作区右侧颜色条中的不同颜色代表了不同的曲率半径，如图 7-24 所示。

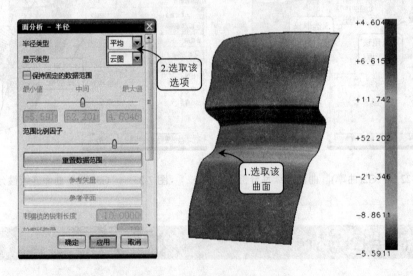

图 7-24 云图形式的曲率半径分析

在"半径类型"下拉列表中选择"U"，在"显示类型"下拉列表中选择"刺猬梳"，在"刺猬梳的锐刺长度"文本框中输入 10，并选择工作区中要分析的曲面，单击"应用"按钮得到曲率半径分析结果，右侧颜色条中的不同颜色代表了不同的曲率半径，梳齿方向表示了曲面的法向，如图 7-25 所示。

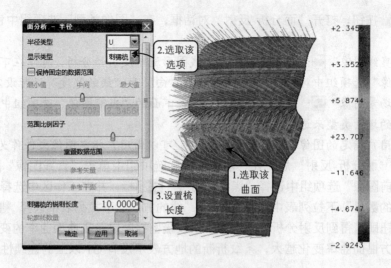

图 7-25　刺猬梳形式的曲率半径分析

在"半径类型"下拉列表中选择"最大值",在"显示类型"下拉列表中选择"轮廓线",在"轮廓线数量"文本框中输入 19,并选择工作区中要分析的曲面,单击"应用"按钮得到曲率半径分析结果,右侧颜色条中的不同颜色代表了不同的曲率半径,如图 7-26所示。

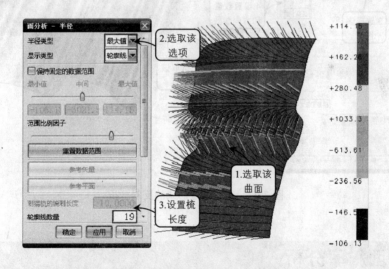

图 7-26　轮廓线形式的曲率半径分析

7.10　曲面反射分析

曲面反射分析工具能用来分析曲面的反射性并检测曲面的缺陷,可以选择使用黑色线条、彩色线条,或者模拟场景来进行反射性能的分析。单击选项卡"分析"→"面形状"

→ "反射" 按钮，打开 "面分析-反射" 对话框，在 "图像类型" 选项组中包括 3 个图像类型：

➤ "直线图像" ：表示选择使用直线图形进行反射性分析，可以在下面的 "当前图像" 选项组中对 "线的数量" "线的方向" 和 "线的宽度" 进行设定。

➤ "场景图像" ：选择此选项，可以在下面的 "当前图像" 选项组中根据系统提供的场景类型来进行曲面曲率分析。

➤ "用户指定的图像" ：选择此选项，可以由用户指定图像文件作为反射图像。

在打开 "面分析-反射" 后，在 "图像类型" 选项组中单击 "直线图像" 按钮，在下面的 "当前图像" 选项组中选择 "黑线和白线" 图标，并在工作区中选择要分析的曲面，在 "线的数量" 下拉列表中选择 16，在 "线的方向" 下拉列表中选择 "竖直"，单击 "应用" 按钮即可得到反射分析结果。图中条纹疏密程度显示了曲面曲率的变化情况，条纹越密的地方曲面曲率变化越大，条纹折断的地方表示没有 G1 以上的连续性，如图 7-27 所示。

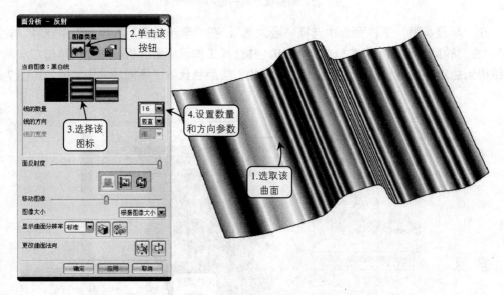

图 7-27　直线图像形式的反射分析

7.11　曲面斜率分析

曲面斜率分析工具可以用于分析曲面上每一点的法向与指定的矢量方向之间的夹角，并通过颜色图显示和表现出来。在模具设计分析中，曲面斜率分析方法应用得十分广泛，主要以模具的拔模方向参考矢量对曲面的斜率进行分析，从而判断曲面的拔模性能。

单击选项卡 "分析" → "更多" → "斜率" 按钮，打开 "面分析-斜率" 对话框，在 "显示类型" 选项组中包括 "云图" "刺猬梳" 和 "轮廓线" 3 个选项，在 "曲面半径分析" 一节中有介绍，这里不再叙述。这里选择 "云图" 选项，在对话框中单击 "参考矢量"

按钮，并在弹出的"矢量"对话框下拉列表中选择"XC 轴"作为参考矢量。单击"应用"按钮即得到斜率分析结果。右侧颜色条中的不同颜色代表了曲面上每点的法向与参考矢量方向的夹角值，如图 7-28 所示。

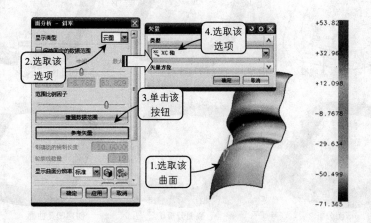

图 7-28 云图显示形式的斜率分析

7.12 案例实战——创建触摸手机上壳及截面分析

最终文件：	素材\第 7 章\触摸手机上壳.prt
视频文件：	视频\7.12 创建触摸手机上壳及截面分析.mp4

本实例是创建一个触摸手机壳体曲面，并对其进行截面分析，如图 7-29 所示。该壳体是手机外壳最主要的部分，外表面需体现美观、光滑和流线形等特点，通过曲面截面分析可以辅助分析创建曲面的质量。

7.12.1 设计流程图

在创建本实例时，可以先利用"基准平面""草图""艺术样条""直线"等工具创建一侧的基本线框，以及利用"通过曲线网格""镜像体"工具创建出手机基本曲面。利用"草图""投影曲线""修剪片体"等工具修剪凹孔曲面，并利用"桥接曲线""通过曲线网格"工具创建出凹孔曲面。最后利用"截面分析"工具以"XYZ 平面"和"等参数"的对齐方式对壳体曲面进行截面分析。如图 7-30 所示。

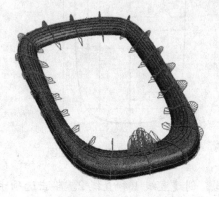

图 7-29 触摸手机上壳截面分析效果

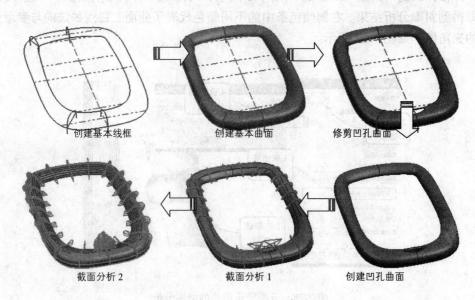

创建基本线框　　　　　　创建基本曲面　　　　　　修剪凹孔曲面

截面分析 2　　　　　　截面分析 1　　　　　　创建凹孔曲面

图 7-30　触摸手机上壳设计流程图

7.12.2　具体设计步骤

01 手机壳轮廓草图。单击选项卡 "主页" → "草图" 🔲 按钮，打开 "创建草图" 对话框，在工作区中选择 XY 平面为草图平面，绘制如图 7-31 所示的外轮廓草图。按同样的方法绘制手机壳内轮廓草图，如图 7-32 所示。

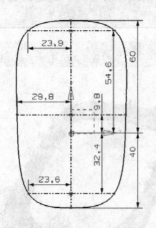

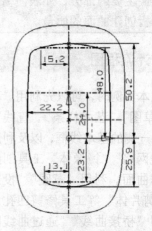

图 7-31　手机壳外轮廓草图　　　　　　　　图 7-32　手机壳内轮廓草图

02 创建直线 1 和直线 2。单击选项卡 "曲线" → "直线" ╱ 按钮，打开 "直线" 对话框，在工作区中选择内外轮廓上的两个点，绘制网格曲线的定位线，如图 7-33 所示。按同样的方法创建另一条网格曲线定位线，如图 7-34 所示。

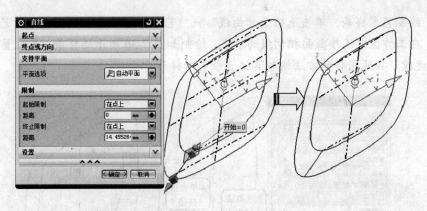

图 7-33　创建直线 1

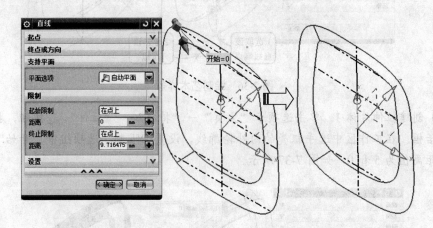

图 7-34　创建直线 2

03 绘制相切直线段。单击选项卡"曲线"→"直线" ✏ 按钮，打开"直线"对话框，在工作区中选择网格曲线定位线的端点，绘制-Z 轴方向长度为 4 的 8 条直线，如图 7-35 所示。

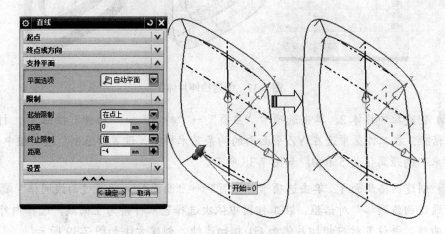

图 7-35　绘制相切直线段

04 绘制艺术样条。单击选项卡"曲线"→"艺术样条" 按钮,打开"艺术样条"对话框,在工作区中连接截面相切线的端点,绘制如图 7-36 所示的样条,并设置连续性为 G1 相切连续。按照同样的方法绘制其他 3 条艺术样条。

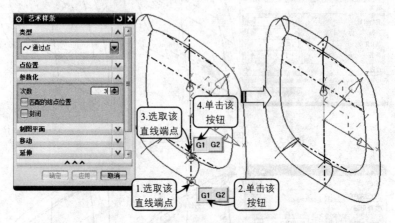

图 7-36 绘制艺术样条

05 创建拉伸片体 1。单击选项卡"主页"→"特征"→"拉伸" 按钮,打开"拉伸"对话框。在工作区中选手机壳的内外轮廓线,设置"限制"选项组中"开始"和"结束"的距离值为 5 和 0,如图 7-37 所示。

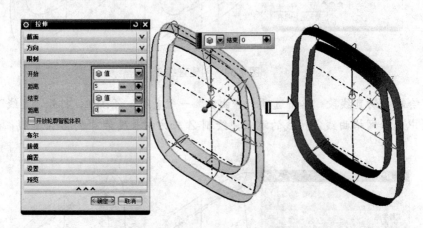

图 7-37 创建拉伸片体 1

06 创建拉伸片体 2。单击选项卡"主页"→"特征"→"拉伸"按钮 ,打开"拉伸"对话框。在工作区中选在 YZ 平面内的两条艺术样条,设置"限制"选项组中"开始"和"结束"的距离值为 5 和 0,如图 7-38 所示。

07 创建网格曲面 1。单击选项卡"主页"→"曲面"→"通过曲线网格" 按钮,打开"通过曲线网格"对话框,在工作区中依次选择艺术样条为主曲线,选择内外轮廓线为交叉曲线,并设置对应相切片体为 G1 相切连续,创建方法如图 7-39 所示。

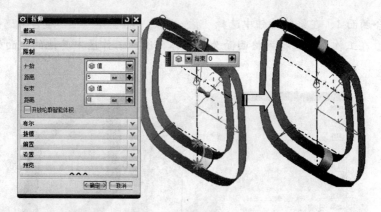

图 7-38　创建拉伸片体 2

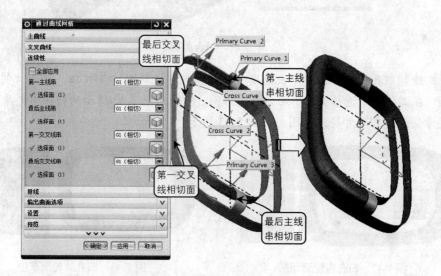

图 7-39　创建网格曲面 1

08 创建镜像体。在菜单按钮选择"插入"→"关联复制"→"抽取几何体"选项，打开"抽取几何体"对话框，在"类型"下拉列表中选择"镜像体"，在工作区中选中上步骤创建的网格曲面为目标，选择 YZ 基准平面为镜像平面，如图 7-40 所示。

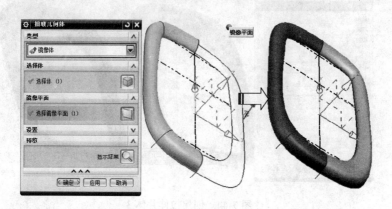

图 7-40　创建镜像体

09 缝合曲面 1。在菜单按钮中选择"插入"→"组合体"→"缝合"选项，打开"缝合"对话框，在工作区中选择网格曲面为目标体，选择工作区中其他的曲面为刀具，如图 7-41 所示。

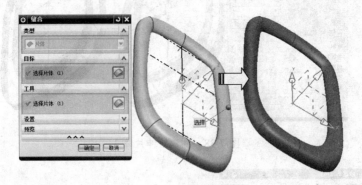

图 7-41　缝合曲面 1

10 绘制凹孔轮廓草图。单击选项卡"主页"→"草图" 按钮，打开"创建草图"对话框，在工作区中选择 XY 平面为草图平面，绘制如图 7-42 所示的凹孔内轮廓草图。按同样的方法绘制凹孔外轮廓草图，如图 7-43 所示。

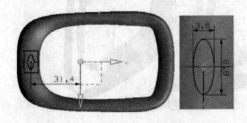

图 7-42　凹孔内轮廓草图

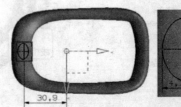
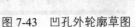

图 7-43　凹孔外轮廓草图

11 创建拉伸片体 3。单击选项卡"主页"→"特征"→"拉伸" 按钮，打开"拉伸"对话框。在工作区中选择上步骤绘制的凹孔内轮廓草图，设置"限制"选项组中"开始"和"结束"的距离值为 3 和 0，如图 7-44 所示。

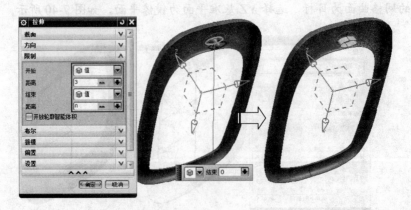

图 7-44　创建拉伸片体 3

⑫　创建投影曲线。单击选项卡"曲线"→"派生的曲线"→"投影曲线" 按钮，打开"投影曲线"对话框，在工作区中选择（10）步骤创建的凹孔外轮廓线，将其沿 Z 轴方向投影到壳体曲面上，如图 7-45 所示。

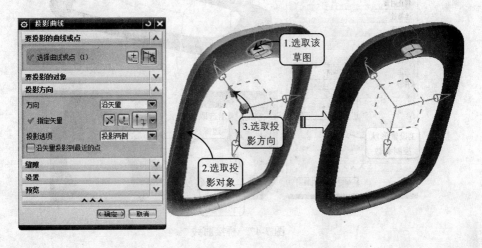

图 7-45　投影曲线

⑬　修剪片体。单击选项卡"主页"→"特征"→"更多"→"修剪片体"按钮 ，打开"修剪片体"对话框，在工作区中选择手机壳体为目标片体，选择上步骤创建的投影曲线为边界对象，修剪方法如图 7-46 所示。

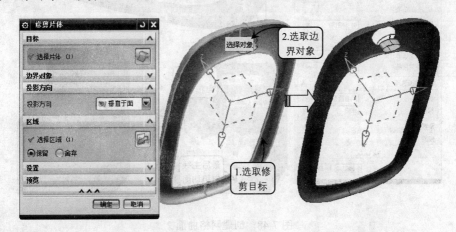

图 7-46　修剪片体

⑭　桥接曲线。单击选项卡"曲线"→"派生的曲线"→"桥接曲线" 按钮，打开"桥接曲线"对话框，在工作区中选择相椭圆拉伸片体上的侧面线端点和壳体上修剪片体上对应的曲线端点，并在对话框"形状控制"选项组中设置参数，如图 7-47 所示。按同样的方法创建另一侧桥接曲线。

⑮　创建网格曲面 2。单击选项卡"主页"→"曲面"→"通过曲线网格" 图标，打开"通过曲线网格"对话框，在工作区中依次选择内外轮廓线为主曲线，选择艺术样条

为交叉曲线，并设置对应相切片体为 G1 相切连续，创建方法如图 7-48 所示。

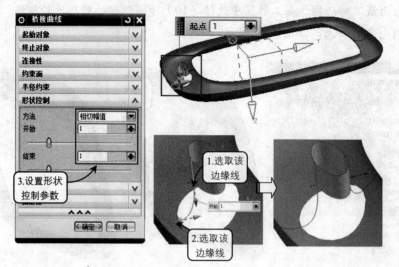

图 7-47 桥接曲线

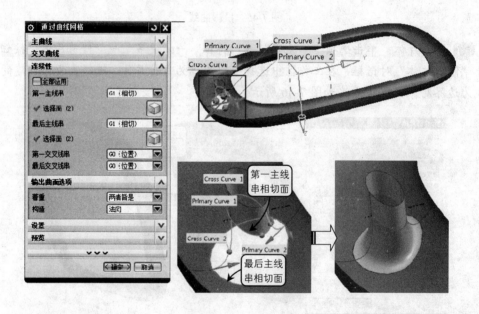

图 7-48 创建网格曲面 2

16 缝合曲面。在菜单按钮中选择"插入"→"组合体"→"缝合"选项，打开"缝合"对话框，在工作区中选择网格曲面为目标体，选择工作区中其他的曲面为刀具，如图 7-49 所示。

17 截面分析 1。在菜单按钮中选择"分析"→"形状"→"截面分析" ◈ 选项，打开"截面分析"对话框，在工作区选中手机壳体所有曲面。在"定义"选项组中设置"截面放置"方式为"均匀"，设置"截面对齐"方式为"XYZ 平面"，勾选"数量"选项并设置其为 10，在"间距"文本框中中输入 10。在"分析显示"选项组中勾选"显示曲率梳"

和"建议比例因子"复选框。拖动工作区中的动态坐标系到合适位置即可对曲面进行动态的截面分析，如图 7-50 所示。

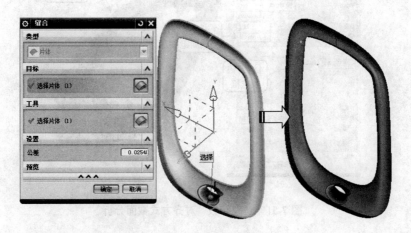

图 7-49　缝合曲面

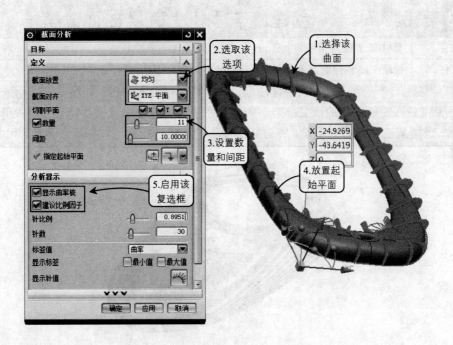

图 7-50　"XYZ 平面"对齐方式截面分析

⑱ 截面分析 2。在菜单按钮中选择"分析"→"形状"→"截面分析" ◎ 选项，打开"截面分析"对话框，在工作区选中手机壳体所有曲面。在"定义"选项组中设置"截面放置"方式为"均匀"，设置"截面对齐"方式为"等参数"，勾选"数量"选项并设置其为 11，在"间距"文本框中中输入 10。在"分析显示"选项组中勾选"显示曲率梳"复选框，即可对曲面进行截面分析，如图 7-51 所示。触摸手机壳体曲面分析完成。

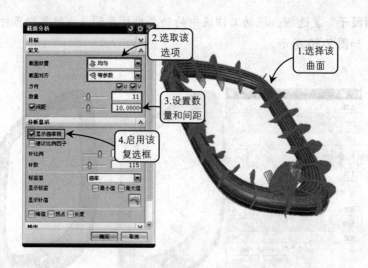

图 7-51 "等参数" 对齐方式截面分析

7.13 案例实战——创建旋盖手机上壳及曲面分析

最终文件：	素材\第 7 章\旋盖手机上壳.prt
视频文件：	视频\7.13 创建旋盖手机上壳及曲面分析.mp4

本实例是创建一个旋盖手机壳体曲面，并对其进行曲面分析，如图 7-52 所示。手机类零件是使用曲面特征最多的产品之一。为追求手机壳体表面的光滑，体现手机品味和美观等特点，还需要控制曲面的质量，并对其在模具设计中进行验证，曲面分析显得尤为重要。

图 7-52 旋盖手机上壳截面分析效果

7.13.1 设计流程图

在创建本实例时，可以先利用 "基准平面" "草图" "桥接曲线" "直线" 等工具创建手机上盖的基本线框，以及利用 "通过曲线网格" 工具创建出手机上盖的基本曲面。利用

"偏置曲线""通过曲线组"等工具创建出手机盖边缘曲面，并利用"缝合""加厚"工具创建出手机上盖。最后利用"曲面连续性""面分析-半径"和"面分析-反射"分别对手机上盖曲面进行分析如图 7-53 所示。

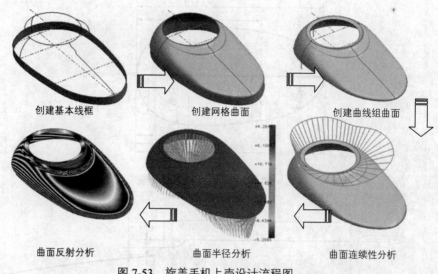

创建基本线框   创建网格曲面   创建曲线组曲面

曲面反射分析   曲面半径分析   曲面连续性分析

图 7-53 旋盖手机上壳设计流程图

7.13.2 具体设计步骤

01 绘制外壳上端轮廓草图。单击选项卡"主页"→"草图" 按钮，打开"创建草图"对话框，在工作区中选择 XZ 平面为草图平面，绘制如图 7-54 所示的外轮廓草图。

02 创建基准平面。单击选项卡"主页"→"特征"→"基准平面" 按钮，打开"基准平面"对话框，在"类型"下拉列表中选择"按某一距离"选项，在工作区中选择 XZ 平面，设置偏置距离值为 14，如图 7-55 所示。

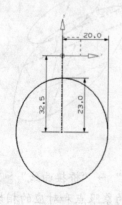

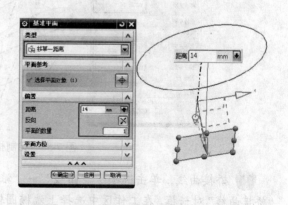

图 7-54 绘制外壳上端轮廓草图   图 7-55 创建基准平面

03 绘制外壳下端及侧面轮廓草图。单击选项卡"主页"→"草图" 按钮，打开"创建草图"对话框，在工作区中选择上步骤创建的基准平面为草图平面，绘制如图 7-56 所示

的外轮廓草图。按同样的方法以 YZ 平面为草图平面，绘制外壳侧面轮廓草图，如图 7-57 所示。

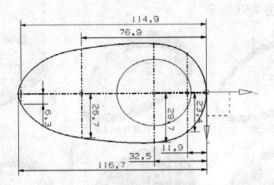

图 7-56 绘制外壳下端轮廓

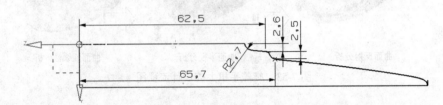

图 7-57 绘制外壳侧面轮廓

04 绘制相切直线段。单击选项卡"曲线"→"直线" ✓ 按钮，打开"直线"对话框，在工作区中选择下端轮廓线控制线的端点，绘制 Y 轴方向长度为 6 的 3 条直线，如图 7-58 所示。

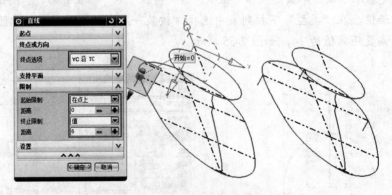

图 7-58 绘制相切直线

05 桥接曲线。单击选项卡"曲线"→"派生的曲线"→"桥接曲线" 按钮，打开"桥接曲线"对话框，在工作区中选择上端椭圆轮廓曲线的象限点和对应的相切直线端点，并在对话框"形状控制"选项组中设置参数，如图 7-59 所示。按同样的方法创建其他的 3 条桥接曲线。

06 创建拉伸片体。单击选项卡"主页"→"特征"→"拉伸" 按钮，打开"拉伸"

对话框。在工作区中选择步骤（3）绘制的壳体下端轮廓草图，设置"限制"选项组中"开始"和"结束"的距离值为 6 和 0，如图 7-60 所示。

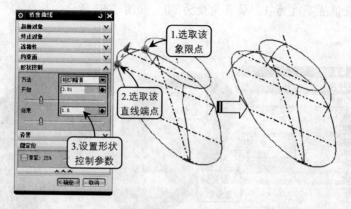

图 7-59 桥接曲线

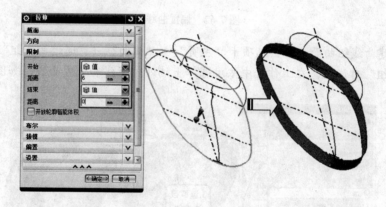

图 7-60 创建拉伸片体

07 创建网格曲面。单击选项卡"主页"→"曲面"→"通过曲线网格" 按钮，打开"通过曲线网格"对话框，在工作区中依次选择上下轮廓曲线为主曲线，选择桥接曲线和侧面轮廓线为交叉曲线，并设置对应相切片体为 G1 相切连续，创建方法如图 7-61 所示。

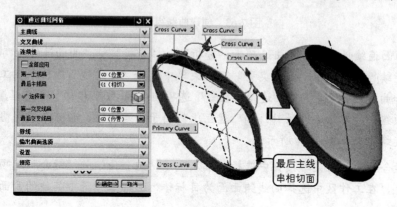

图 7-61 创建网格曲面

08 偏置曲线。单击选项卡"曲线"→"派生的曲线"→"偏置曲线" 按钮，打开 "偏置曲线"对话框，在"类型"下拉列表中选择"拔模"选项，在工作区中选择上端轮 廓曲线，并设置偏置高度为-1，偏置角度为70，如图7-62所示。

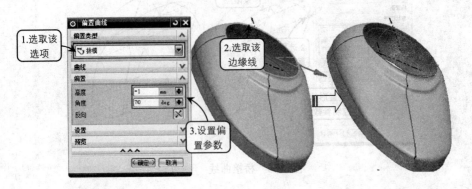

图 7-62　偏置曲线

09 创建曲线组曲面。单击选项卡"主页"→"曲面"→"通过曲线组"按钮，打开 "通过曲线组"对话框，在工作区中依次选择上端外轮廓线和偏置曲线，如图7-63所示。

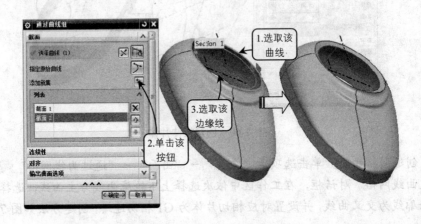

图 7-63　创建曲线组曲面

10 曲面连续性分析。单击选项卡"分析"→"分析"→"曲面连续性" 按钮，打 开"曲面连续性"对话框，在"类型"下拉菜单中选择"边到边"选项，在工作区中选择 网格曲面和曲线组曲面，勾选"连续性检查"选项组中的"G1相切"复选框，并启用"针 显示"选项组中"显示连续性针"和"建立比例因子"复选框，即可分析网格曲面和曲线 组曲面的连续性，如图7-64所示。

11 缝合曲面。在菜单按钮中选择"插入"→"组合体"→"缝合"选项，打开"缝 合"对话框，在工作区中选择曲线组曲面为目标体，选择工作区中其他的曲面为刀具，如 图7-65所示。

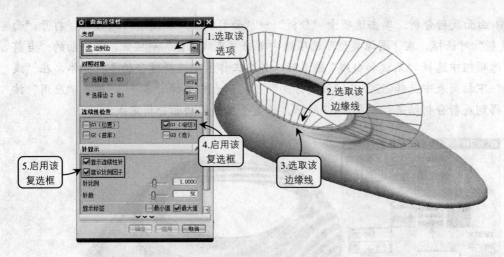

图 7-64 曲面连续性分析

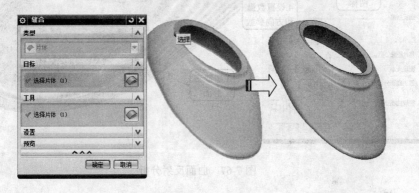

图 7-65 缝合曲面

⑫ 曲面半径分析。单击选项卡"分析"→"更多"→"半径" 按钮,打开"面分析-半径"对话框,在"半径类型"下拉菜单中选择"高斯"选项,在"显示类型"下拉菜单中选择"刺猬梳"选项,在工作区中选择缝合的曲面,单击"应用"按钮即可对手机上壳进行曲面半径分析,如图 7-66 所示。

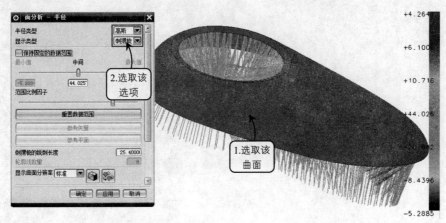

图 7-66 曲面半径分析

(13) 曲面反射分析。单击选项卡"分析"→"面形状"→"反射" 按钮,打开"面分析-反射"对话框,在"图像类型"选项组中单击"直线图像" 按钮,在下面的"当前图像"选项组中选择"黑线和白线" 图标,并在工作区中选择缝合的手机壳体,在"线的数量"下拉列表中选择 32,在"线的方向"下拉列表中选择"水平",单击"应用"按钮即可得到反射分析结果。如图 7-67 所示。旋盖手机壳体曲面分析完成。

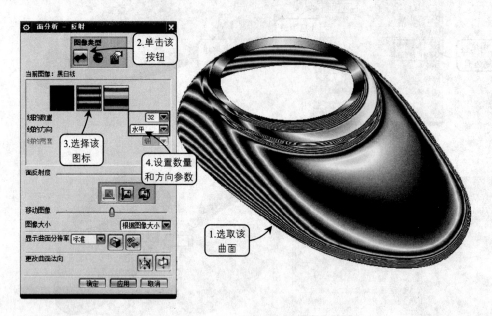

图 7-67　曲面反射分析

第 8 章
逆向工程造型

学习目标:

➢ 逆向工程简介
➢ 由点创建曲面
➢ 由极点创建曲面
➢ 由点云创建曲面
➢ 案例实战——电吹风外壳逆向造型

逆向工程通过实物模型采集大量的三维坐标点，并通过 CAD 软件对数据进行处理来重构几何模型。相对于传统的产品设计方法，逆向工程技术有设计周期短、更成熟可靠、成本更低、传承性更好等特点。随着逆向工程技术的不断发展，现已成为产品设计及生产的前沿技术之一。本章主要介绍逆向工程造型的过程、思路及方法，并以 UG NX 10 为平台，详细介绍了由点、极点和点云创建曲面的方法。本章最后通过实战案例具体的、全方位的介绍逆向工程造型具体的设计过程。

8.1 逆向工程简介

在现代科技飞速发展的情形下，如果仅仅依靠单一的思维去开发创建具有领先意识的设计方案是很困难的。特别是随着现代数字化科技的飞速发展，产品的开发领域已经向着来样设计等更快更精确要求的设计发展。像这种通过样件开发产品的过程称为逆向工程。

8.1.1 逆向工程概述

逆向工程的概念是相对于传统的产品设计流程即所谓的正向工程而提出的。正向工程是从概念设计到模型设计再到生产制造的流程。逆向工程则是通过实物模型采集大量的三维坐标点，并通过 CAD 软件对数据进行处理来重构几何模型。逆向工程是在已有实物的基础上进行再设计，相对于传统的正向设计，具有以下优点：

1）产品设计周期更短。正向设计是一个"从无到有"的过程，需预先构思好产品的功能结构，这需要灵感和缜密思考，而逆向设计是以实物为参照物，较直观，在此基础上进行复制和改进设计，可节省产品的构思时间。

2）产品设计更成熟可靠。正向设计具有一定的局限性和不可预见性，即使经验丰富的设计师也不可能考虑得面面俱到，而在已有的成熟产品上进行改进设计，风险会小很多，设计出的产品也会更成熟可靠。

3）产品设计成本更低。正向设计出来的产品一般都需要经过很多实验来测试其可靠性，无论是功能、装配和耐久性等都需要经过检验，不仅时间周期长，而且成本也较高；逆向设计的产品是在原有产品上进行改进，产品相对成熟，在试验的时间和频率上可适当减少以降低成本。

4）产品的传承性更好。参照已有的产品进行逆向设计，可以更好地继承原有产品的优点，改进其缺点，使设计的产品不断获得改进与提高。

随着逆向工程技术的不断发展，逆向工程已经成为联系新产品开发过程中各种先进技术的桥梁，被广泛应用于家用电器、汽车、飞机等产品的改型与创新设计中。逆向工程技术在实际应用中主要包括：

1）新零件的设计，主要用于产品的改型或仿型设计。

2）已有零件的复制，再现原产品的设计意图。

3）损坏或磨损零件的还原。

4）数字化模型的检测，例如，检测产品的变形量、焊接质量以及进行模型的比较等。

逆向工程不仅仅是对现实世界的模仿，更是对现实世界的改造，是一种超越。它所涉及的关键技术主要包括：三维实体几何形状数据采集、规则或大量离散数据处理、三维实体模型重建和加工等。

8.1.2　三坐标测量仪采集数据

三坐标测量仪是近几十年来随着计算机和机床业的飞速发展而产生的一种高效、高精度的测量仪器。它采用坐标测量的原理，在计算机软件的控制和驱动下，完成对工件几何尺寸和形位公差的三坐标数据采集；它有机地结合了数字控制技术，利用了计算机软件技术，采用了先进的位置传感技术和精密机构技术，并使之完美结合；它顺应了硬件软件化的技术发展方向，使诸如齿轮、凸轮、涡轮蜗杆等以前需要专用检测设备才能完成的工件，现在可用通用的三坐标测量仪来进行数据采集，结合相应的测量、评价软件来实现专业的检测、评价。通过了解三坐标测量仪的原理，人们很容易知道其优越的特性：高效、高精度、高柔性和相当的专用性。

在实际曲面产品设计中，很多情况下只有样件或模型，要获得其 CAD 数学模型，一般都是利用三坐标测量仪来完成可靠地三维数据的测量。三坐标测量仪作为逆向工程中的硬件设备，相对于其他类型的设备，由于具有精度高、价格低、易操作、数据量少、易于后续处理等优点被广泛地应用，是逆向工程实现的基础和关键技术之一，也是逆向工程中最基本、最不可缺少的工具。我们通常把三坐标测量仪在逆向工程中的应用称作曲面扫描。

8.1.3　数据采集规划

采集规划的目的是使采集的数据正确而又高效。正确是指所采集的数据足够反映样件的特性而不会产生误导误解；高效是指在能够正确表示产品特性的情况下，所采集的数据尽量少、所走过的路径尽量短、所花费的时间尽量少。对产品数据采集，有一条基本的原则：沿着特征方向走，顺着法向方向采集。就好比火车，沿着轨道走，顺着枕木采集数字信息。这是一般原则，实际应用应根据具体产品和逆向工程软件来定，下面分别介绍：

1．规则形状的数据采集规划

对规则形状诸如点、直线、圆弧、平面、圆柱、圆锥、球等，也包括扩展规则形状如双曲线、螺旋线、齿轮、凸轮等，数据采集多用精度高的接触式探头，依据数字定义这些元素所需的点信息进行数据采集规划，这里不做过多说明。虽然我们把一些产品的形状归结为特征，但现实产品不可能是理论形状，加工、使用环境的不同，也影响着产品的形状。作为逆向工程的测量规划，就不能仅停留在"特征"的抽取上，更应考虑产品的变化趋势，即分析形位公差。

2．自由曲面的数据采集规划

对非规则形状的曲面统称自由曲面，多采用接触式探头或非接触式探头，或二者相结合的方式采集点数据。原则上要描述自由形状的产品，只要记录足够的数据点信息即可，但评判足够数据点是很难的。实际数据采集规划中，多依据工件的整体特征和流向，进行

顺着特征和法向特征的方式采集数据，特别对于局部变化较大的地方，多采用此类方式进行分块采集数据。

3．智能数据采集规划

当前智能数据采集还处于刚开始阶段，但它是三坐标测量仪所追求的目标，它包括样件自动定位、自动元件识别、自动采集规划和自动数据采集。

4．逆向工程中产品重建规划

逆向工程的数据处理过程包括：分析现有产品或系统，对其原理进行抽取，结合新技术、改进并超越现有产品，然后在逆向的基础上转化为正向工程的模式，通过线架重建直接改良和继承来完成设计

8.1.4 UG 逆向工程造型一般流程

UG 的逆向造型遵循测量点→拟合曲线→重构曲面的流程。

➢ 测量点：在测量点之前需要由设计人员提出测量点时的要求。一般原则是在曲率变化比较大的地方多测量一些点，而在曲率变化平缓的地方只需测较少的点。对于分型线盒轮廓线等特征线也要多测量一些点，这会在重构曲面时带来方便。

➢ 拟合曲线：在拟合曲线之前要先对测量得到的点进行整理，去除有缺陷或错误的点，然后进行点连线操作。连分型线点时要尽量做到误差最小并且曲线光滑，连线可用直线、圆弧或样条曲线，最常用的是样条曲线。

➢ 重构曲面：可以采用前面几章介绍的多种创建曲面的方式进行曲面重构，包括直纹面、通过曲线组的曲面、通过曲线网格的曲面以及扫掠曲面等。重构一个单张并且比较平坦的曲面时，可以直接采用下面要介绍的由点云创建曲面的方法，但这种方法不适用于构造曲率变化较大的曲面。有时可以通过桥接曲面操作来填补曲面之间的空隙。总而言之，逆向工程造型时，需要灵活选用创建曲面的方式进行曲面重构。

8.2 由点创建曲面

由点创建曲面是指通过指定矩形点阵来创建自由曲面，创建的曲面通过所指定的点。矩形点阵的指定可以通过点构造器在模型中选取或者创建，也可以事先创建一个点阵文件，通过指定点阵文件来创建曲面。单击选项卡"曲面"→"曲面"→"更多"→"通过点"◈按钮，或在菜单按钮中选择"插入"→"曲面"→"通过点"选项，打开"通过点"对话框，如图 8-1 所示。对话框中选项的含义介绍如下：

➢ 补片类型：是指生成的自由曲面是由单个组成还是多个片体组成。一般情况下尽量选用"多个"，因为多个片体能更好地与所有指定的点阵吻合，而"单个"在创建较复杂平面时容易失真，如图 8-2 和图 8-3 所示。

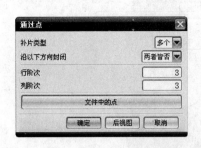

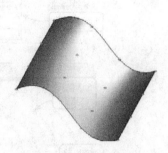

图 8-1　"通过点"对话框　　　图 8-2　"多个"效果图　　　图 8-3　"单个"效果图

➤ 沿以下方向封闭：是指用于指定一种封闭方式来封闭创建的自由曲面，共有 4 种方式。"两者皆否"表示行列都不封闭；"行"表示点阵的第一列和最后一列首尾相接；"列"表示点阵的第一行和最后一行首尾相接；"两者都是"表示行和列都封闭。一般情况下选择"两者都是"会形成实体而非片体，4 种封闭方式的效果如图 8-4 所示。

➤ 行阶次：是指在 U 向为自由曲面指定阶次，系统默认的阶次是 3，用户可以根据自己的需要设置不同的行阶次，但必须注意一点，行数要比阶次至少大 1，例如行阶次为 3，行数就必须大于或等于 4。

➤ 列阶次：列阶次是指在 V 向为自由曲面指定阶次，系统默认的阶次是 3，用户可以根据自己的需要设置不同的列阶次，同样列数比列阶次至少大 1。

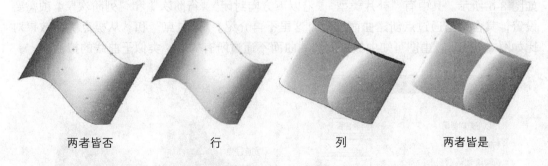

两者皆否　　　　　　行　　　　　　　列　　　　　　两者皆是

图 8-4　"沿以下方向封闭"效果图

设置完上述 4 个参数后，可以单击"文件中的点"按钮，通过指定点数据文件来创建曲面，也可以直接单击"确定"按钮，打开"过点"对话框，其中前面 3 项都是用于指定模型中已存在的点，而最后一项"点构造器"用于在模型中构造点来作为通过点，这里选择"全部成链"，在工作区中按顺序依次选择每行的终点和起点，系统会自动确定一行中的所有点，选择完毕后单击"确定"按钮即可创建出相应的自由曲面，具体操作方法如图 8-5 所示。

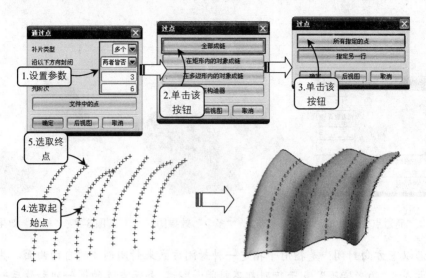

图 8-5　由点创建曲面

8.3 由极点创建曲面

由极点创建曲面是指通过指定矩形点阵来创建自由曲面，创建的曲面以指定的点作为极点，矩形点阵的指定可以通过点构造器在模型中选取或者创建，也可以事先创建一个点阵文件，通过指定点阵文件来创建曲面。

在菜单按钮中选择"插入"→"曲面"→"从极点"选项，打开"从极点"对话框，如图 8-6 所示。其中有"补片类型""沿以下方向封闭""行阶次"和"列阶次"4 项需要设置，其含义与通过点创建曲面相同，这里不再介绍。"通过点"和"从极点"的效果对比如图 8-7 所示，由图可知由极点创建的曲面不通过所有的点，类似于曲线的拟合。

图 8-6　"从极点"对话框

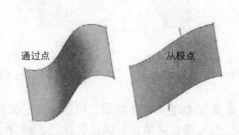

图 8-7　"通过点"和"从极点"效果对比图

由极点创建曲面的方法与由点创建曲面的方法大致相同。不同的是由极点创建曲面时只能通过一个一个的选择点来确定每一行点，所以在选择每行点时要注意选择点的顺序要一致，具体操作方法如图 8-8 所示。

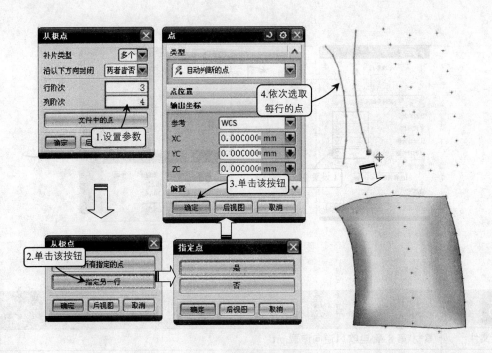

图 8-8　由极点创建曲面

8.4　由点云创建曲面

由点云创建一个近似于一个大的点云的曲面，通常由扫描和数字化产生。虽然在使用中受到一定的限制，但此功能使用户能从很多点中用最少的交叉生成一个片体，生成的曲面比"通过点"和"从极点"生成的曲面更加光滑，但不如后两者更接近于原始点。菜单按钮中选择"插入"→"曲面"→"从点云"选项，打开"从点云"对话框，其中"U 向阶次""V 向阶次""U 向补片数""V 向补片数""坐标系"和"边界"6 项的含义介绍如下：

➢ U 向阶次：设置和"通过点"中的"行阶数"类似，在此不再介绍。

➢ V 向阶次：设置和"通过点"中的"列阶数"类似，在此不再介绍。

➢ U 向补片数：用于指定 U 向的补片数，控制输入点的生成片体之间的距离误差。

➢ V 向补片数：用于指定 V 向的补片数，控制输入点的生成片体之间的距离误差。

➢ 坐标系：是由一个近似垂直于片体的矢量（对应于坐标系的 Z 轴）和两个指明片体的 U 向和 V 向的矢量（对应于坐标系的 X 轴和 Y 轴）组成。

➢ 边界：是让用户定义正在生成片体的边界。片体的默认边界是通过把所有选择的数据点投影到 U、V 平面上而产生的。

由点云创建曲面相比由点和极点创建曲面简单。通过鼠标圈选工作区中的点云，单击"确定"按钮后，工作区中即显示了所创建的曲面，并弹出了"拟合信息"对话框，该对话框中列出了创建的曲面与所选择的点云之间的最大距离偏差值和平均偏差值，如图 8-9

所示。

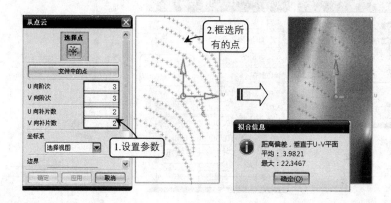

图 8-9　由点云创建曲面

8.5　案例实战——电吹风外壳逆向造型

原始文件:	素材\第 8 章\电吹风逆向造型.prt
最终文件:	素材\第 8 章\电吹风逆向造型-final.prt
视频文件:	视频\8.5 电吹风外壳逆向造型.mp4

　　本实例是逆向设计一个电吹风外壳造型，效果如图 8-10 所示。电吹风外壳主要由电动机罩、手柄、底座及出风口组成。外壳既是结构保护层，又是外表装饰件，造型美、重量轻。通过本实例的逆向造型，可以综合训练直线、艺术样条、桥接曲线、通过曲线网格、边倒圆、面倒圆、抽壳、镜像体、替换面等大部分自由曲面和特征建模工具的使用。

图 8-10　电吹风外壳逆向造型效果

8.5.1　设计流程图

　　在创建本实例时，可以先利用"基准平面""草图""艺术样条""直线""桥接曲线""投影曲线""通过曲线网格"等工具创建出电动机罩的线框和曲面，以及利用"草图""拉伸""边倒圆""软倒圆"工具创建出手柄的基本曲面。利用"拉伸""截面曲线""修剪体"等工具创建出底座曲面，并利用"拉伸""投影曲线""剖切曲面""相交曲线"等工具创建出圆角曲面。最后利用"草图""回转"工具创建出出风口曲面，即可完成本实例。如图 8-11 所示。

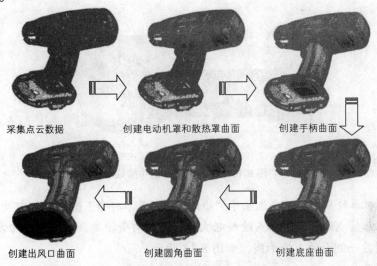

采集点云数据　　　　创建电动机罩和散热罩曲面　　　创建手柄曲面

创建出风口曲面　　　　　创建圆角曲面　　　　　　创建底座曲面

图 8-11　电吹风外壳逆向造型流程图

8.5.2　具体设计步骤

1.　创建电动机罩曲面

01 打开点云文件。在做逆向造型之前，首先要采集要逆向造型对象的点数据，本书已经为读者采集到了电吹风的点云数据。启动 UG NX 10 后，选择本章配套光盘中电吹风外壳的点云文件"电吹风逆向造型.prt"，将其打开。

02 创建拉伸片体 1。单击选项卡"主页"→"特征"→"拉伸" 按钮，打开"拉伸"对话框。在"拉伸"对话框中单击 图标，打开"创建草图"对话框，选择 XZ 平面为草绘平面，绘制如图 8-12 所示尺寸的草图，返回拉伸对话框后，在"拉伸"对话框中，设置"限制"选项组中"开始"和"结束"的距离值为 0 和 50，如图 8-12 所示。

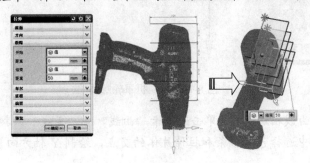

图 8-12　创建拉伸片体 1

03 绘制机罩端面边缘线。单击选项卡"主页"→"草图" 按钮，打开"创建草图"对话框，在工作区中选择上步骤位于机罩端面的片体为草图平面，绘制如图 8-13 所示的外轮廓草图。

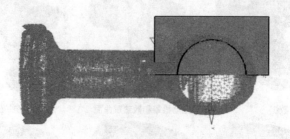

图 8-13　绘制机罩端面边缘线

04 绘制机罩轮廓线。单击选项卡"曲线"→"艺术样条" 按钮，打开"艺术样条"对话框，在工作区 XZ 平面中描点绘制电吹风侧面的两条轮廓。按照同样的方法在 XY 平面中描点绘制另一侧面的 1 轮廓线，如图 8-14 所示。

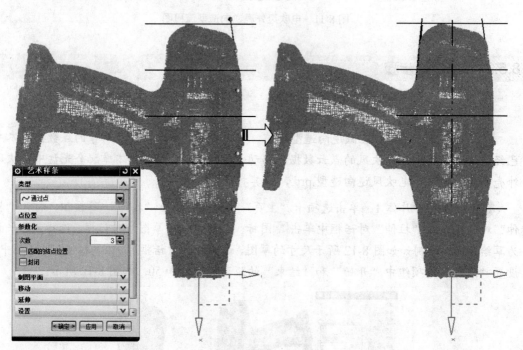

图 8-14　绘制机罩轮廓线

05 绘制网格曲线相切线 1。单击选项卡"曲线"→"直线" 按钮，打开"直线"对话框，在工作区中选择艺术样条和拉伸片体的交点，绘制 Y 轴方向长度为 20 的 8 条直线，如图 8-15 所示。

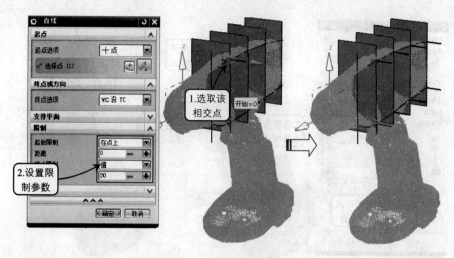

图 8-15　绘制网格曲线相切线 1

06 绘制网格曲线相切线 2。单击选项卡"曲线"→"直线" 按钮，打开"直线"对话框，在工作区中选择另一侧艺术样条和拉伸片体的交点，绘制 Z 轴方向长度为 20 的 4 条直线，如图 8-16 所示。

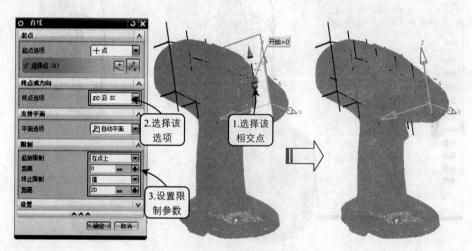

图 8-16　绘制网格曲线相切线 2

07 桥接侧面轮廓曲线。单击选项卡"曲线"→"派生的曲线"→"桥接曲线" 按钮，打开"桥接曲线"对话框，在工作区中选择步骤（5）和步骤（6）所创建的相切直线，并在对话框"形状控制"选项组中设置参数，使轮廓尽量贴合点云。按同样的方法创建另一侧轮廓桥接曲线，如图 8-17 所示。

08 创建拉伸相切片体。单击选项卡"主页"→"特征"→"拉伸" 按钮，打开"拉伸"对话框。在工作区中选择两条轮廓的边缘线，设置"限制"选项组中"开始"和"结束"的距离值为 0 和 25，如图 8-18 所示。

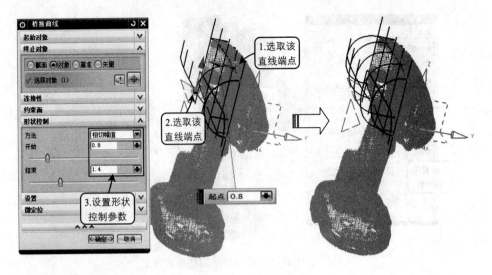

图 8-17　桥接侧面轮廓曲线

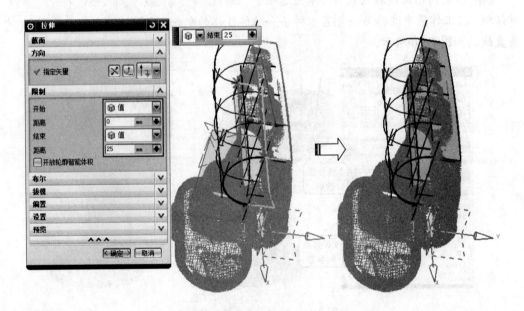

图 8-18　创建拉伸相切片体

09 创建网格曲面 1。单击选项卡"主页"→"曲面"→"通过曲线网格" 按钮，打开"通过曲线网格"对话框，在工作区中依次选择两条艺术样条为主曲线，选择 5 条桥接曲线为交叉曲线，并设置相关相切片体的连续性为 G1，如图 8-19 所示。

10 创建镜像体 1。选择菜单按钮"插入"→"关联复制"→"抽取几何体"选项，打开"抽取几何体"对话框，在"类型"下拉列表中选择"镜像体"，在工作区中选中上步骤创建的网格曲面为目标，选择 XZ 基准平面为镜像平面，如图 8-20 所示。

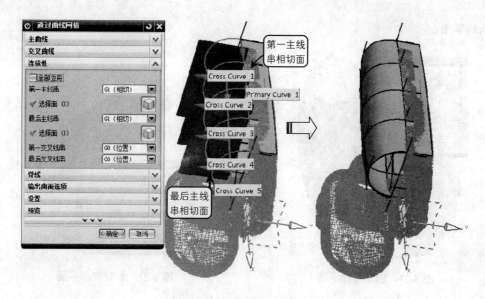

图 8-19　创建网格曲面 1

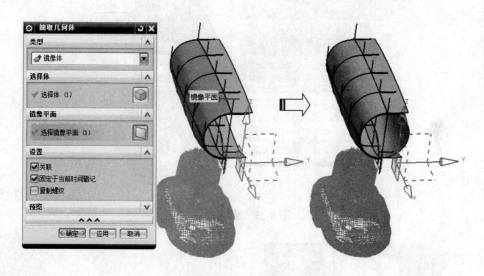

图 8-20　创建镜像体 1

(11) 创建有界平面。单击选项卡"主页"→"曲面"→"更多"→"有界平面"按钮，打开"有界平面"对话框，在工作区中选择机罩端面的轮廓线，如图 8-21 和图 8-22 所示。

(12) 缝合曲面。选择菜单按钮"插入"→"组合体"→"缝合"选项，打开"缝合"对话框，在工作区中选择有界平面为目标片体，选择其他所有面为刀具，如图 8-23 所示。

2. 创建散热罩曲面

(01) 绘制散热罩定位线 1 和定位线 2。单击选项卡"主页"→"草图" 按钮，打开"创建草图"对话框，在工作区中选择基准平面 4 为草图平面，绘制如图 8-24 和图 8-25

所示的草图。

图 8-21 创建有界平面 1

图 8-22 创建有界平面 2

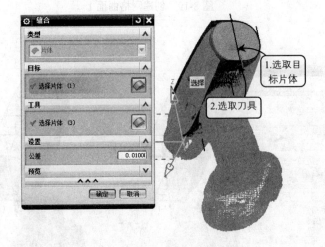

图 8-23 缝合曲面

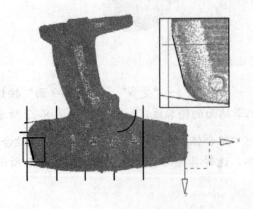

图 8-24 绘制散热罩定位线 1

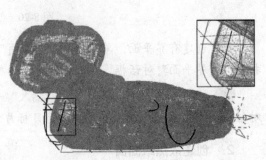

图 8-25 绘制散热罩定位线 2

02 绘制散热罩定位线 3。单击选项卡"曲线"→"艺术样条" ～ 按钮，打开"艺术样条"对话框，在工作区中绘制散热罩的定位线，如图 8-26 所示。

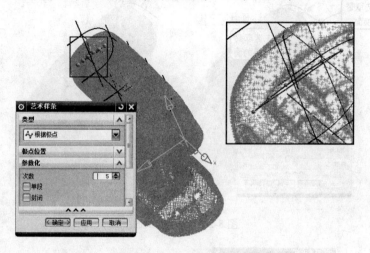

图 8-26　绘制散热罩定位线 3

03 创建散热罩定位曲面。单击选项卡"主页"→"特征"→"拉伸" 按钮，打开"拉伸"对话框。在工作区中选择上步骤绘制的艺术样条，设置"限制"选项组中"开始"和"结束"的距离值为 0 和 30，如图 8-27 所示。

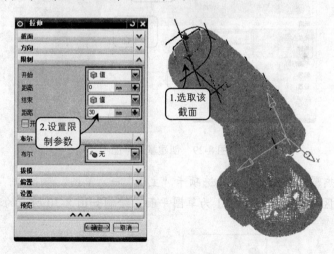

图 8-27　创建散热罩定位曲面

04 创建替换面。单击选项卡"主页"→"同步建模"→"替换面"按钮，打开"替换面"对话框，在工作区中选择电动机罩端面为"要替换的面"，选择上步骤创建的拉伸曲面为"替换面"，如图 8-28 所示。

05 创建基准平面 1。单击选项卡"主页"→"特征"→"基准平面" 按钮，打开"基准平面"对话框，在"类型"下拉列表中选择"成一角度"选项，并在工作区中选择 YZ 平面为"平面参考"，选择散热罩定位线 1 为通过轴，并设置角度为 90，如图 8-29 所示。

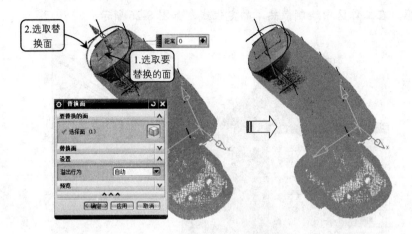

图 8-28　创建替换面

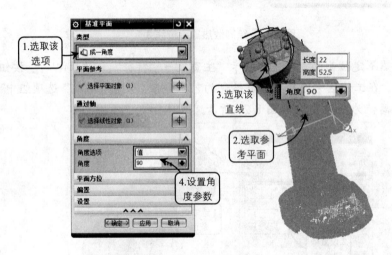

图 8-29　创建基准平面 1

06 绘制散热罩端面轮廓。单击选项卡"主页"→"草图" 按钮，打开"创建草图"对话框，在工作区中选择基准平面 1 为草图平面，绘制如图 8-30 所示的草图。

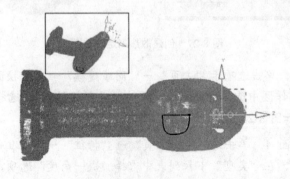

图 8-30　绘制散热罩端面轮廓

07　投影轮廓曲线。单击选项卡"曲线"→"派生的曲线"→"投影曲线"按钮，打开"投影曲线"对话框，在工作区中选择上步骤创建的外轮廓线，将其投影到电动机罩端面上，如图 8-31 所示。

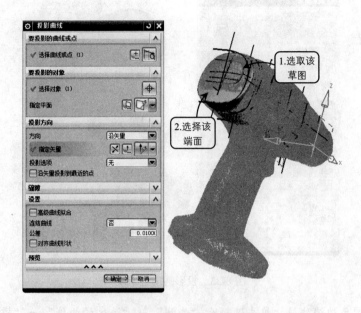

图 8-31　投影轮廓曲线

08　绘制圆角边缘线。单击选项卡"曲线"→"艺术样条"按钮，打开"艺术样条"对话框，在工作区中按照点云的形状绘制圆角边缘线，如图 8-32 所示。

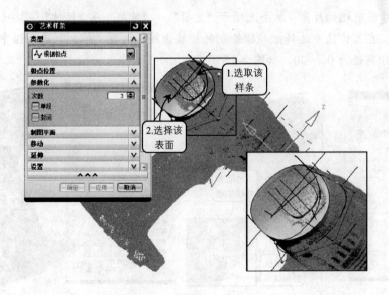

图 8-32　绘制圆角边缘线

09　投影圆角边缘线。单击选项卡"曲线"→"派生的曲线"→"投影曲线"按钮，

打开"投影曲线"对话框，在工作区中选择上步骤创建的外轮廓线，将其投影到电动机罩端面上，如图 8-33 所示。

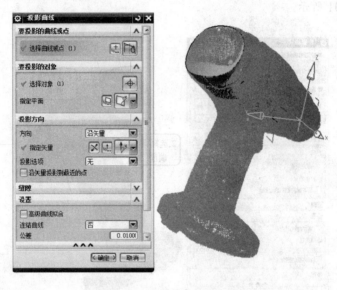

图 8-33　投影圆角边缘线

⑩ 桥接圆角边缘线 1。单击选项卡"曲线"→"派生的曲线"→"桥接曲线"按钮，打开"桥接曲线"对话框，在工作区中选择散热罩端面和电动机罩侧面的边缘线，并在对话框"形状控制"选项组中设置参数，如图 8-34 所示。按同样的方法绘制另一侧的桥接曲线。

⑪ 创建圆角相切片体。单击选项卡"主页"→"特征"→"拉伸"按钮，打开"拉伸"对话框。在工作区中选择上步骤绘制的桥接曲线，设置"限制"选项组中"开始"和"结束"的距离值为 0 和 30，如图 8-35 所示。

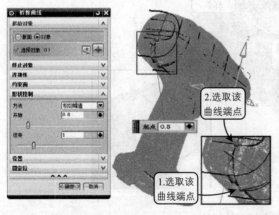

图 8-34　桥接圆角边缘线 1

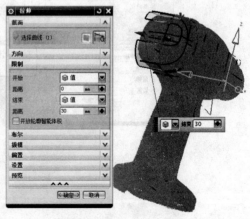

图 8-35　创建圆角相切片体

⑫ 创建圆角投影曲线 1 和曲线 2。单击选项卡"曲线"→"派生的曲线"→"投影

曲线" 按钮，打开"投影曲线"对话框，在工作区中选择散热罩定位线 3，将其投影到电动机罩端面上，如图 8-36 所示。按同样方法将侧面的艺术样条同样到电动机罩侧面上，如图 8-37 所示。

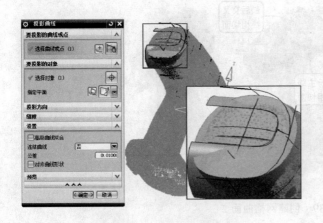

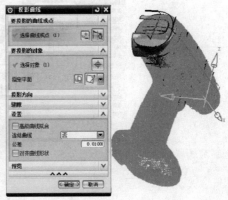

图 8-36 创建圆角投影曲线 1　　　　　　　　　　　图 8-37 创建圆角投影曲线 2

⑬ 桥接圆角边缘线 2。单击选项卡"曲线"→"派生的曲线"→"桥接曲线" 按钮，打开"桥接曲线"对话框，在工作区中选择上步骤创建的投影曲线，并在对话框"形状控制"选项组中设置参数，如图 8-38 所示。

图 8-38 桥接圆角边缘线 2

⑭ 创建网格曲面 2。单击选项卡"主页"→"曲面"→"通过曲线网格" 按钮，打开"通过曲线网格"对话框，在工作区中依次选择两条艺术样条为主曲线，选择 5 条桥接曲线为交叉曲线，并设置与相关相切片体的连续性为 G1，如图 8-39 所示。

⑮ 创建镜像体 2。选择菜单按钮"插入"→"关联复制"→"抽取几何体"选项，打开"抽取几何体"对话框，在"类型"下拉列表中选择"镜像体"，在工作区中选中上步骤创建的网格曲面为目标，选择 XZ 基准平面为镜像平面，如图 8-40 所示。

UG NX 10 中文版曲面设计从入门到精通

16 通过补片修剪圆角。选择菜单按钮"插入"→"组合体"→"补片"选项，打开"补片"对话框，在工作区中选择电动机罩实体为目标，选择上步骤创建按的网格曲面和镜像体为刀具，如图8-41所示。

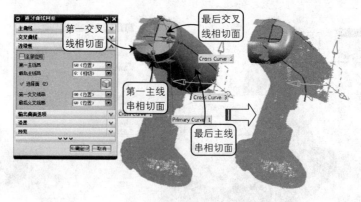

图 8-39　创建网格曲面 2

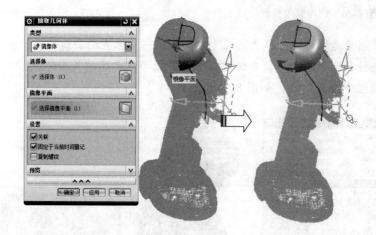

图 8-40　创建镜像体 2

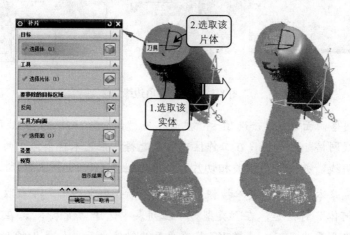

图 8-41　通过补片修剪圆角

3. 创建机罩下壳体

01 抽取实体。选择菜单按钮"插入"→"关联复制"→"抽取几何体"选项，打开"抽取几何体"对话框，在"类型"下拉列表中选择"体"选项，在工作区中选择手柄外壳的所有的实体，创建方法如图 8-42 所示。

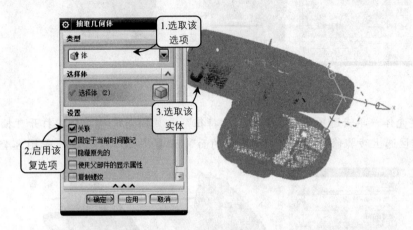

图 8-42　抽取实体

02 创建拉伸片体 2。单击选项卡"主页"→"特征"→"拉伸" 按钮，打开"拉伸"对话框。在对话框中单击 图标，打开"创建草图"对话框，选择 XZ 平面为草绘平面，绘制如图 8-43 所示尺寸的草图，返回拉伸对话框后，在"拉伸"对话框中，设置"限制"选项组中"开始"和"结束"的距离值为-35 和 35，如图 8-43 所示。

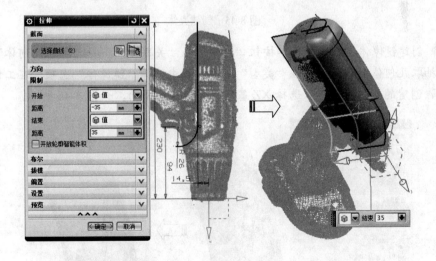

图 8-43　创建拉伸片体 2

03 创建修剪体 1。单击选项卡"主页"→"特征"→"修剪体"按钮 ，打开"修剪体"对话框，在工作区中电动机罩实体为目标，选择上步骤创建的拉伸片体 2 为刀具，方法如图 8-44 所示。

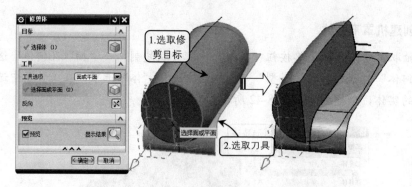

图 8-44　创建修剪体 1

04 创建壳体。单击选项卡"主页"→"特征"→"抽壳" 按钮，打开"抽壳"对话框，在工作区选上步骤修剪的面为"要穿透的面"，设置壳体厚度为 0.8，如图 8-45 所示。

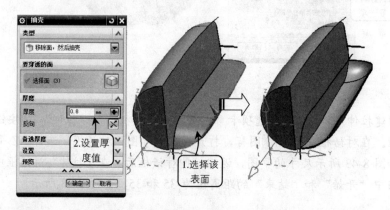

图 8-45　创建壳体

05 创建镜像体 3。选择菜单按钮"插入"→"关联复制"→"抽取几何体"选项，打开"抽取几何体"对话框，在"类型"下拉列表中选择"镜像体"选项，在工作区中选中上步骤创建的壳体为目标，选择 XZ 基准平面为镜像平面，如图 8-46 所示。

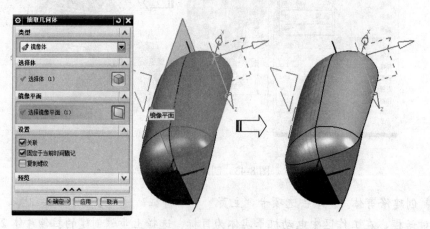

图 8-46　创建镜像体 3

06 求差实体。单击选项卡"主页"→"特征"→"求差"按钮，打开"求差"对话框，在工作区中选择另一侧的电动机罩，选择上步骤创建的镜像体为刀具，如图 8-47 所示。

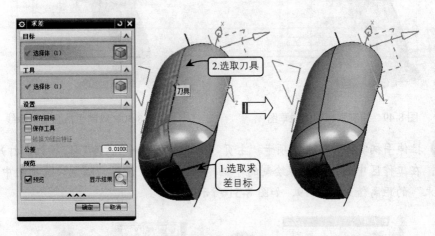

图 8-47　求差实体

07 创建镜像体 4。选择菜单按钮"插入"→"关联复制"→"抽取几何体"选项，打开"抽取几何体"对话框，在"类型"下拉列表中选择"镜像体"选项，在工作区中选中上步骤创建求差实体为目标，选择 XZ 基准平面为镜像平面，如图 8-48 所示。

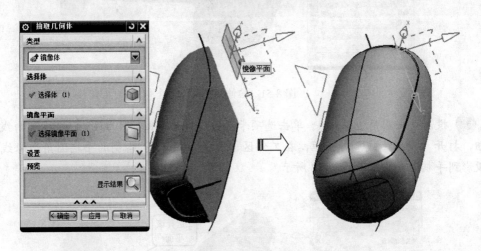

图 8-48　创建镜像体 4

4. 创建手柄曲面

01 绘制手柄轮廓线草图。单击选项卡"主页"→"草图"按钮，打开"创建草图"对话框，在工作区中选择 XZ 平面为草图平面，绘制如图 8-49 所示的草图。按同样方法绘制手柄圆角边缘线草图，如图 8-50 所示。

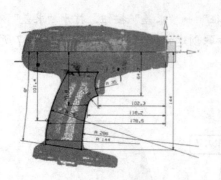

图 8-49　绘制手柄轮廓线草图

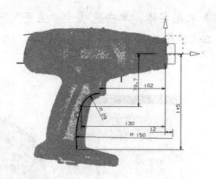

图 8-50　绘制手柄圆角边缘线

02 拉伸手柄实体。单击选项卡"主页"→"特征"→"拉伸"📖按钮，打开"拉伸"对话框。在工作区中选择上步骤绘制的手柄轮廓线草图，设置"限制"选项组中"开始"和"结束"的距离值为 0 和 19，如图 8-51 所示。

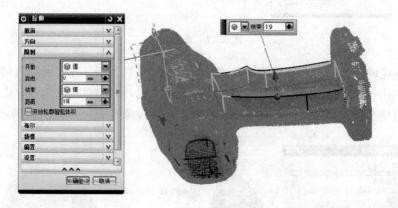

图 8-51　拉伸手柄实体

03 投影手柄圆角边缘线 1。单击选项卡"曲线"→"派生的曲线"→"投影曲线"🖿按钮，打开"投影曲线"对话框，在工作区中选择步骤（1）绘制的手柄圆角边缘线，将其投影到手柄表面上，如图 8-52 所示。

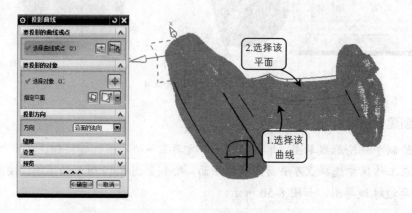

图 8-52　投影手柄圆角边缘线 1

04 创建边倒圆 1。单击选项卡"主页"→"特征"→"边倒圆" 按钮，打开"边倒圆"对话框，在对话框中设置形状为圆形，半径为 9.5，在工作区中选择手柄靠近电动机罩部分的短边缘线，如图 8-53 所示。

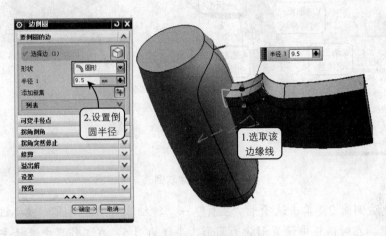

图 8-53　创建边倒圆 1

05 创建面倒圆。单击选项卡"曲面"→"曲面"→"面倒圆" 按钮，打开"面倒圆"对话框，在对话框中设置倒圆"横截面"选项组中的参数，在工作区中选择手柄靠近电动机罩的长边缘线，如图 8-54 所示。

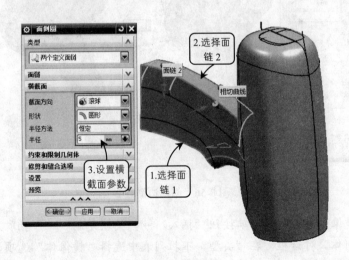

图 8-54　创建面倒圆

06 创建软倒圆。单击选项卡"曲面"→"曲面"→"编辑软倒圆" 按钮，打开"编辑软倒圆"对话框，在工作区中选择手柄上表面为第一组面，选择手柄侧面表面为第二组面，选择投影手柄圆角边缘线为第一相切曲线，选择手柄侧面边缘线为第二相切曲线，创建方法如图 8-55 所示。

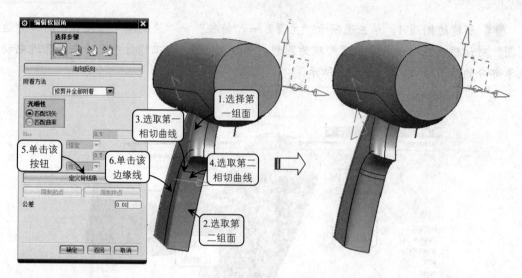

图 8-55　创建软倒圆

07 创建边倒圆 2。单击选项卡"主页"→"特征"→"边倒圆" ▇按钮，打开"边倒圆"对话框，在对话框中设置形状为圆形，半径为 1.5，在工作区中选择手柄侧面凸起的边缘线，如图 8-56 所示。

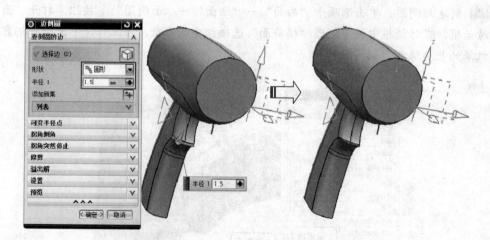

图 8-56　创建边倒圆 2

08 创建镜像体 4。选择菜单按钮"插入"→"关联复制"→"抽取几何体"选项，打开"抽取几何体"对话框，在"类型"下拉列表中选择"镜像体"选项，在工作区中选中以上步骤创建的特征为目标，选择 XZ 基准平面为镜像平面，如图 8-57 所示。

5. 创建底座曲面

01 创建基准平面 2。单击选项卡"主页"→"特征"→"基准平面" ▇按钮，打开"基准平面"对话框，在"类型"下拉列表中选择"按某一距离"选项，并在工作区中选择手柄的端面为参考平面，并设置在-Z 轴上的偏置距离为 12.4，如图 8-58 所示。

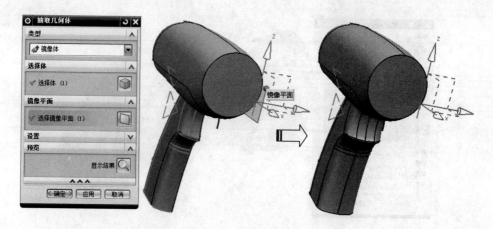

图 8-57 创建镜像体 4

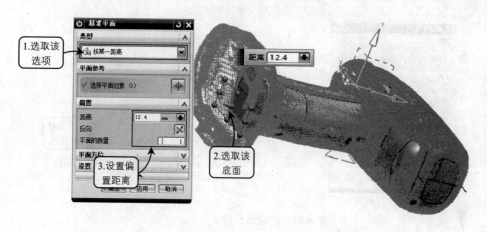

图 8-58 创建基准平面 2

02 绘制底座轮廓。单击选项卡"主页"→"草图" 🖹 按钮，打开"创建草图"对话框，在工作区中选择基准平面 2 为草图平面，绘制如图 8-59 所示的草图。

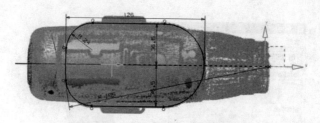

图 8-59 绘制底座轮廓草图

03 拉伸底座实体。单击选项卡"主页"→"特征"→"拉伸" 🖹 按钮，打开"拉伸"对话框。在工作区中选择上步骤绘制的底座轮廓草图，设置"限制"选项组中"开始"和"结束"的距离值为 22 和-6，如图 8-60 所示。

04 创建修剪体 2。单击选项卡"主页"→"特征"→"修剪体"按钮，打开"修剪体"对话框，在工作区中底座实体为目标，选择 XZ 平面为刀具，方法如图 8-61 所示。

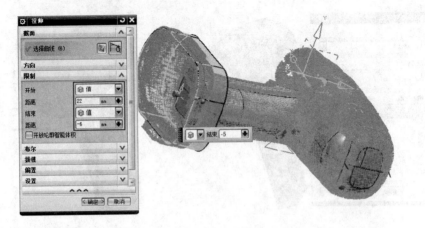

图 8-60　拉伸底座实体

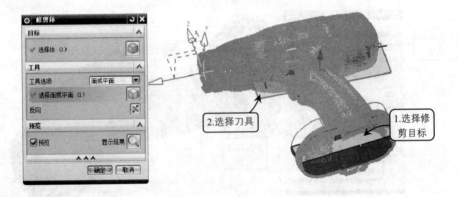

图 8-61　创建修剪体 2

05 截面曲线。单击选项卡"曲线"→"派生的曲线"→"截面曲线" 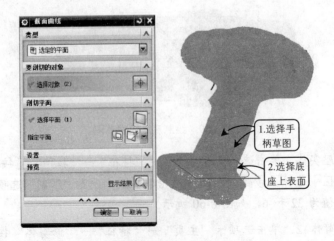 按钮，打开"截面曲线"对话框，在工作区中选择手柄轮廓线草图为"要剖切的对象"，选择底座拉伸实体的上表面为刀具，如图 8-62 所示。

图 8-62　截面曲线

06 修剪曲线 1 和曲线 2。单击选项卡"曲线"→"编辑曲线"→"修剪曲线" ← 按钮，打开"修剪曲线"对话框，在工作区中选择手柄轮廓草图为"要修剪的曲线"，选择上步骤创建的剖切点为"边界对象 1"，修剪方法如图 8-63 所示。按同样的方法创建修建曲线 2，如图 8-64 所示。

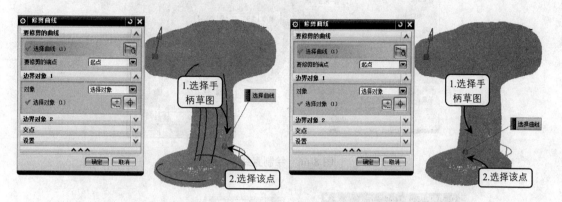

图 8-63 修剪曲线 1   图 8-64 修剪曲线 2

07 创建相交曲线 1。单击选项卡"曲线"→"派生的曲线"→"相交曲线" 按钮，打开"相交曲线"对话框，在工作区中选择手柄外表面为第一组面，选择拉伸底座实体上表面为第二组面，如图 8-65 所示。

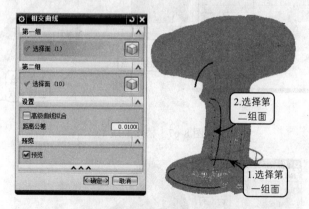

图 8-65 创建相交曲线 1

08 绘制直线 1。单击选项卡"曲线"→"直线" / 按钮，打开"直线"对话框，在工作区中绘制底座上表面的定位线，如图 8-66 所示。

09 桥接曲线 1。单击选项卡"曲线"→"派生的曲线"→"桥接曲线" 按钮，打开"桥接曲线"对话框，在工作区中选择以上步骤的修剪曲线和直线，并在对话框"形状控制"选项组中设置参数，使轮廓尽量贴合点云，如图 8-67 所示。

10 绘制相切直线。单击选项卡"曲线"→"直线" / 按钮，打开"直线"对话框，在工作区中绘制底座侧面的相切直线，如图 8-68 所示。按同样方法绘制另一侧相切直线。

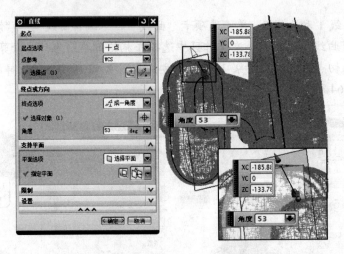

图 8-66 绘制直线 1

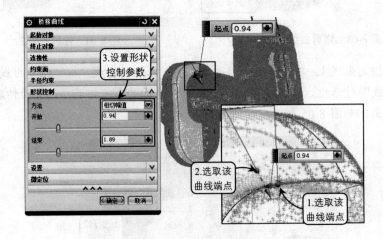

图 8-67 桥接曲线 1

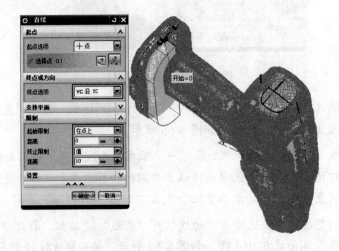

图 8-68 绘制相切直线

11 绘制上轮廓曲线。单击选项卡"曲线"→"曲线"→"曲面上的曲线" 按钮，打开"曲面上的曲线"对话框，在工作区中选择底座侧面，并选择与上步骤绘制的相切直线为 G1 相切连续，在侧面上描点尽量贴合圆角点云，如图 8-69 所示。

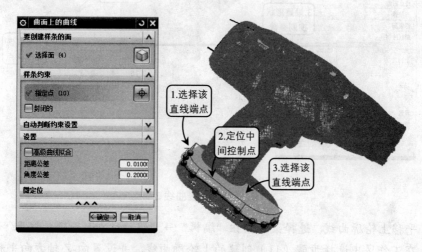

图 8-69　绘制上轮廓曲线

12 绘制直线 2。单击选项卡"曲线"→"直线" 按钮，打开"直线"对话框，在工作区中绘制底座上表面另一侧的定位线，如图 8-70 所示。

图 8-70　绘制直线 2

13 桥接曲线 2。单击选项卡"曲线"→"派生的曲线"→"桥接曲线" 按钮，打开"桥接曲线"对话框，在工作区中选择手柄轮廓线上的修剪曲线和直线 3，并在对话框"形状控制"选项组中设置参数，使轮廓尽量贴合圆角点云，如图 8-71 所示。

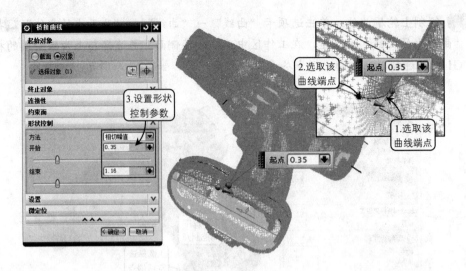

图 8-71 桥接曲线 2

14 平移上轮廓曲线。选择菜单按钮"编辑"→"移动对象"选项，打开"移动对象"对话框，在工作区中选择步骤（11）创建的上轮廓曲线，并设置向-Z轴方向平移 2，如图 8-72 所示。

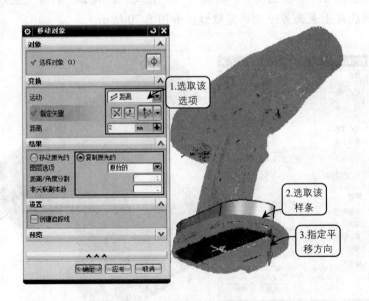

图 8-72 平移上轮廓曲线

15 修剪曲线 3 和曲线 4。单击选项卡"曲线"→"编辑曲线"→"修剪曲线" 按钮，打开"修剪曲线"对话框，在工作区中选择相交曲线为"要修剪的曲线"，选择边界点为"边界对象 1"，修剪方法图 8-73 所示。按同样的方法创建修建曲线 4，如图 8-74 所示。

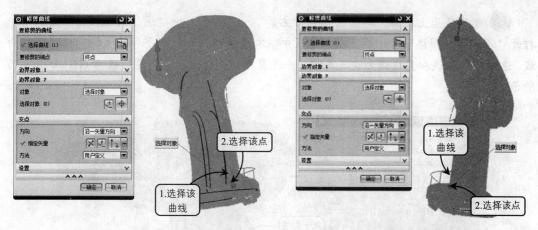

图 8-73 修剪曲线 3　　　　　　　　　　　图 8-74 修剪曲线 4

⑯ 桥接曲线 3。单击选项卡"曲线"→"派生的曲线"→"桥接曲线" 按钮，打开"桥接曲线"对话框，在工作区中选择底座相交曲线上的修剪曲线和直线 2，并在对话框"形状控制"选项组中设置参数，使轮廓尽量贴合圆角点云，如图 8-75 所示。按同的方法创建另一侧的桥接曲线，如图 8-76 所示。

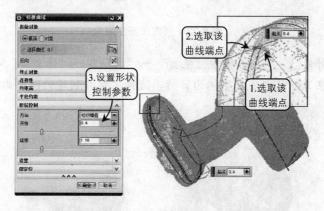

图 8-75 桥接曲线 3

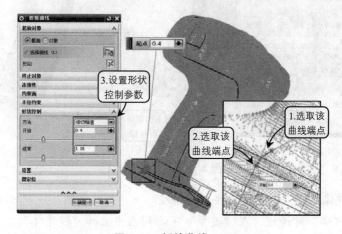

图 8-76 桥接曲线 4

⑰ 创建底座上表面。单击选项卡"主页"→"曲面"→"通过曲线网格"按钮，打开"通过曲线网格"对话框，在工作区中依次选择相切曲线和平移的上轮廓曲线为主曲线，选择桥接曲线和直线线为交叉曲线，并设置与相关相切片体的连续性为 G1，如图 8-77 所示。

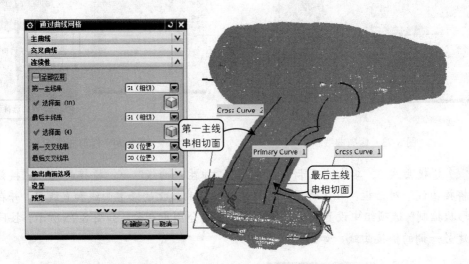

图 8-77　创建底座上表面

⑱ 创建修剪体 3。单击选项卡"主页"→"特征"→"修剪体"按钮，打开"修剪体"对话框，在工作区中底座实体为目标，选择上步骤创建的网格曲面为刀具，方法如图 8-78 所示。

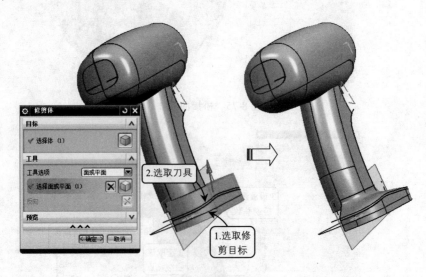

图 8-78　创建修剪体 3

⑲ 创建镜像体 5。选择菜单按钮"插入"→"关联复制"→"抽取几何体"选项，打开"抽取几何体"对话框，在"类型"下拉列表中选择"镜像体"，在工作区中选中以

上步骤创建的特征为目标，选择 XZ 基准平面为镜像平面，如图 8-79 所示。

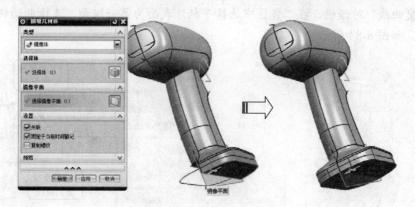

图 8-79　创建镜像体 5

6. 创建圆角曲面

01 创建艺术样条。单击选项卡"曲线"→"艺术样条" ～ 按钮，打开"艺术样条"对话框，在工作区手柄端面中描点绘制电吹风电动机罩与手柄之间圆角的大概形状，注意描点要尽量贴合圆角曲面，如图 8-80 所示。

02 创建拉伸片体 3。单击选项卡"主页"→"特征"→"拉伸" 按钮，打开"拉伸"对话框在工作区中选择上步骤绘制的艺术样条，在对话框中设置"限制"选项组中"开始"和"结束"的距离值为-10 和 30，如图 8-81 所示。

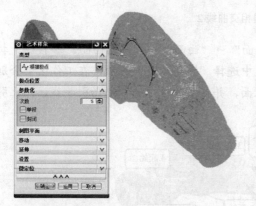

图 8-80　创建艺术样条

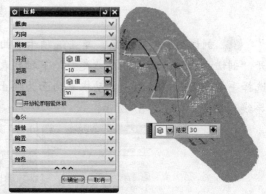

图 8-81　创建拉伸片体 3

03 绘制圆角边缘线。单击选项卡"主页"→"草图" 按钮，打开"创建草图"对话框，在工作区中选择 XZ 平面为草图平面，绘制尽量贴合点云圆角形状的边缘线草图，如图 8-82 所示。

04 投影圆角边缘线 2。单击选项卡"曲线"→"派生的曲线"→"投影曲线" 按钮，打开"投影曲线"对话框，在工作区中选择上步骤绘制的圆角边缘线草图，将其投影到手柄上，如图 8-83 所示。

05 创建相交曲线 2。单击选项卡 "曲线" → "派生的曲线" → "相交曲线" 按钮，打开 "相交曲线" 对话框，在工作区中选择手柄外表面为第一组面，选择电动机罩表面为第二组面，如图 8-84 所示。

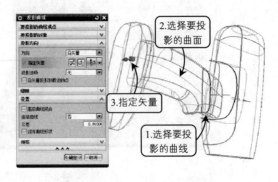

图 8-82　绘制圆角边缘线草图　　　　　　　　图 8-83　投影圆角边缘线 2

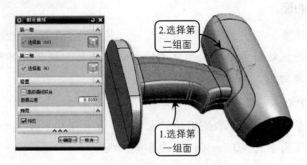

图 8-84　创建相交曲线 2

06 剖切曲面创建圆角。单击选项卡 "曲面" → "曲面" → "剖切曲面" 按钮，打开 "剖切曲面" 对话框，在 "类型" 下拉列表中选择 "圆角-Rho" 选项，在工作区中分别选择手柄表面为起始面，电动机罩曲面为终止面，并在工作区中选择起始引导线、终止引导线和脊线，如图 8-85 所示。

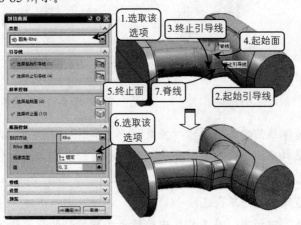

图 8-85　剖切曲面创建圆角

07 创建镜像体 6。选择菜单按钮"插入"→"关联复制"→"抽取几何体"选项，打开"抽取几何体"对话框，在"类型"下拉列表中选择"镜像体"选项，在工作区中选中以上步骤创建的特征为目标，选择 XZ 基准平面为镜像平面，如图 8-86 所示。

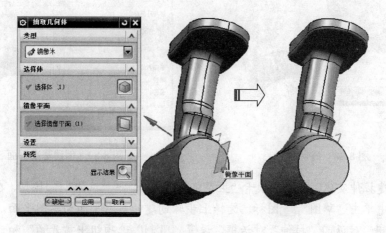

图 8-86　创建镜像体 6

08 创建 N 边曲面。单击选项卡"曲面"→"曲面"→"N 边曲面"按钮，打开"N 边曲面"对话框，在"类型"下拉列表中选择"已修剪"选择，在工作区中选择创建的曲面边缘线，如图 8-87 所示。按同样方法创建另一侧 N 边曲面。

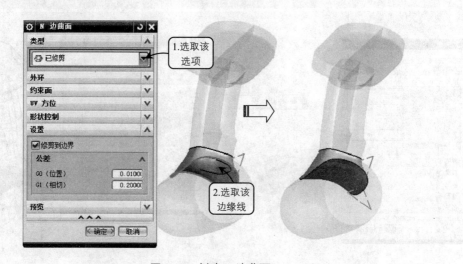

图 8-87　创建 N 边曲面

09 缝合曲面。选择菜单按钮"插入"→"组合体"→"缝合"选项，打开"缝合"对话框，在工作区中选择前窗面为目标片体，选择其他的所有曲面为刀具，如图 8-88 所示。

10 创建基准平面 3。单击选项卡"主页"→"特征"→"基准平面"　按钮，打开"基准平面"对话框，在"类型"下拉列表中选择"相切"选项，并在工作区中选择手柄中间投影的曲线为参考几何体，如图 8-89 所示。

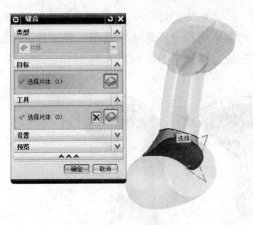

图 8-88　缝合曲面

图 8-89　创建基准平面 3

⑪ 创建拉伸实体。单击选项卡"主页"→"特征"→"拉伸" ![]按钮，在打开的"拉伸"对话框中单击"草图" ![]图标，选择上步骤创建的基准平面为草图平面，绘制比圆角曲面稍大的矩形后返回"拉伸"对话框，设置"限制"选项组中"开始"和"结束"的距离值为 0 和 40，如图 8-90 所示。

⑫ 创建修剪体 4。单击选项卡"主页"→"特征"→"修剪体"按钮，打开"修剪体"对话框，在工作区中选择拉伸实体为目标，选择步骤（10）创建的缝合曲面为刀具，方法如图 8-91 所示。

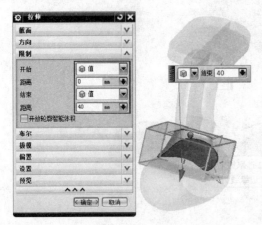

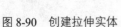

图 8-90　创建拉伸实体

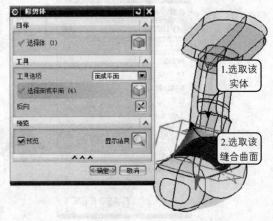

图 8-91　创建修剪体 4

7. 创建出风口曲面

① 绘制出风口截面草图。单击选项卡"主页"→"草图" ![]按钮，打开"创建草图"对话框，在工作区中选择 XZ 平面为草图平面，绘制如图 8-92 所示的草图，注意轮廓要尽量贴合点云轮廓。

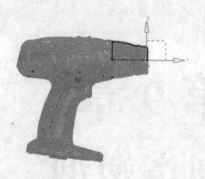

图 8-92　绘制出风口截面草图

02 创建出风口回转实体。单击选项卡"主页"→"特征"→"旋转" 按钮，打开"旋转"对话框，在工作区中选择上步骤绘制的草图轮廓为截面，并选择回转中心，如图 8-93 所示。

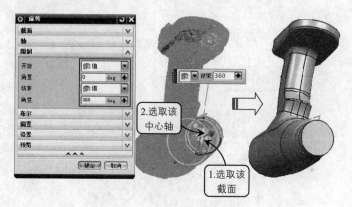

图 8-93　创建出风口回转实体

03 创建边倒圆 3。单击选项卡"主页"→"特征"→"边倒圆" 按钮，打开"边倒圆"对话框，在对话框中设置形状为圆形半径为 1，在工作区中选择出风口的边缘线，如图 8-94 所示。电吹风外壳逆向造型完成。

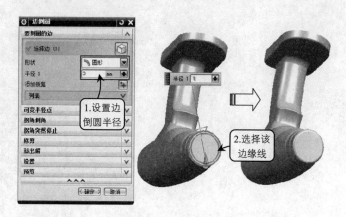

图 8-94　创建边倒圆

第 9 章
创意塑型

9.1 创意塑型概述

学习过 UG 的读者知道，UG 虽然具有强大的建模能力，只要使用熟练，生活中大部分的常见物体都能通过 UG 建模出来。但仍然有些是无法通过建模得到的，如人体、动物、植物等。这些物体所具备的一个共同特点就是外形不规则，不可控。而 UG 等工程类建模软件所侧重的却是参数化、可控的建模思路，因此在原则上就无法满足这类物体的建模条件（典型 UG 模型如图 9-1 所示）；但其他偏视觉性的建模软件，如 3Ds max、Zbrush、Rhino 等，却可以满足，即使是精细复杂的人脸曲面也能极大的还原（典型建模如图 9-2 所示）。

图 9-1　典型 UG 模型

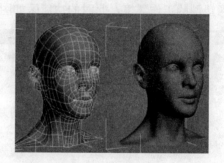

图 9-2　3Ds max 模型

两类建模软件的差异，究其原因还是在于它们所各自服务的对象不同：UG 主要的服务对象的是工厂的加工人员和加工设备，所建立出来的模型要应用到加工当中（如数控、模具等），因此它的建模能力就所限于当时大环境下的加工能力，不然就算能建立出复杂且美观的模型，但无法通过加工得到，这自然是不切实际的；而 3Ds max 主要应用于外观、影视等方面的动画建模，最终结果仍然存在于虚拟的网络空间中，因此就不需要考虑加工方面的问题，软件设计者就可以全力开拓相关的自由建模功能，让设计师充分释放自己的想象力，并能得到随心所欲的模型。

但近年来，一些新型的加工方法不断涌现，对于传统制造业的冲击正在一步步地加深。尤其 3D 打印等技术的日渐成熟，已经让产品的快速成型得到可能，只要能在计算机上设计出所需的模型，便能得到所需的实物，这无疑是加工上的一个飞跃。而与传统加工相呼应的的传统建模习惯，自然也就无法满足设计人员的使用要求了。

因此，UG 为了满足未来用户的使用需要，跟随时代的进步，于 2014 年 12 月推出了 UG NX 10，其中最大的一项改进就是新增了创意塑型命令，让 UG 建立自由形体变得可能，极大的提高了 UG 的建模能力，通过 UG 创意塑型得到模型如图 9-3 所示。

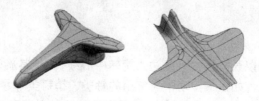

图 9-3 创意塑型示例

9.2 创意塑型的创建

创意塑型是一项独立的命令种类，在创建创意塑型时，会与草图一样打开独有的工作环境，并通过其中的命令创建所需的图形。而不管其中创建的图形有多复杂，返回建模空间后，都只会在部件导航器中留下一个特征种类："分割体"。这点类似于草图绘制，无论草图图形绘制的多复杂，在部件导航器中都只会有一个草图特征。

UG NX 10 的创意塑型命令分属在"曲面"选项卡中，单击选项卡"曲面"→"曲面"→"创意塑型"按钮📦，或者选择"菜单"→"插入"→"NX 创意塑型"命令，都能进入创意塑型的工作环境，此时的功能区如图 9-4 所示。

图 9-4 "创意塑型"的功能区

9.2.1 体素形状

"体素形状"命令可以创建创意塑型环境下的体素特征，一般用作塑型的第一道命令，类似于创建毛坯。该命令操作方法与建模环境中的一样。在创意塑型环境下单击选项卡"主页"→"创建"→"体素形状"按钮🏗，即可打开"体素形状"对话框，其中提供了 6 种体素类型，分别介绍如下：

1. 球

"球"是三维空间中到一个点的距离小于或等于某一定值的所有点的集合所形成的实体，广泛应用于机械、家具等结构设计中，如创建球轴承的滚子、球头螺栓、家具拉手等。

在创意塑型模块中，"球体"是最为常用的建模毛坯，任何复杂的模型都可以通过球体毛坯来得到。相较于建模环境下的球体命令，创意塑型模块下球体的创建方法只有一种，即"中心点和直径"，指定中心点，输入大小尺寸，即可创建球体。

创建后会同时产生包裹球体的蓝色框架，这种蓝色框架便是创意塑型命令的主要操作部分，通过对框架的面、线、点操作来创建所需模型。"球体"体素创建后会产生 6 个相等的框架面，通过对框架的操作便可获得自由形状，如图 9-5 所示。

注 意：这里需要明确指出的是，所输入的数值大小并不是球体的直径大小，而是包裹球体的蓝色框架边长，下同。

2. 圆柱

圆柱体可以看作是以长方形的一条边为旋转中心线，并绕其旋转 360° 所形成的实体。此类实体特征比较常见，如机械传动中最常用的轴类、销钉类等零件。如果要创建这一类的模型，可以创建圆柱体毛坯。创建方法只保留了"轴、直径和高度"，创建完成后同样会生成 6 面体框架，如图 9-6 所示。

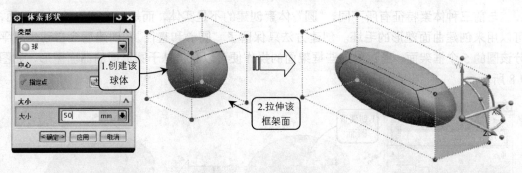

图 9-5　"球"体素形状

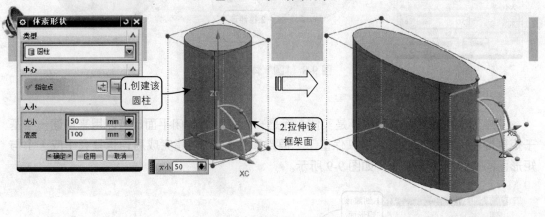

图 9-6　"圆柱"体素形状

3.　块

　　"块"体素即长方体体素，利用该工具可直接在绘图区创建长方体或正方体等一些具有规则形状特征的三维实体，并且其各边的边长通过具体参数来确定，在创建一些座体类零部件时可以用块体来做毛坯。创建方法只保留了"原点和边长"，创建完成后生成与块体面重合的框架，如图 9-7 所示。

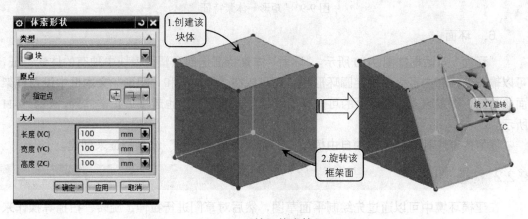

图 9-7　"块"体素特征

4. 圆

与前三种体素特征有所不同，"圆"体素创建的不是实体，而是一个圆形的封闭平面，可以用来创建曲面塑形的毛坯。创建方法只保留了"圆心和直径"，创建后会自动生成平分该圆的 5 个框架面，通过对这些框架面的操作便可以获得基于圆形面的曲面图形，如图9-8 所示。

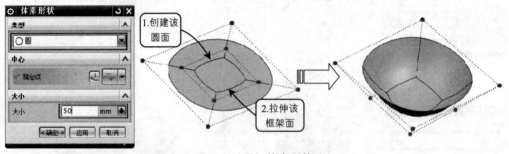

图 9-8　"圆"体素形状

5. 矩形

"矩形"体素创建的同样不是实体，而是一个矩形的封闭平面，可以用来创建一些基于矩形的曲面塑形。创建方法只保留了"原点和边长"，创建完成后，也只会生成一个与矩形面同样大小的框架面，如图 9-9 所示。

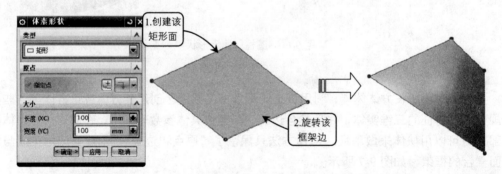

图 9-9　"矩形"体素特征

6. 环面

"环面"对话框如图 9-10 所示。"环面"体素特征是创意塑型模块中独有的体素特征，可以输入外径和内径大小确定圆环形状，还可以在"径向"和"圆形"文本框中设置框架面的数量，数量越多，圆环面的可控框架就越多，模型效果也越接近正常体素，如图 9-11 所示。

任何内部带孔或者间隙的自由模型，都可以通过"环面"体素特征来创建。

9.2.2 构造工具

在建模环境中可以通过先绘制平面草图，然后对草图进行拉伸、旋转、扫掠等操作来得到所需的模型。同样，在创意塑型模块下，也可以通过这种方式来创建所需的模型。与建模环境所不同的是，创意塑型模块下可供拉伸旋转的不是草图元素，而是框架线，也就是上文中包裹体素模型的蓝色框架边。

图 9-10 "环面"对话框

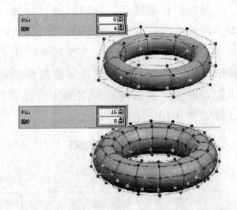

图 9-11 段数与模型的关系

除了创建体素形状间接得到自动生成的框架线外，还可以通过"构造工具"选项组绘制出草图形状。"构造工具"命令就相当于是创意塑型模块下的草图，但是却不如建模中的草图强大，操作与空间曲线的绘制方法一致，目前只能绘制点、线段、圆弧和多段线等基本线型，还无法进行编辑和其他操作。

通过"构造工具"命令绘制好图形后，可以单击选项卡"主页"→"多段线"→"抽取框架多段线"按钮，打开"抽取框架多段线"对话框，对话框中的命令含义说明如下：

➢ "段数"文本框：转换后生成的框架线段数。段数越多，生成的框架线与原曲线越接近，可供操作的线框也越多，模型越复杂。

➢ "输入曲线"下拉列表：包含3个选项。"保留"选项即保留原始曲线，不做更改；"隐藏"可将原始曲线消隐；"删除"即将原始曲线删除。

转化生成框架线的过程如图 9-12 所示。

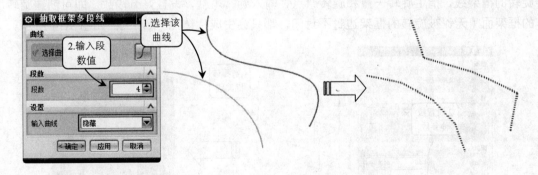

图 9-12 转换构造工具为框架线

注 意：由于在创意塑型模块下通过构造工具生成的曲线是无法被单独删除掉的，退出创意塑型模块时也不会被保留。因此为了使图形空间保持整洁，通常在将其转换为框架线时选择"隐藏"或"删除"；而如果是建模环境下创建的曲线，则无法被"删除"，只能选择"隐藏"将其消隐。

9.2.3 拉伸框架

绘制好框架线后，就可以通过拉伸、旋转等操作来获取所需的模型。在创意塑型模块中，拉伸命令被称为"拉伸框架"，操作方法与建模环境下的拉伸命令一致。

在创意塑型模块下单击选项卡"主页"→"创建"→"拉伸框架"按钮，打开"拉伸框架"对话框，然后选择需要拉伸的框架线，指定拉伸方向，输入拉伸距离，设置好分段数，即可创建拉伸的框架面（无论被拉伸的框架边封不封闭，都只会生成片体）。操作过程如图 9-13 所示。

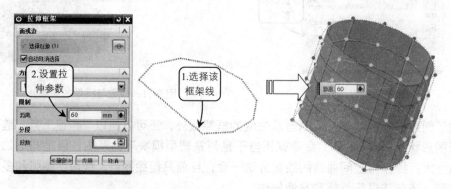

图 9-13 "拉伸框架"操作示例

9.2.4 旋转框架

旋转框架是将框架线绕所指定的旋转轴线旋转一定的角度而形成的实体模型，如带轮、法兰盘和轴类等零件都可以通过旋转框架命令来获得近似模型。

在创意塑型模块下单击选项卡"主页"→"创建"→"拉伸框架"按钮旁边的，展开下拉列表，单击其中"旋转框架"按钮，打开"旋转框架"对话框，然后选择需要旋转的框架线，指定旋转矢量和旋转原点，输入旋转角度，设置好分段数，即可创建旋转的框架面（无论被旋转的框架边封不封闭，都只会生成片体）。操作过程如图 9-14 所示。

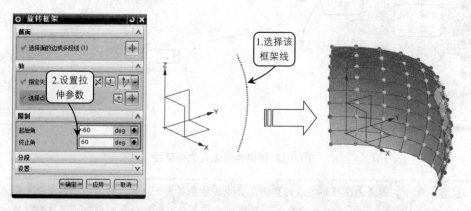

图 9-14 "旋转框架"操作示例

9.2.5　放样框架

"放样框架"可以在选定的面边和多段线集之间创建可控制框架面的放样。"放样框架"的操作类似于建模环境中的"通过曲线组",需要指定两个或两个以上的框架线截面来创建放样框架,其余操作方法与建模环境中的一致。

在创意塑型模块下单击选项卡"主页"→"创建"→"放样框架"按钮，打开"放样框架"对话框,然后依次选择框架线构成的截面(至少两个),即可生成放样的框架面。与之前的拉伸、旋转框架操作一样,放样框架所创建的框架面同样是片体,而不是实体。操作过程如图 9-15 所示。

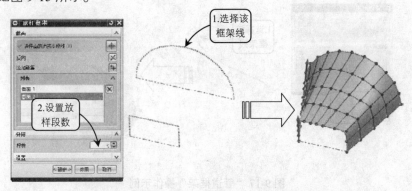

图 9-15　"放样框架"操作示例

9.2.6　扫掠框架

扫掠框架是将一个截面框架图形沿指定的引导框架线运动,从而创建出三维框架片体,其引导线可以是直线、圆弧、样条等曲线转换而来的框架线。在创建具有相同截面轮廓形状并具有曲线特征的框架模型时,可以先在两个互相垂直或成一定角度的基准平面内分别创建具有实体截面形状特征的草图轮廓线和具有实体曲率特征的扫掠路径曲线,然后进入到创意塑型模块中,利用"抽取框架多段线" 命令将其转换为框架线,再单击选项卡"主页"→"创建"→"扫掠框架"按钮，指定截面和引导框架线,单击"确定"即可创建出所需的框架模型。这里需要指出的是,扫掠框架最多只能有两根引导线,而不是建模中的 3 根。操作过程如图 9-16 所示。

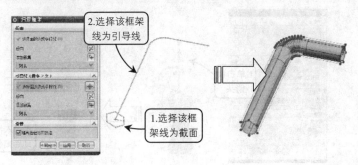

图 9-16　"扫掠框架"操作示例

9.2.7 管道框架

管道框架是沿曲线扫掠生成的空心圆面管道，创建管道时不需要扫掠截面，只需选择扫掠路径并输入管道框架的大小和段数即可。这里需要注意的是，大小指的是包裹管道模型的框架大小，而非管道的大小，具体可参考体素框架。另外，段数越多，所创建的管道框架越精细，模型也越复杂。在创意塑型模块下单击选项卡"主页"→"创建"→"管道框架"按钮，打开"管道框架"对话框，然后选择要生成管道的框架线，单击"确定"按钮即可创建管道框架。操作过程如图 9-17 所示。

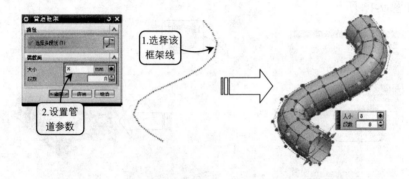

图 9-17 "管道框架"操作示例

9.3 创意塑型的修改

通过构造工具和其他方法创建出创意塑型的毛坯体后，还要对毛坯体进行十分繁复的修改，方能得到最终理想的自由模型。本小节将介绍几种常用的创意塑型修改方法。

9.3.1 变换框架

"变换框架"是创意塑型中最为常用的修改操作之一，也是用来构建理想自由模型的主要命令。先创建创意塑型的毛坯（如体素特征、旋转、拉伸框架等），然后再在该基础上选择框架面、线或者点，最后通过"变换框架"命令进行调整和修改，即可得到我们所需的模型，如图 9-18 所示。

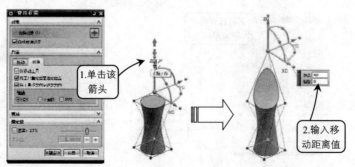

图 9-18 移动框架顶点

"变换框架"是一个全新的命令，与建模环境下各个命令都不相同，具体的差异如下：

➤ 无参数："变换框架"操作所生成的新特征是没有参数的，无法像建模环境下的命令有参数可控，"变换框架"操作完全靠设计者通过对活动坐标系的移动或旋转来完成，因此是不可控的。但可以通过单击活动坐标系的箭头或者旋转圆球来输入具体的移动参数，来达到一定的精确要求，如图 9-19 所示。

➤ 不可抑制："变换框架"操作产生的模型变化是不会记录在任何导航器中的，因此操作之后无法像建模环境可以在导航器中通过勾选特征前的复选框来进行抑制，如图 9-20 所示。如果对上步骤操作不满意，只能通过 Ctrl+Z 键来进行撤销，然后再重新操作一遍。

通过拉伸旋转等创建方法得到创意塑型的毛坯体后，可以单击选项卡"主页"→"修改"→"变换框架"按钮，也可以直接选择要进行操作的框架对象（只能是面、边、点），在弹出的快捷命令窗口中单击"变换框架"按钮，如图 9-21 所示，同样都能打开"变换框架"对话框，如图 9-22 所示。通过该对话框便可以对模型进行修改操作。

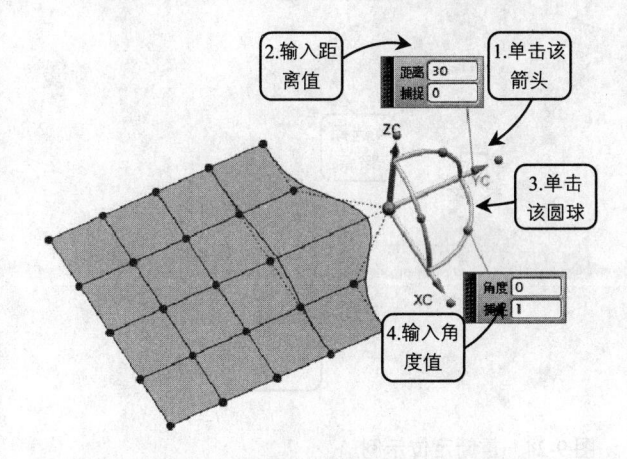

图 9-19　精确输入数值来进行调整

图 9-20　抑制模型特征

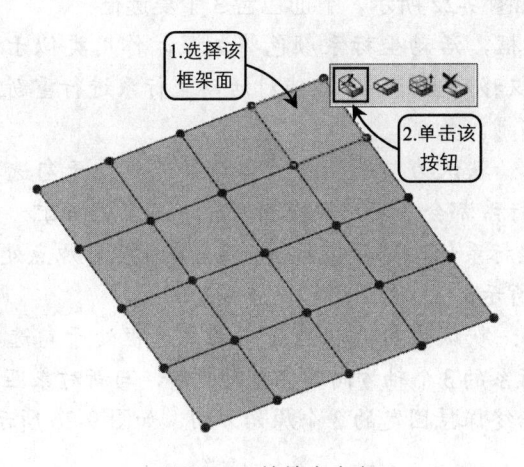

图 9-21　快捷命令窗口

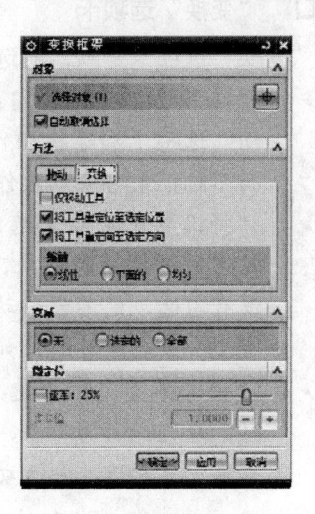

图 9-22　"变换框架"对话框

对话框中的"方法"选项组中存在两个选项卡：

❑ "拖动"选项卡

该选项卡如 图 9-23 所示。此选项卡的作用是定位活动坐标系的位置，从而让创意塑型获得更好的变换操作。

具体提供了 6 种定位方法，而最为常用的是第 1 种：WCS。点选 WCS 单选框，然后在上边框条中激活各种点的捕捉设置，在要放置的点处单击鼠标左键，即可将活动坐标系定位至该点，如图 9-24 所示。

图 9-23　"拖动"选项卡

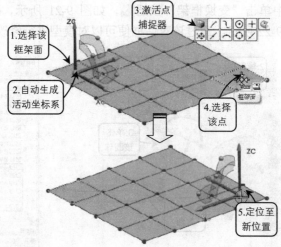

图 9-24　重新定位示例

❑ "变换"选项卡

"变换"选项卡是默认的选项卡，如图 9-22 所示，下面包含 3 个复选框：

➤ "仅移动工具"：勾选该复选框，活动坐标系颜色将加深，作用类似于"拖动"选项卡和建模操作中的"仅移动坐标系"，能对活动坐标系进行重新定位而不对框架对象产生作用。

➤ "将工具重定位至选定位置"：默认为勾选状态。当该复选框处于勾选状态时，每选择新的对象，活动坐标系都会自动移动至新对象，并与之匹配；如果没有勾选，则不会移动，活动坐标系始终停留在上一个位置或是坐标原点处（没有上一个对象时），如图 9-25 所示。

➤ "将工具重定位至选定方向"：默认为勾选状态。当该复选框处于勾选状态时，每选择新的对象，活动坐标系的 3 个轴方向都会自动更新，与新对象匹配；如果没有勾选，则活动坐标系始终保持固定的 3 个原始方向，如图 9-26 所示。

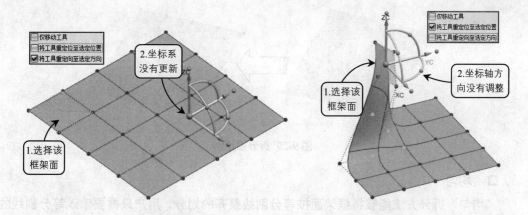

图 9-25 取消勾选"将工具重定位至选定位置"　　图 9-26 取消勾选"将工具重定向至选定方向"

对话框中其余选项说明如下：

➢ "自动选择取消"复选框：默认为勾选状态。当勾选该复选框时，每选择一个新的对象，旧的对象都会被视为取消选择；当不勾选时，每选择新的对象，旧的选择对象仍然保留，因此就可以选择多个对象。

➢ "速率"复选框：默认为取消勾选状态。该复选框可通过对速率滑块的调整，来对变换框架所产生的变形效果快慢进行控制，当速率小时，拖动框架所产生的变形就小，如图 9-27 所示，适用于微调模型框架；当速率大时，拖动框架产生的变形就大，如图 9-28 所示，适用于修改模型。

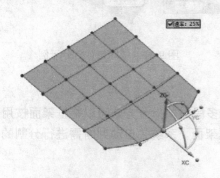 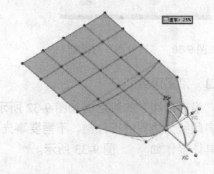

图 9-27 勾选"速率"复选框时　　　　　　　图 9-28 没勾选"速率"复选框时

9.3.2 拆分面

拆分面命令可以将框架面均匀的或者通过线来拆分，能将一个大的框架面分割为众多的小框架面，从而区获得更精细的操作，如图 9-29 所示。

要进行拆分面操作，可单击选项卡"主页"→"修改"→"拆分面"按钮，也可以直接选择要拆分的面，然后在弹出的快捷命令窗口中单击"拆分面"按钮，都可以打开"拆分面"对话框，如图 9-30 所示。其中"类型"下拉列表中包括两种拆分方法，分别介绍如下：

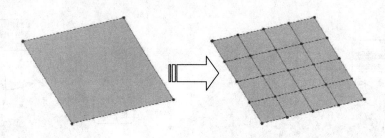

图 9-29 拆分面示例

❑ 均匀

"均匀"拆分方法能够将框架面按等分割线整齐的划分，用户只需要输入等分割线的数量和指定等分割线所垂直的边（参考边）即可。具体操作方法如 图 9-31 所示。

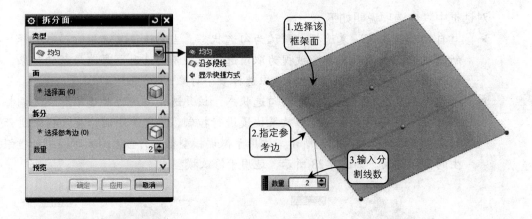

图 9-30 "拆分面"对话框　　　　　　　　　　图 9-31 "均匀"拆分示例

❑ 沿多段线

"沿多段线"的对话框如图 9-32 所示。"沿多段线"拆分方法可以将框架面按用户绘制的多段线为边界进行分割，不需要事先指定框架面，系统会自动判断需进行分割的框架面。具体操作如 图 9-33 所示。

图 9-32 "沿多段线"类型　　　　　　　　　　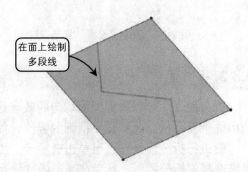

图 9-33 "沿多段线"拆分示例

9.3.3　细分面

细分面可将选定的框架面缩小。它的成型机理是将构成框架面的框架边按用户指定的百分比数向内侧偏置，从而得到一个较小的框架面，同时自动产生若干组成面，它们的和就等于原来的框架面。单击选项卡"主页"→"修改"→"细分面"按钮，打开"细分面"对话框，选择要进行细分的框架面，然后输入偏置百分比即可，如图 9-34 所示。

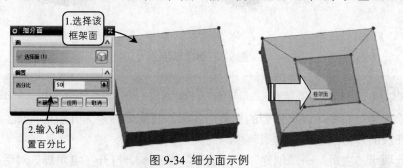

图 9-34　细分面示例

9.3.4　合并面

合并面命令可以用来将被拆分或细分的框架面还原，也可以将框架面和其他的框架面合并（可以在不同平面，但一定要相连），形成新的框架面。

单击选项卡"主页"→"修改"→"合并面"按钮，打开"合并面"对话框，然后选择要合并的面，单击"确定"即可。"合并面"的两种形式分别如图 9-35、图 9-36 所示。

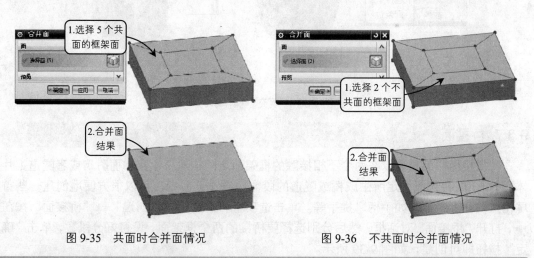

图 9-35　共面时合并面情况　　　　　　图 9-36　不共面时合并面情况

9.3.5　删除框架

要进行"删除框架"操作，可单击选项卡"主页"→"修改"→"删除框架"按钮，也可以直接选择要删除的框架对象，然后在弹出的快捷命令窗口中单击"删除框架"按钮，都可以完成删除操作。

通过"删除框架"命令可以将创意塑型操作中多余的框架面删除，如果是封闭实体上的框架面，则通过"删除框架"命令会生成开放的片体，如图 9-37 所示。

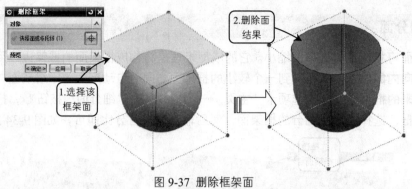

图 9-37 删除框架面

9.3.6 填充

"删除框架"命令可以将模型的框架面删除，将实体转换为开放的片体。而"填充"命令能将开放的片体通过缝合框架转换为封闭的实体。

单击选项卡"主页"→"创建"→"填充"按钮 ，打开"填角焊"对话框，选择要进行封闭的框架边（至少两条），系统会根据选择所选框架边的数量和位置自动将其合并为一个新的框架面，如图 9-38 所示。

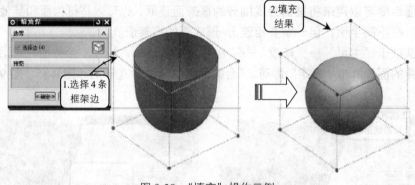

图 9-38 "填充"操作示例

9.3.7 桥接面

"桥接面"工具可以在两个不相接触的框架面之间构建桥（实体面时）或者隧道（片体面时），同时还能指定所生成桥或隧道的段数。通过该命令，可以很方便地创建一些首尾相接的环形特征，如手柄、提手等。单击选项卡"主页"→"创建"→"桥接面"按钮 ，打开"桥接面"对话框，然后分别选择要桥接的两个框架面，设置好分段数，单击"确定"按钮即可创建，如图 9-39 所示。

9.4 创意塑型的首选项

创意塑型首选项设置用来对该模块的默认控制参数进行设置，如定义新对象、可视化、调色板、背景等。

首选项下所做的设置只对当前文件有效，保存当前文件即会保存当前的环境设置到文件中。在退出 UGNX10 后再打开其他文件时，将恢复到系统或用户默认设置的状态。如果需要永久保存，可以在"用户默认设置"设置，其设置方法同首选项设置基本一样。下面对"创意塑型首选项"的一些常用设置进行介绍。

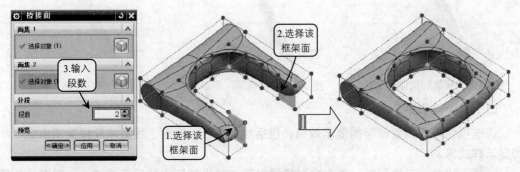

图 9-39　创建桥接面

在创意塑型环境中单击选项卡"主页"→"首选项"→"NX 创意塑型"按钮，打开"NX 创意塑型首选项"对话框，如图 9-40 所示。

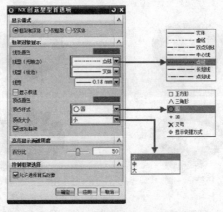

图 9-40　"NX 创意塑型首选项"对话框

该对话框中主要选项组说明如下：

❑　显示模式

该选项组包括 3 个单选按钮，可以设置创意塑型模型的外观显示。

"框架和实体"：选择该单选按钮，在图形空间中不仅显示控制框架，还显示结果细分体，即模型效果，两者同时显示且同步更新，如图 9-41 所示。为默认显示方式。

"仅框架"：选择该单选按钮，在图形空间中仅显示由控制框架构成的体，模型本身被隐藏，如图 9-42 所示。此方式能提高框架的编辑效率，加快模型显示效果，减小所占 CPU 内存。

"仅实体"：仅显示模型，不显示控制框架，如图 9-43 所示。此方式能最好的观察设计完成后的模型。

图 9-41　"框架和实体"显示　　　图 9-42　"仅框架"显示　　　图 9-43　"仅实体"显示

❑　框架对象显示

　　该选项组可以设置框架的显示效果，包括线条颜色、线型、线宽以及框架顶点的大小和显示样式等。

　　"顶点样式"下拉列表：该下拉列表提供了 5 种框架顶点的显示模式，一般默认为圆形，其余的显示效果如图 9-44 所示。

　　"顶点大小"下拉列表：该下拉列表有 3 种大小可选，默认为小，具体显示效果如图 9-45 所示。

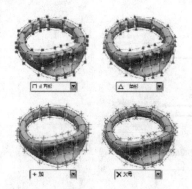

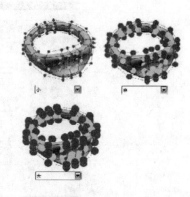

图 9-44　"顶点样式"显示效果　　　　　图 9-45　"顶点大小"显示效果

　　"透视框架"复选框：默认为勾选状态。该复选框可以控制被模型遮盖的框架显示效果，勾选则显示，否则不显示，效果如图 9-46 所示。用户也可以单击"首选项"选项组中的"透视框架"按钮来进行控制。

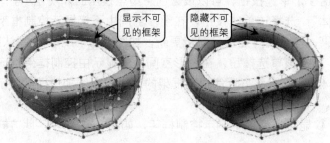

显示不可见的框架　　　隐藏不可见的框架

图 9-46　"透视框架"的显示效果

9.5 案例实战——创建机油壶模型

最终文件:	素材\第 9 章\机油壶.prt
视频文件:	视频\9.5 创建机油壶模型.MP4

本实例创建机油壶模型,该模型通过 UGNX10 常规曲面设计也可以得到,如图 9-47 所示。所用方法为 UGNX10 常规的曲面造型工具,如通过曲线网格、通过曲线组、修剪片体等。而本次实例通过创意塑型工具来进行创建,根据对同一模型的创建,读者可以好好对比这两种造型方法的差异。创建过程如下:

图 9-47 机油壶片体模型

01 新建一个空白文件,进入建模环境。单击选项卡"曲面"→"曲面"→"创意塑型"按钮 ,进入创意塑型模块。

02 单击选项卡"主页"→"创建"→"体素形状"按钮 ,打开"体素形状"对话框,在"类型"下拉列表中选择"圆柱"选项,输入大小为 40,高度 80,位置保持默认,单击"应用"按钮,在图形空间中创建一圆柱体,如图 9-48 所示。

03 "体素形状"对话框没有退出,将"类型"改为"球",然后输入大小为 100,位置保持默认,单击"确定"按钮,创建一球体,如图 9-49 所示。

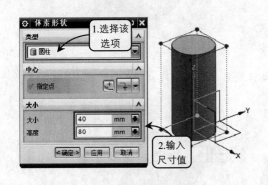

图 9-48 创建圆柱体

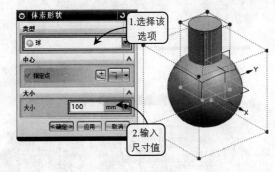

图 9-49 创建球体

04 选择球体的一个框架面,在弹出的快捷命令窗中单击"拉伸框架"按钮 ,打开"拉伸框架"对话框,输入距离值为 90,其余默认,单击"确定"按钮,如图 9-50 所示。

05 选择球体底部的两个框架面,按同样的方法向下拉伸 150,单击"应用"按钮,如图 9-51 所示。

06 "拉伸框架"对话框没有退出,选择的对象仍然为两个底部框架面,重新输入拉伸距离 100,单击"确定"按钮,创建两个新的拉伸框架,如图 9-52 所示。

07 选择球体右上角的框架边,在弹出的快捷命令窗中单击"变换框架"按钮 ,

如图 9-53 所示。

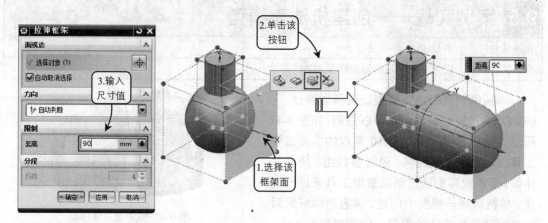

图 9-50 拉伸球的框架面

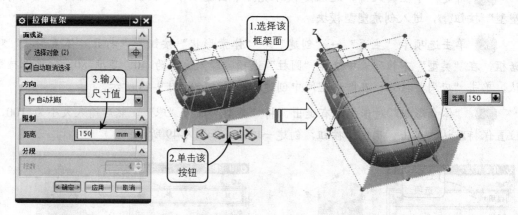

图 9-51 拉伸球体底面

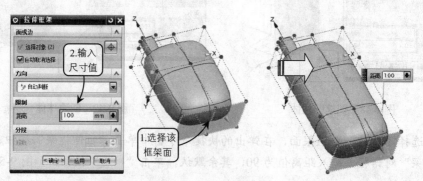

图 9-52 再次拉伸底面

08 打开"变换框架"对话框，然后移动活动坐标系，至合适的位置（图中参数可供参考，读者也可自由发挥），如图 9-54 所示。

09 单击选项卡"主页"→"修改"→"拆分面"按钮，选择下方倾斜的框架面，指定参考边，输入分割线数量为 2，单击"确定"按钮，完成该框架面的拆分，如图

9-55 所示。

图 9-53 选择框架边

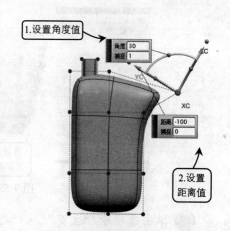

图 9-54 移动框架边

⑩ 单击选项卡"主页"→"修改"→"合并面"按钮❑，打开"合并面"对话框，选择靠上的两个拆分面，单击"确定"将其合并，如图 9-56 所示。

图 9-55 拆分框架面

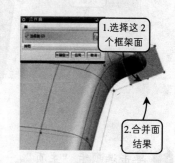

图 9-56 合并框架面

⑪ 选择底部侧面的框架面，在弹出的快捷命令窗口中单击"拉伸框架"按钮❑，打开"拉伸框架"对话框，输入距离值为 60，单击"确定"按钮，如图 9-57 所示。

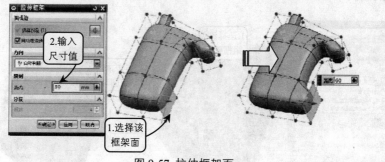

图 9-57 拉伸框架面

⑫ 选择拉伸后的底部侧面框架面，在弹出的快捷命令窗中单击"变换框架"按钮❑，将该框架面调整至合适位置，如图 9-58 所示。

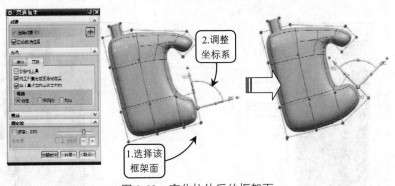

图 9-58　变化拉伸后的框架面

（13）单击选项卡"主页"→"创建"→"桥接面"按钮，打开"桥接面"对话框，选择上下两个框架面，在段数文本框输入值 2，单击"确定"按钮，如图 9-59 所示。

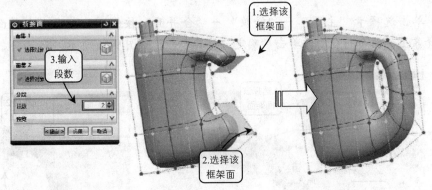

图 9-59　桥接框架面

（14）单击选项卡"主页"→"首选项"→"框架和实体"下拉菜单，选择"仅框架"选项，将显示模式转换为仅显示框架。

（15）选取包裹提手侧面的两组框架面（共 6 个），在弹出的快捷命令窗口中单击"变换框架"按钮，接着在活动坐标系中拖动"Y 缩放"的圆球，将该提手面窄化至所需宽度，如图 9-60 所示。

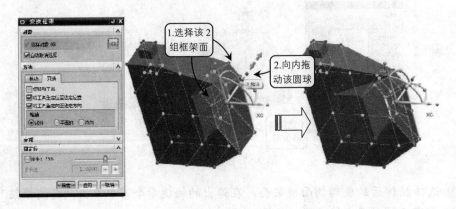

图 9-60　缩放框架面

⑯ 按同样方法，选择壶身的两组侧面（共 4 个面），向外拖动 "Y 缩放" 的圆球，将壶身面加宽至所需宽度，如图 9-61 所示。

⑰ 将显示模式转换为 "框架和实体"，所得的机油壶框架模型如图 9-62 所示。

⑱ 单击 "完成" 按钮▓，结束 NX 创意塑型，返回到建模环境，在对其进行求和、抽壳等建模操作，最终所得机油壶模型如图 9-63 所示。

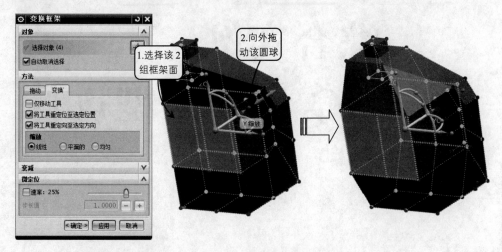

图 9-61　缩放框架面

图 9-62　框架模型

图 9-63　最终模型

第 10 章
综合实例——
QQ 玩具造型设计

学习目标:

➢ 设计流程图
➢ 具体设计步骤
➢ 设计感悟

本实例是创建一个 QQ 玩具模型，效果如图 10-1 所示。该模型是一款模仿腾讯 QQ 的产品，具有身子、眼睛、嘴巴、手臂、脚丫等基本外形结构。在设计整个模型时，除具备腾讯 QQ 基本的外形结构外，还应当考虑体现玩具的外形美观、精致、小巧等外形特征，以及考虑便于产品设计和加工，需对原 QQ 外形结构进行简要的修改。在本实例中，难点在于多次创建网格曲面，以及使用投影曲线、曲面上的曲线、组合投影等工具，读者要重点关注这些特征工具的创建和编辑方法。

图 10-1　QQ 玩具模型效果

最终文件：	素材\第 10 章\企鹅.prt
视频文件：	视频\第 10 章·QQ 玩具造型

10.1　设计流程图

在创建本实例时，可将模型分为 6 个阶段进行创建。可以先利用"基准平面""草图""拉伸""旋转""通过曲线网格"等工具创建出 QQ 模型的身子和嘴巴，以及利用"通过曲线网格""镜像体""边倒圆"等工具创建出 QQ 模型的手臂。然后利用"旋转""修剪体""修剪片体""有界平面""相交曲线""通过曲线网格"等工具创建出 QQ 模型的脚丫，并利用"基准平面""草图""组合投影""扫掠""曲面上的曲线""通过曲线网格"等工具创建出脖子上的围巾。最后利用"草图""投影曲线"工具创建出模型的眼睛和肚皮，并利用以"草图""旋转""通过曲线网格""引用几何体"等工具创建出头上的小花，即可完成本实例模型的创建，如图 10-2 所示。

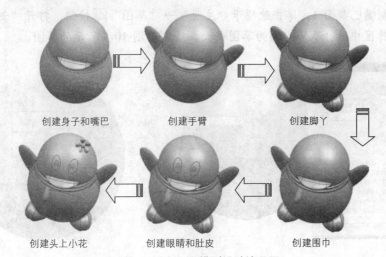

创建身子和嘴巴　　　　创建手臂　　　　　创建脚丫

创建头上小花　　　　创建眼睛和肚皮　　　　创建围巾

图 10-2　QQ 玩具模型设计流程图

10.2 具体设计步骤

10.2.1 创建身子和嘴巴

01 创建身子旋转体。单击选项卡"主页"→"特征"→"旋转" 按钮，单击"旋转"对话框的"草图" 图标，在工作区中选择 YZ 平面为草图平面，绘制 QQ 模型身子截面草图，完成草图回到"旋转"对话框后，在工作区中选择旋转中心和旋转角度，如图 10-3 所示。

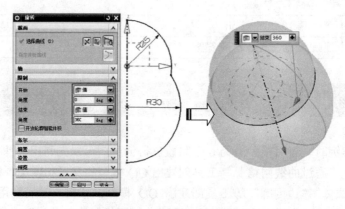

图 10-3   创建身子旋转体

02 创建边倒圆 1。单击选项卡"主页"→"特征"→"边倒圆" 按钮，打开"边倒圆"对话框，在对话框中设置边倒圆半径为 10，在工作区中选择两球面相交线，如图 10-4 所示。

03 绘制嘴巴截面 1。单击选项卡"主页"→"草图" 按钮，打开"创建草图"对话框，在工作区中选择 XY 平面为草图平面，绘制如图 10-5 所示的草图。

图 10-4   创建边倒圆 1

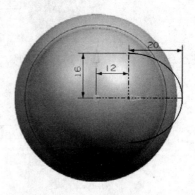

图 10-5   绘制嘴巴截面 1

04 绘制嘴巴截面 2。单击选项卡"主页"→"草图" 按钮，打开"创建草图"对话框，在工作区中选择 XZ 平面为草图平面，绘制如图 10-6 所示的草图。

05 创建基准平面 1。单击选项卡"主页"→"特征"→"基准平面" 按钮，打开"基准平面"对话框，在"类型"下拉列表中选择"曲线和点"选项，并在工作区中选择嘴巴截面 2 曲线的端点，如图 10-7 所示。

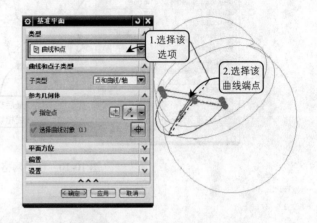

图 10-6　绘制嘴巴截面 2　　　　　　　　　　　图 10-7　创建基准平面 1

06 绘制嘴巴截面 3。单击选项卡"主页"→"草图" 按钮，打开"创建草图"对话框，在工作区中选择基准平面 1 为草图平面，绘制如图 10-8 所示的草图。

07 创建拉伸相切片体 1。单击选项卡"主页"→"特征"→"拉伸" 按钮，打开"拉伸"对话框。在工作区中选择嘴巴截面 1 的曲线为截面，设置"限制"选项组中"开始"和"结束"的距离值为 0 和 6，如图 10-9 所示。

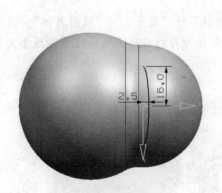

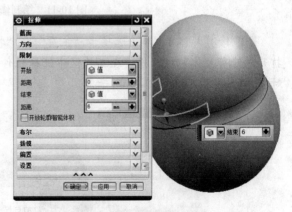

图 10-8　绘制嘴巴截面 3　　　　　　　　　　　图 10-9　创建拉伸相切片体 1

08 创建网格曲面 1。单击选项卡"主页"→"曲面"→"通过曲线网格" 曲面，打开"通过曲线网格"对话框，在工作区中依次选择点和嘴巴截面 3 为主曲线，选择嘴巴截面 1 和截面 2 的曲线为交叉曲线，并设置相关相切片体的连续性为 G1，如图 10-10 所示。

09 绘制修剪线草图。单击选项卡"主页"→"草图" 按钮，打开"创建草图"对话框，在工作区中选择 XY 平面为草图平面，绘制如图 10-11 所示的草图。

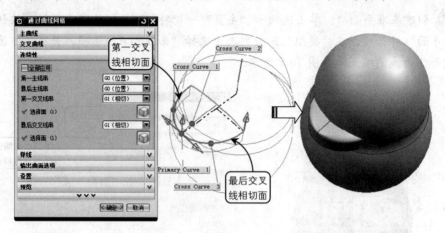

图 10-10　创建网格曲面 1

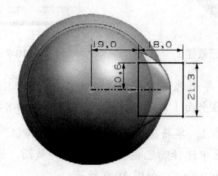

图 10-11　绘制修剪线草图

10 修剪片体 1。单击选项卡"主页"→"特征"→"更多"→"修剪片体"按钮 ，打开"修剪片体"对话框，在工作区中选择拉伸片体为目标片体，选择投影曲线 1 为边界对象，修剪方法如图 10-12 所示。

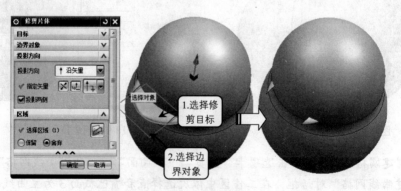

图 10-12　修剪片体 1

⑪ 创建网格曲面 2。单击选项卡"主页"→"曲面"→"通过曲线网格" 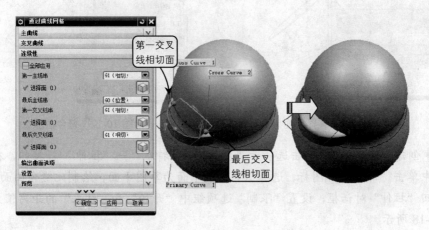 按钮，打开"通过曲线网格"对话框，在工作区中依次选择横向的两条修剪边缘为主曲线，选择纵向的两条修剪边缘为交叉曲线，并设置与相关相切片体的连续性为 G1，如图 10-13 所示。

图 10-13　创建网格曲面 2

⑫ 缝合曲面 1。选择菜单按钮"插入"→"组合体"→"缝合"选项，打开"缝合"对话框，在工作区中选择网格曲面 2 为目标片体，选择修剪片体为刀具，如图 10-14 所示。

⑬ 镜像曲面 1。选择菜单按钮"插入"→"关联复制"→"抽取几何体"选项，打开"抽取几何体"对话框，在"类型"下拉列表中选择"镜像体"，在工作区中选中上步骤缝合的曲面为目标，选择 XY 基准平面为镜像平面，如图 10-15 所示。

图 10-14　缝合曲面 1　　　　　　　　　　　图 10-15　镜像曲面 1

⑭ 创建有界平面 1。单击选项卡"主页"→"曲面"→"更多"→"有界平面"按钮，将打开"有界平面"对话框，在工作区中选择嘴巴端面的边缘线，如图 10-16 所示。

⑮ 缝合曲面 2。选择菜单按钮"插入"→"组合体"→"缝合"选项，打开"缝合"对话框，在工作区中选择有界平面为目标片体，选择缝合曲面 1 和镜像曲面 1 为刀具，如图 10-17 所示。

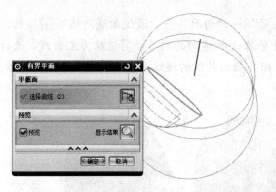

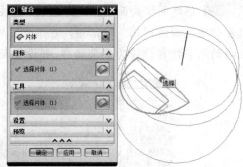

图 10-16　创建有界平面 1　　　　　　　　图 10-17　缝合曲面 2

16 创建拉伸实体 1。单击选项卡"主页"→"特征"→"拉伸" 按钮，在"拉伸"对话框中单击"草图" 图标，选择 XY 基准平面为草图平面，绘制比缝合曲面稍大的矩形后返回"拉伸"对话框，设置"限制"选项组中"开始"和"结束"的距离值为-6 和 6，如图 10-18 所示。

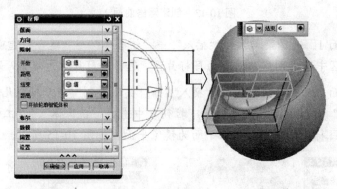

图 10-18　创建拉伸实体 1

17 创建修剪体 1。单击选项卡"主页"→"特征"→"修剪体"按钮，打开"修剪体"对话框，在工作区中选择拉伸实体为目标，选择步骤（15）创建的缝合曲面为刀具，方法如图 10-19 所示。

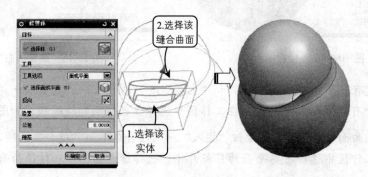

图 10-19　创建修剪体 1

⑱　求和实体 1。单击选项卡"主页"→"特征"→"求和" 按钮，在工作区中选择修剪体 1 为目标，选择其他实体为刀具，单击"确定"按钮即可完成求和运算，如图 10-20 所示。

⑲　创建边倒圆 2。单击选项卡"主页"→"特征"→"边倒圆" 按钮，打开"边倒圆"对话框，在对话框中设置边倒圆半径为 2，在工作区中选择嘴巴与身子的相交线，如图 10-21 所示。

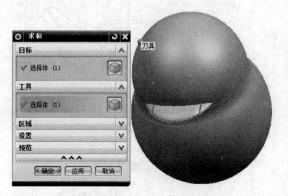
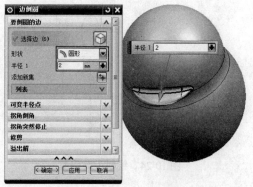

图 10-20　求和实体 1　　　　　　　图 10-21　创建边倒圆 2

10.2.2　创建手臂

①　绘制手臂主线。单击选项卡"主页"→"草图" 按钮，打开"创建草图"对话框，在工作区中选择 YZ 平面为草图平面，绘制如图 10-22 所示的草图。

②　创建基准平面 2。单击选项卡"主页"→"特征"→"基准平面" 按钮，打开"基准平面"对话框，在"类型"下拉列表中选择"曲线和点"选项，并在工作区中选择上步骤绘制曲线的端点，如图 10-23 所示。

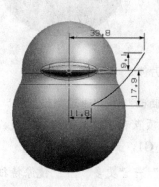
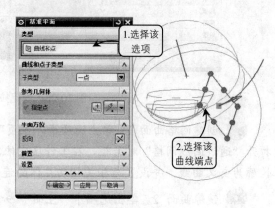

图 10-22　绘制手臂主线　　　　　　图 10-23　创建基准平面 2

③　绘制手臂截面。单击选项卡"主页"→"草图" 按钮，打开"创建草图"对话

UG NX 10 中文版曲面设计从入门到精通

框，在工作区中选择上步骤创建的基准平面为草图平面，绘制如图 10-24 所示的草图。

04 绘制手臂轮廓。单击选项卡"主页"→"草图" 📷 按钮，打开"创建草图"对话框，在工作区中选择 YZ 平面为草图平面，利用"艺术样条"工具绘制如图 10-25 所示的草图。

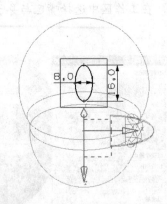

图 10-24 绘制手臂截面

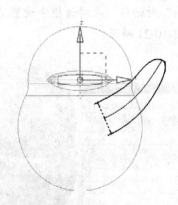

图 10-25 绘制手臂轮廓

05 创建拉伸相切片体 2。单击选项卡"主页"→"特征"→"拉伸" 📖 按钮，打开"拉伸"对话框。在工作区中选择手臂轮廓为截面，设置"限制"选项组中"开始"和"结束"的距离值为 0 和 2，如图 10-26 所示。

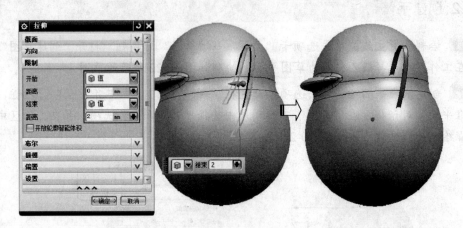

图 10-26 创建拉伸相切片体 2

06 创建网格曲面 3。单击选项卡"主页"→"曲面"→"通过曲线网格" 🧷 按钮，打开"通过曲线网格"对话框，在工作区中依次选择顶点和手臂截面为主曲线，选择手臂轮廓为交叉曲线，并设置与相关相切片体的连续性为 G1，如图 10-27 所示。

07 镜像曲面 2。单击选项卡"主页"→"特征"→"更多"→"镜像特征"按钮，打开"镜像特征"对话框，在工作区中选中上步骤创建的网格曲面 3 为目标，选择 YZ 基准平面为镜像平面，如图 10-28 所示。

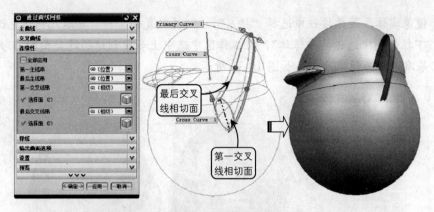

图 10-27　创建网格曲面 3

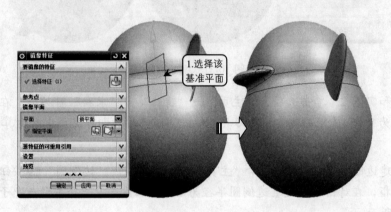

图 10-28　镜像曲面 2

08 创建有界平面 2。单击选项卡"主页"→"曲面"→"更多"→"有界平面"按钮，将打开"有界平面"对话框，在工作区中选择手臂的截面线，如图 10-29 所示。

09 缝合曲面 3。菜单按钮中选择"插入"→"组合体"→"缝合"选项，打开"缝合"对话框，在工作区中选择有界平面为目标片体，选择网格曲面 3 和镜像曲面 2 为刀具，如图 10-30 所示。

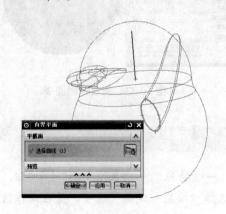

图 10-29　创建有界平面 2

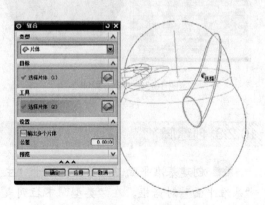

图 10-30　缝合曲面 3

⑩ 镜像实体。菜单按钮中选择"插入"→"关联复制"→"抽取几何体"选项，在"类型"下拉列表中选择"镜像体"，在工作区中选中上步骤创建的缝合曲面 3 为目标，选择 XZ 基准平面为镜像平面，如图 10-31 所示。

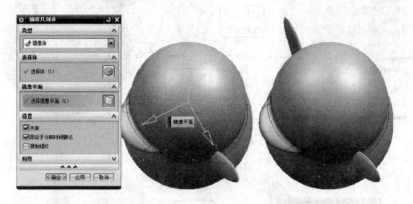

图 10-31　镜像实体

⑪ 求和实体 2。单击选项卡"主页"→"特征"→"求和" 按钮，在工作区中选择修剪体 1 为目标，选择其他实体为刀具，单击"确定"按钮即可完成求和运算，如图 10-32 所示。

⑫ 创建边倒圆 3。单击选项卡"主页"→"特征"→"边倒圆" 按钮，打开"边倒圆"对话框，在对话框中设置边倒圆半径为 2，在工作区中选择手臂与身子的相交线，如图 10-33 所示。

图 10-32　求和实体 2　　　　　　　　　　　图 10-33　创建边倒圆 3

10.2.3　创建脚丫

① 创建基准平面 3。单击选项卡"主页"→"特征"→"基准平面" 按钮，打开"基准平面"对话框，在"类型"下拉列表中选择"按某一距离"选项，并在工作区中选择 XY 基准平面，设置向-Z 轴方向偏置距离为 48，如图 10-34 所示。

02 创建脚丫主线。单击选项卡"主页"→"草图" 按钮，打开"创建草图"对话框，在工作区中选择基准平面 3 为草图平面，绘制如图 10-35 所示的草图。

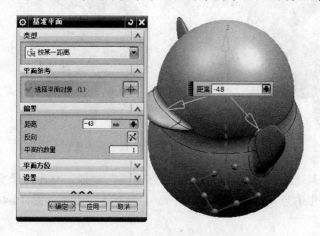

图 10-34　创建基准平面 3　　　　　　　　　　　　　　图 10-35　创建脚丫主线

03 创建脚丫轮廓。单击选项卡"主页"→"草图" 按钮，打开"创建草图"对话框，在工作区中选择基准平面 3 为草图平面，绘制如图 10-36 所示的草图。

04 创建旋转体。单击选项卡"主页"→"特征"→"旋转" 按钮，在工作区中选择上步骤绘制的草图为截面，并在设置旋转中心和旋转角度，如图 10-37 所示。

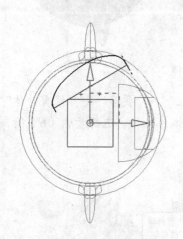

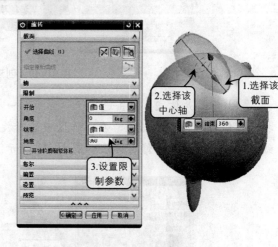

图 10-36　绘制脚丫轮廓　　　　　　　　　　　　　　图 10-37　创建旋转体

05 创建基准平面 4。单击选项卡"主页"→"特征"→"基准平面" 按钮，打开"基准平面"对话框，在"类型"下拉列表中选择"按某一距离"选项，并在工作区中选择基准平面 3，设置向-Z 轴方向偏置距离为 5，如图 10-38 所示。

06 绘制修剪线草图。单击选项卡"主页"→"草图" 按钮，打开"创建草图"对话框，在工作区中选择基准平面 3 为草图平面，绘制如图 10-39 所示的草图。

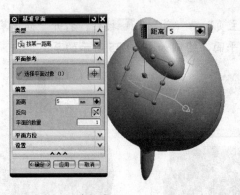
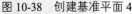

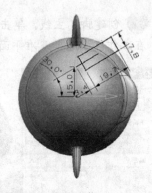

图 10-38　创建基准平面 4　　　　　　　　　图 10-39　绘制修剪线草图

07 创建修剪体 2。单击选项卡"主页"→"特征"→"修剪体"按钮，打开"修剪体"对话框，在工作区中选择旋转片体为目标，选择基准平面 4 为刀具，方法如图 10-40 所示。

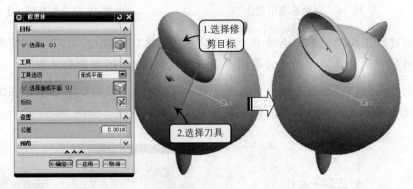

图 10-40　创建修剪体 2

08 修剪片体 2。单击选项卡"主页"→"特征"→"更多"→"修剪片体"按钮，打开"修剪片体"对话框，在工作区中选择旋转片体为目标，选择步骤（6）绘制的修剪线草图为边界对象，修剪方法如图 10-41 所示。

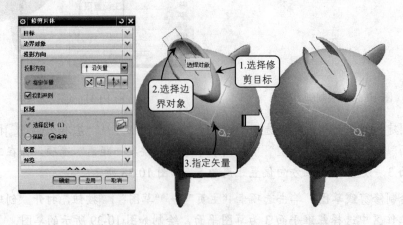

图 10-41　修剪片体 2

09 绘制脚趾轮廓 1。单击选项卡 "主页" → "草图" 📷 按钮，打开 "创建草图" 对话框，在工作区中选择基准平面 3 为草图平面，绘制如图 10-42 所示的草图。

10 创建有界平面 3。单击选项卡 "主页" → "曲面" → "更多" → "有界平面" 按钮，将打开 "有界平面" 对话框，在工作区中选择脚丫底面边缘线，如图 10-43 所示。

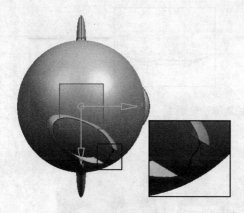

图 10-42　绘制脚趾轮廓 1

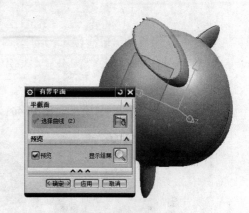

图 10-43　创建有界平面 3

11 创建基准平面 5。单击选项卡 "主页" → "特征" → "基准平面" ▭ 按钮，打开 "基准平面" 对话框，在 "类型" 下拉列表中选择 "通过对象" 选项，并在工作区中选择步骤（8）修剪脚丫曲面的边缘线，如图 10-44 所示。

12 创建相交曲线 1。单击选项卡 "曲线" → "派生的曲线" → "相交曲线" 🔩 按钮，打开 "相交曲线" 对话框，在工作区中选择脚丫曲面为第一组面，选择身子曲面为第二组面，如图 10-45 所示。

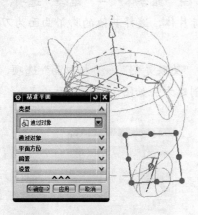

图 10-44　创建基准平面 5

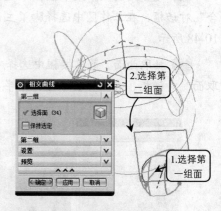

图 10-45　创建相交曲线 1

13 绘制脚趾轮廓 2。单击选项卡 "主页" → "草图" 📷 按钮，打开 "创建草图" 对话框，在工作区中选择基准平面 5 为草图平面，绘制如图 10-46 所示的草图。

14 创建网格曲面 4。单击选项卡 "主页" → "曲面" → "通过曲线网格" 📇 按钮，打开 "通过曲线网格" 对话框，在工作区中依次选择脚趾轮廓线为主曲线，选择修剪的边

缘线为交叉曲线，并设置与相关相切片体的连续性为 G1，如图 10-47 所示。

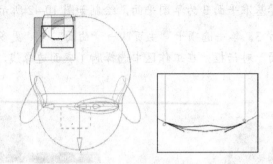

图 10-46　绘制脚趾轮廓 2

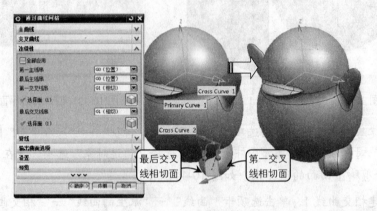

图 10-47　创建网格曲面 4

⑮ 缝合曲面 4。菜单按钮中选择"插入"→"组合体"→"缝合"选项，打开"缝合"对话框，在工作区中选择脚丫主曲面为目标片体，选择其他的脚丫曲面为刀具，如图 10-48 所示。

⑯ 抽取曲面。菜单按钮中选择"插入"→"关联复制"→"抽取面"选项，打开"抽取面"对话框，在工作区中选择下半身曲面，创建方法如图 10-49 所示。

图 10-48　缝合曲面 4

图 10-49　抽取曲面

⑰　修剪片体 3。单击选项卡"主页"→"特征"→"更多"→"修剪片体"按钮，打开"修剪片体"对话框，在工作区中选择缝合曲面 4 为目标，选择抽取的片体为边界对象，修剪方法如图 10-50 所示。

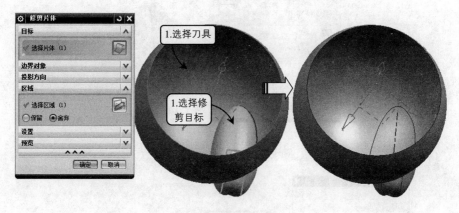

图 10-50　修剪片体 3

⑱　修剪片体 4。单击选项卡"主页"→"特征"→"更多"→"修剪片体"按钮，打开"修剪片体"对话框，在工作区中选择抽取的片体为目标，选择缝合曲面 4 为边界对象，修剪方法如图 10-51 所示。

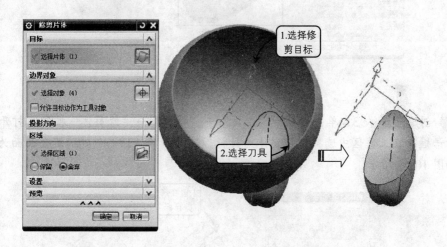

图 10-51　修剪片体 4

⑲　缝合曲面 5。菜单按钮中选择"插入"→"组合体"→"缝合"选项，打开"缝合"对话框，在工作区中选择抽取的片体为目标片体，选择其他的脚丫曲面为刀具，如图 10-52 所示。

⑳　创建拉伸实体 1。单击选项卡"主页"→"特征"→"拉伸" 按钮，在"拉伸"对话框中单击"草图" 图标，选择基准平面 3 为草图平面，绘制比缝合曲面稍大的矩形后返回"拉伸"对话框，设置"限制"选项组中"开始"和"结束"的距离值为 0 和 20，如图 10-53 所示。

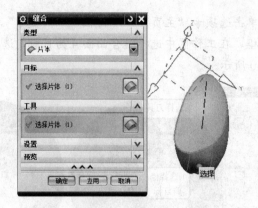

图 10-52　缝合曲面 5

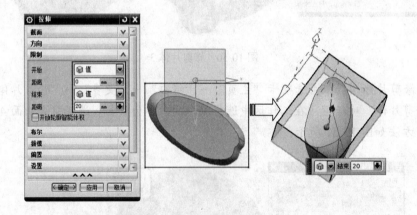

图 10-53　创建拉伸实体

21 创建修剪体 3。单击选项卡"主页"→"特征"→"修剪体"按钮，打开"修剪体"对话框，在工作区中选择拉伸实体为目标，选择步骤（19）创建的缝合曲面为刀具，方法如图 10-54 所示。

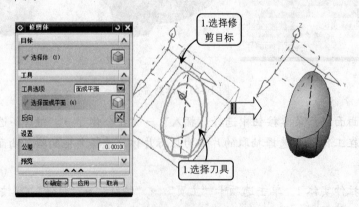

图 10-54　创建修剪体 3

22 创建镜像体 1。菜单按钮中选择"插入"→"关联复制"→"抽取几何体"选项，在"类型"下拉列表中选择"镜像体"选项,在工作区中选中上步骤创建的修剪体为目标,选择 XZ 基准平面为镜像平面,如图 10-55 所示。

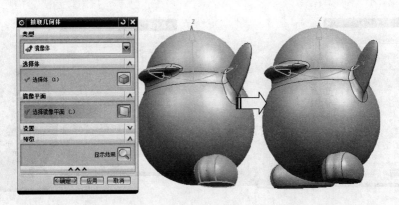

图 10-55 创建镜像体 1

23 求和实体 3。单击选项卡"主页"→"特征"→"求和" 按钮,打开"求和"对话框,在工作区中选择上步骤创建的镜像体为目标,选择身子和另一侧脚丫为刀具,单击"确定"按钮即可完成求和运算,如图 10-56 所示。

24 创建边倒圆 4。单击选项卡"主页"→"特征"→"边倒圆" 按钮,打开"边倒圆"对话框,在对话框中设置边倒圆半径为 1,在工作区中选择脚丫与身子的相交线,如图 10-57 所示。

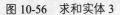

图 10-56 求和实体 3

图 10-57 创建边倒圆 4

10.2.4 创建围巾

01 创建基准平面 5。单击选项卡"主页"→"特征"→"基准平面" 按钮,打开"基准平面"对话框,在"类型"下拉列表中选择"按某一距离"选项,并在工作区中选择 XY 基准平面,设置向 Z 轴方向偏置距离为-3,如图 10-58 所示。按同样的方法创建向

-Z 轴方向偏置距离为 7 的基准平面 6，如图 10-59 所示。

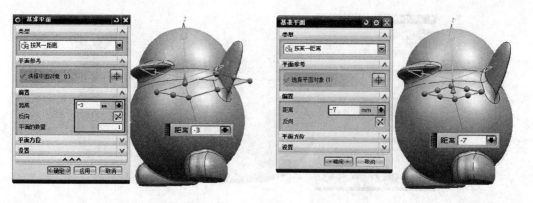

图 10-58　创建基准平面 5　　　　　　　　　　图 10-59　创建基准平面 6

02 绘制围巾网格线。单击选项卡"主页"→"草图" 按钮，打开"创建草图"对话框，在工作区中选择基准平面 5 为草图平面，绘制如图 10-60 所示的草图。按同样的方法选择基准平面 6 为草图平面，绘制如图 10-61 所示的草图。

03 绘制围巾截面草图。单击选项卡"主页"→"草图" 按钮，打开"创建草图"对话框，在工作区中选择 XZ 基准平面为草图平面，绘制如图 10-62 所示的草图。

  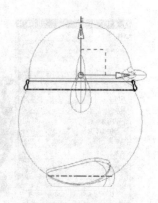

图 10-60　绘制围巾网格线 1　　　图 10-61　绘制围巾网格线 2　　　图 10-62　绘制围巾截面草图

04 创建拉伸相切片体 3。单击选项卡"主页"→"特征"→"拉伸" 按钮，打开"拉伸"对话框。在工作区中选择围巾截面草图为截面，设置"限制"选项组中"开始"和"结束"的距离值为 0 和 5，如图 10-63 所示。

05 创建网格曲面 5。单击选项卡"主页"→"曲面"→"通过曲线网格" 按钮，打开"通过曲线网格"对话框，在工作区中依次选择围巾截面线为主曲线，选择围巾网格线为交叉曲线，并设置与相关相切片体的连续性为 G1，如图 10-64 所示。

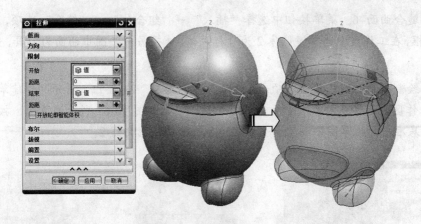

图 10-63　创建拉伸相切片体 3

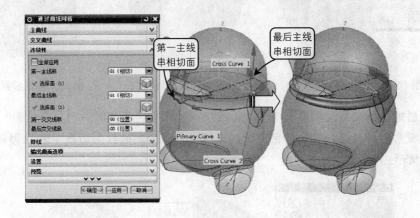

图 10-64　创建网格曲面 5

06 创建镜像体 2。菜单按钮中选择"插入"→"关联复制"→"抽取几何体"选项，打开"抽取几何体"对话框，在"类型"下拉列表中选择"镜像体"选项，在工作区中选中上步骤创建的网格曲面 5 为目标，选择 XZ 基准平面为镜像平面，如图 10-65 所示。

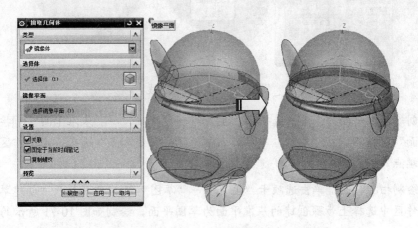

图 10-65　创建镜像体 2

07 缝合曲面 6。菜单按钮中选择"插入"→"组合体"→"缝合"选项，打开"缝合"对话框，在工作区中选择镜像体 2 为目标片体，选择另一半围中曲面为刀具，如图 10-66 所示。

08 绘制投影曲线。单击选项卡"主页"→"草图" 按钮，打开"创建草图"对话框，在工作区中选择 XZ 基准平面为草图平面，绘制如图 10-67 所示的草图。按同样的方法以 YZ 基准平面为草图平面绘制如图 10-68 所示的投影曲线 2。

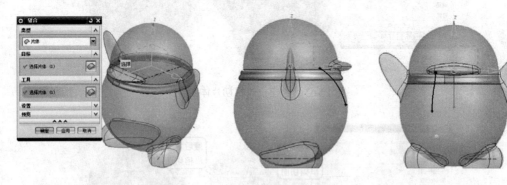

图 10-66 缝合曲面 6　　　　图 10-67 绘制投影曲线 1　　　图 10-68 绘制投影曲线 2

09 创建组合投影。单击选项卡"曲线"→"派生的曲线"→"组合投影"按钮，打开"组合投影"对话框，在工作区中分别选择上步骤绘制的投影曲线 1 和投影曲线 2，如图 10-69 所示。

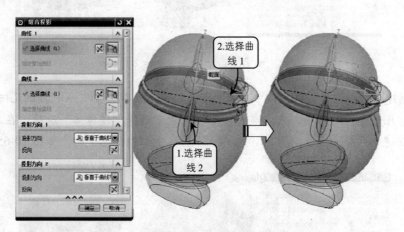

图 10-69 组合投影曲线

10 创建基准平面 7。单击选项卡"主页"→"特征"→"基准平面" 按钮，打开"基准平面"对话框，在"类型"下拉列表中选择"曲线和点"选项，在工作区中选择投影曲线的端点，如图 10-70 所示。

11 绘制扫掠截面。单击选项卡"主页"→"草图" 按钮，打开"创建草图"对话框，在工作区中选择上步骤创建的基准平面为草图平面，绘制如图 10-71 所示的草图。

⑫ 创建扫掠片体。单击选项卡"主页"→"曲面"→"扫掠" ⟲ 按钮，打开"扫掠"对话框，在工作区中选择扫掠截面线，并选择投影曲线为引导线，如图 10-72 所示。

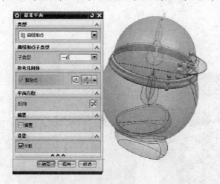

图 10-70　创建基准平面 7

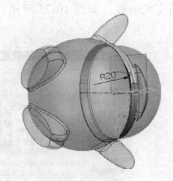

图 10-71　绘制扫掠截面

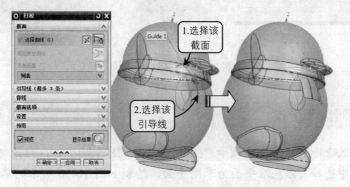

图 10-72　创建扫掠片体

⑬ 绘制曲面上的曲线。单击选项卡"曲线"→"曲线"→"曲面上的曲线" ⟲ 按钮，打开"曲面上的曲线"对话框，在工作区中选择扫掠片体为样条的面，在面上绘制围巾的轮廓线，如图 10-73 所示。

⑭ 绘制围巾截面。单击选项卡"主页"→"草图" ⬚ 按钮，打开"创建草图"对话框，在工作区中选择基准平面 7 为草图平面，绘制如图 10-74 所示的草图。

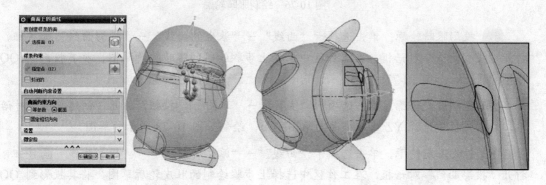

图 10-73　绘制曲面上的曲线

图 10-74　绘制围巾截面

15 创建网格曲面 6。单击选项卡"主页"→"曲面"→"通过曲线网格" 按钮，打开"通过曲线网格"对话框，在工作区中依次选择围巾截面和顶点为主曲线，选择轮廓线为交叉曲线，如图 10-75 所示。

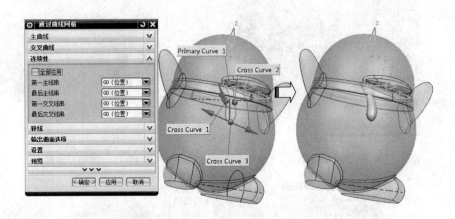

图 10-75　创建网格曲面 6

10.2.5 创建眼睛和肚皮

01 绘制眼睛轮廓。单击选项卡"主页"→"草图" 按钮，打开"创建草图"对话框，在工作区中选择 YZ 基准平面为草图平面，绘制如图 10-76 所示的草图。

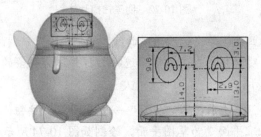

图 10-76　绘制眼睛轮廓

02 投影眼睛轮廓。单击选项卡"曲线"→"派生的曲线"→"投影曲线" 按钮，打开"投影曲线"对话框，在工作区中选择上步骤绘制的眼睛轮廓草图，将其投影到 QQ 模型身子上，如图 10-77 所示。

03 绘制肚皮轮廓。单击选项卡"主页"→"草图" 按钮，打开"创建草图"对话框，在工作区中选择 YZ 基准平面为草图平面，绘制如图 10-78 所示的草图。

04 投影肚皮轮廓。单击选项卡"曲线"→"派生的曲线"→"投影曲线" 按钮，打开"投影曲线"对话框，在工作区中选择上步骤绘制的肚皮轮廓草图，将其投影到 QQ 模型身子上，如图 10-79 所示。

图 10-77　投影眼睛轮廓

图 10-78　绘制肚皮轮廓

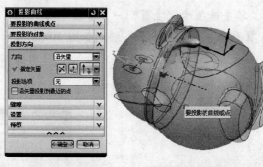

图 10-79　投影肚皮轮廓

10.2.6　创建小花

01 创建基准平面 8。单击选项卡"主页"→"特征"→"基准平面" □ 按钮，打开"基准平面"对话框，在"类型"下拉列表中选择"成一角度"选项，并在工作区中选择 XZ 基准平面，选择 X 轴为旋转轴，并设置选择角度为 25，如图 10-80 所示。

02 绘制定位曲线。单击选项卡"主页"→"草图" 按钮，打开"创建草图"对话框，在工作区中选择上步骤创建的基准平面为草图平面，绘制如图 10-81 所示的草图。

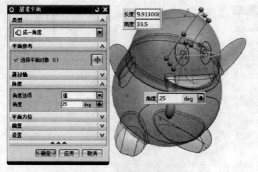

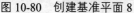

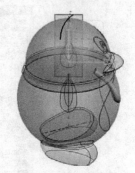

图 10-80　创建基准平面 8

图 10-81　绘制定位曲线

03 创建旋转体。单击选项卡"主页"→"特征"→"旋转" 图标，在打开的"旋转"对话框中单击"草图" 图标，在工作区中选择基准平面 8 为草图平面，绘制花蕊的

截面草图，完成草图回到"旋转"对话框后，在工作区中选择旋转中心，如图 10-82 所示。

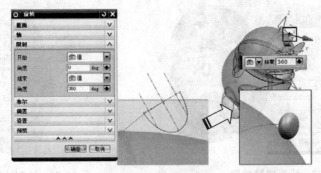

图 10-82　创建旋转体

04 绘制花瓣轮廓 1。单击选项卡"主页"→"草图" 按钮，打开"创建草图"对话框，在工作区中选择基准平面 8 为草图平面，绘制如图 10-83 所示的草图。

05 绘制直线。单击选项卡"曲线"→"直线" 按钮，打开"直线"对话框，在工作区中连接花瓣轮廓线两端的端点，如图 10-84 所示。

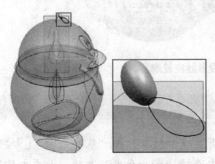

图 10-83　绘制花瓣轮廓 1

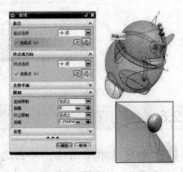

图 10-84　绘制直线

06 创建基准平面 9。单击选项卡"主页"→"特征"→"基准平面" 按钮，打开"基准平面"对话框，在"类型"下拉列表中选择"成一角度"选项，并在工作区中选择基准平面 8，选择上步骤绘制的直线为旋转轴，并设置选择角度为 90，如图 10-85 所示。

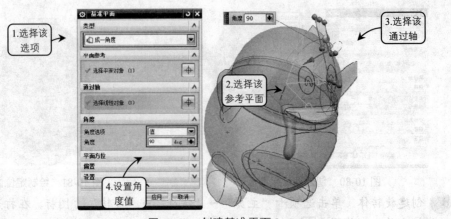

图 10-85　创建基准平面 9

07 绘制花瓣轮廓 2。单击选项卡"主页"→"草图" 📋 按钮，打开"创建草图"对话框，在工作区中选择基准平面 9 为草图平面，绘制如图 10-86 所示的草图。

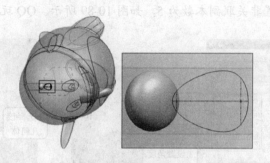

图 10-86　绘制花瓣轮廓 2

08 创建网格曲面 7。单击选项卡"主页"→"曲面"→"通过曲线网格" 🔲 按钮，打开"通过曲线网格"对话框，在工作区中依次选择两端顶点为主曲线，选择花瓣轮廓线为交叉曲线，如图 10-87 所示。

09 创建基准轴。选择菜单按钮"插入"→"基准/点"→"基准轴"选项，打开"基准轴"对话框，在"类型"下拉列表中选择"曲线/面轴"选项，并在工作区中选择定位曲线，如图 10-88 所示。

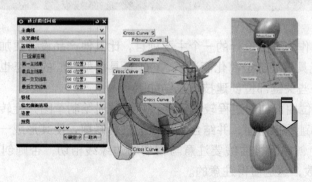

图 10-87　创建网格曲面 7

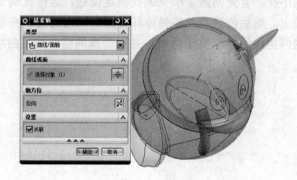

图 10-88　创建基准轴

⑩ 引用几何体。选择菜单按钮"编辑"→"移动对象"选项，打开"移动对象"对话框，在"类型"下拉列表中选择"旋转"选项，在工作区中选择上步骤创建的基准轴，并设置角度为72，设置非关联副本数为5，如图 10-89 所示。QQ 玩具模型创建完成。

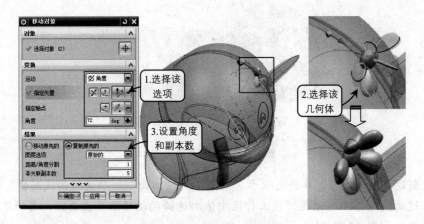

图 10-89　引用几何体

10.3 设计感悟

玩具产品设计作为工业设计的一个主要项目，比其他产品设计更加注重外观造型。本实例设计的 QQ 玩具模型造型简化而逼真，QQ 玩具模型开心的姿态也非常吸引顾客的眼球。下面对其中一些关键部位创建技巧总结如下：

QQ 的脚丫部位曲面创建过程较为复杂，需要首先绘制草图并旋转，然后将多余部分修剪掉，并创建脚趾网格曲面，并结合身子曲面进行修剪，使其形成一个封闭的曲面。在创建脚趾曲面时，创建网格曲线要注意与相切的边缘线相切，否则创建与周围曲面形成 G1 相切连续会失败，这是值得注意的。

创建 QQ 模型头上的小花也较为复杂，在建模前就必须知道小花的插放位置，以及怎样通过简化步骤创建小花。首先创建了小花的花柄定位线，这样就确定了小花所在的平面在定位线端点的法面上。然后创建花蕊旋转体和花瓣的网格曲面。在创建花瓣的网格曲面时，要保证所创建的网格线纵横相交于两点，并在选择网格曲线主曲线时选择这两个点。

第 11 章
综合实例——
汽车机油壶造型设计

学习目标：

➢ 设计流程图
➢ 具体设计步骤
➢ 设计感悟

本实例是创建一款高级汽车配件机油壶，效果如图 11-1 所示。该机油壶是一款曲面造型很高的塑壳造型，其结构灵活多样，由壶身、壶嘴、提手以及进口和出口等组成。在创建的过程中主要利用曲线工具绘制出各个曲面的控制曲线，然后通过网格曲面、扫掠、偏置区曲面等工具创建出模型的雏形，最后在修剪、缝合完成曲面造型，通过该实例可以更加熟练 UG NX 10 中创建曲线、编辑曲线等工具的运用。

最终文件：	素材\第 11 章\汽车机油壶.prt
视频文件：	视频\第 11 章·汽车机油壶造型设计

图 11-1　汽车机油壶造型效果

11.1　设计流程图

在创建本实例时，可将模型分为 6 个阶段进行创建。可以先利用"草图""拉伸""投影曲线""截面曲线""通过曲线网格"等工具创建出机油壶壳体曲面，以及利用"修剪片体""扫掠""桥接曲线""截面曲线""边倒圆"等工具创建出提手曲面。然后利用"拆分体""抽取曲面""偏置曲面"等工具创建出油口的曲面，并利用"回转""拉伸""圆形阵列"等工具创建出旋钮及圆槽。最后利用"拉伸""修剪体""扫掠"等工具创建出机油壶上的按钮，并利用以"拉伸""边倒圆"等工具创建出机油壶尾部的推钮，即可完成本实例模型的创建，如图 11-2 所示。

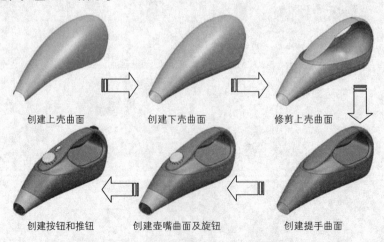

创建上壳曲面　　　　创建下壳曲面　　　　修剪上壳曲面

创建按钮和推钮　　创建壶嘴曲面及旋钮　　创建提手曲面

图 11-2　汽车机油壶造型设计流程图

11.2 具体设计步骤

11.2.1 创建壳体曲面

01 绘制机油壶截面轮廓草图 1。单击选项卡"主页"→"草图" 按钮，打开"创建草图"对话框，在工作区中选择 XY 平面为草图平面，绘制如图 11-3 所示的草图。

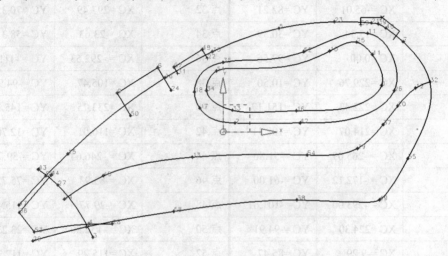

图 11-3　绘制机油壶截面轮廓草图 1

02 草图中的所有曲线均利用"艺术样条"工具绘制，艺术样条上的控制点坐标值见表 11-1。

表 11-1　截面轮廓草图 1 点坐标值

点数	X 坐标值	Y 坐标值	点数	X 坐标值	Y 坐标值
点 1	XC =227.65	YC =65.10	点 2	XC =17.20	YC =12.71
点 3	XC= -186.61	YC=-146.94	点 4	XC = -193.02	YC= -128.15
点 5	XC =79.82	YC =145.14	点 6	XC =-93.58	YC =90.23
点 7	XC =258.65	YC =126.27	点 8	XC = -196.00	YC= -131.88
点 9	XC= -151.96	YC =54.77	点 10	XC =152.01	YC =113.00
点 11	XC =207.35	YC =137.95	点 12	XC =276.74	YC =61.50
点 13	XC =-44.08	YC =-34.81	点 14	XC = -228.02	YC =-93.29
点 15	XC= -222.77	YC =-29.92	点 16	XC =104.65	YC =29.63
点 17	XC =-33.35	YC =33.35	点 18	XC =-40.90	YC =56.47

点数	X 坐标值	Y 坐标值	点数	X 坐标值	Y 坐标值
点 19	XC =192.36	YC =-23.00	点 20	XC =251.09	YC =36.40
点 21	XC =212.62	YC =152.68	点 22	XC =-22.50	YC =103.17
点 23	XC =159.05	YC =154.19	点 24	XC =-74.42	YC =58.69
点 25	XC =191.43	YC =125.47	点 26	XC =245.87	YC =57.87
点 27	XC= -237.17	YC =-73.74	点 28	XC=-159.02	YC= -128.03
点 29	XC = -272.97	YC= -151.50	点 30	XC =-15.26	YC =112.69
点 31	XC=-65.01	YC =82.21	点 32	XC =297.49	YC =70.35
点 33	XC =13.34	YC =30.39	点 34	XC =-23.63	YC =58.31
点 35	XC =0.00	YC =97.56	点 36	XC = -292.53	YC = -111.91
点 37	XC =229.76	YC =10.50	点 38	XC =105.47	YC =-94.91
点 39	XC =222.43	YC =151.17	点 40	XC =233.75	YC =145.13
点 41	XC =214.07	YC =108.11	点 42	XC =110.01	YC =12.70
点 43	XC = -265.09	YC =-51.86	点 44	XC = -246.64	YC =-59.77
点 45	XC = -172.12	YC =-61.00	点 46	XC =-83.93	YC =75.72
点 47	XC =-293.00	YC= -101.61	点 48	XC =-29.77	YC =115.47
点 49	XC =224.30	YC =-94.91	点 50	XC = -132.80	YC =23.23
点 51	XC =-9.29	YC =85.47	点 52	XC =115.29	YC =112.30
点 53	XC = -270.79	YC= -139.00	点 54	XC =120.04	YC =-32.00
点 55	XC =265.80	YC =-36.81	点 56	XC =-254.46	YC =-60.86
点 57	XC =-70.27	YC =90.87	点 58	XC =-70.74	YC = -110.76
点 59	XC =197.24	YC =150.09			

03 绘制机油壶截面轮廓草图 2。单击选项卡"主页"→"草图"🖾按钮，打开"创建草图"对话框，在工作区中选择 XZ 平面为草图平面，绘制如图 11-4 所示的草图。

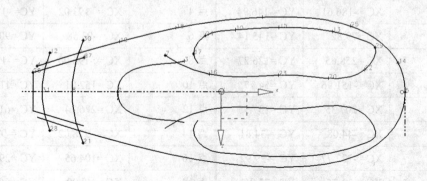

图 11-4　机油壶截面轮廓草图 2

04 草图中的所有曲线均利用"艺术样条"工具绘制，艺术样条上的控制点坐标值见表 11-2。

表 11-2　截面轮廓草图 2 点坐标值

点数	X 坐标值	Y 坐标值	点数	X 坐标值	Y 坐标值
点 1	XC=-286.90	YC=45.01	点 2	XC=-169.01	YC=0.00
点 3	XC=-59.82	YC=48.41	点 4	XC=-301.91	YC=40.38
点 5	XC=299.35	YC=0.00	点 6	XC=-224.52	YC=54.09
点 7	XC=-90.75	YC=57.58	点 8	XC=-244.12	YC=0.00
点 9	XC=-233.64	YC=61.04	点 10	XC=23.25	YC=97.94
点 11	XC=63.75	YC=118.48	点 12	XC=-280.81	YC=61.28
点 13	XC=180.78	YC=95.75	点 14	XC=287.96	YC=46.21
点 15	XC=94.17	YC=102.18	点 16	XC=-19.07	YC=28.07
点 17	XC=-44.75	YC=59.87	点 18	XC=-73.22	YC=100.79
点 19	XC=-166.07	YC=79.16	点 20	XC=174.49	YC=21.63
点 21	XC=-225.69	YC=-80.96	点 22	XC=233.15	YC=35.49
点 23	XC=93.45	YC=26.73	点 24	XC=-25.45	YC=88.97
点 25	XC=210.28	YC=104.24	点 26	XC=-308.84	YC=30.34
点 27	XC=-224.52	YC=54.09	点 28	XC=-280.81	YC=-61.28
点 29	XC=250.41	YC=70.56	点 30	XC=-225.69	YC=80.96
点 31	XC=-294.04	YC=0.00			

05 绘制分型面截面 1。单击选项卡"主页"→"草图" 按钮，打开"创建草图"对话框，在工作区中选择 XY 平面为草图平面，绘制如图 11-5 所示的草图。

06 创建分型面 1。单击选项卡"主页"→"特征"→"拉伸" 按钮，打开"拉伸"对话框。在工作区中选择绘制分型面截面 1 的曲线为截面，设置"限制"选项组中"开始"和"结束"的距离值为 150 和-150，如图 11-6 所示。

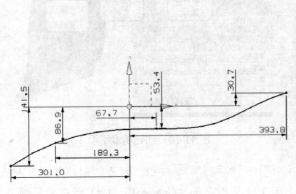

图 11-5　绘制分型面截面 1

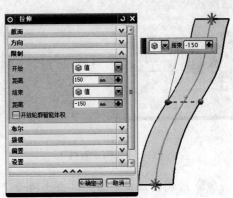

图 11-6　创建分型面 1

07 投影曲线 1。单击选项卡"曲线"→"派生的曲线"→"投影曲线"按钮，打开"投影曲线"对话框，在工作区中选择截面轮廓草图 2 的外轮廓曲线，将其投影到分型面 1，如图 11-7 所示。

08 绘制上轮廓边缘线。单击选项卡"主页"→"草图"按钮，打开"创建草图"对话框，在工作区中选择 XY 平面为草图平面，绘制如图 11-8 所示的草图。

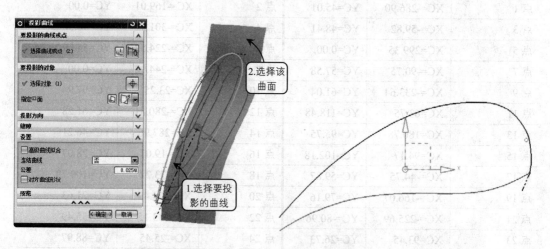

图 11-7 投影曲线 1　　　　　　　　　　　图 11-8 绘制上轮廓边缘线

09 创建直线 1。单击选项卡"曲线"→"直线"按钮，打开"直线"对话框，在工作区中连接轮廓线和分型线的端点，如图 11-9 所示。

10 创建基准平面 1。单击选项卡"主页"→"特征"→"基准平面"按钮，打开"基准平面"对话框，在"类型"下拉列表中选择"两直线"选项，并在工作区中选择直线 1 和分型面的边缘线，如图 11-10 所示。

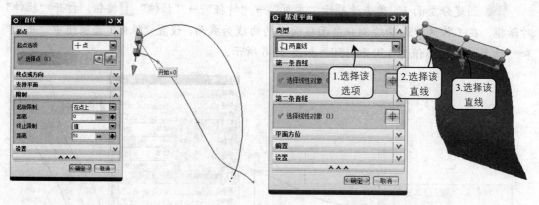

图 11-9 创建直线 1　　　　　　　　　　　图 11-10 创建基准平面 1

11 绘制出油口截面。单击选项卡"主页"→"草图"按钮，打开"创建草图"对话框，在工作区中选择上步骤创建的基准平面 1 为草图平面，绘制如图 11-11 所示的草图。注意截面要与投影曲线相切且相交于一点。

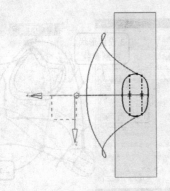

图 11-11　绘制出油口截面

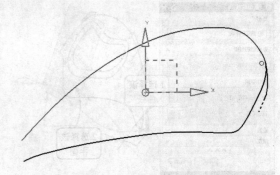

图 11-12　绘制下轮廓边缘线

⑫ 绘制下轮廓边缘线。单击选项卡"主页"→"草图" 按钮，打开"创建草图"对话框，在工作区中选择 XY 平面为草图平面，绘制如图 11-12 所示的草图。注意下轮廓边缘线要与上轮廓边缘线相切。

⑬ 创建直线 2。单击选项卡"曲线"→"直线" 按钮，打开"直线"对话框，在工作区中选择上轮廓边缘上的一点绘制平行 Z 轴的一段直线，如图 11-13 所示。

⑭ 创建基准平面 2。单击选项卡"主页"→"特征"→"基准平面" 按钮，打开"基准平面"对话框，在"类型"下拉列表中选择"成一角度"选项，在工作区中选择 YZ 平面和直线 2，并在对话框中设置角度为-10，如图 11-14 所示。

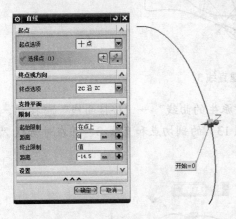

图 11-13　创建直线 2

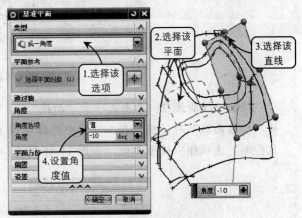

图 11-14　创建基准平面 2

⑮ 截面曲线 1。单击选项卡"曲线"→"派生的曲线"→"截面曲线" 按钮，打开"截面曲线"对话框，在工作区中选择分型线和下轮廓边缘线为"要剖切的对象"，选择基准平面为刀具，如图 11-15 所示。

⑯ 桥接曲线 1。单击选项卡"曲线"→"派生的曲线"→"桥接曲线" 按钮，打开"桥接曲线"对话框，在工作区中选择以上步骤的剖切点和直线 2，并在对话框"形状控制"选项组中设置参数，如图 11-16 所示。

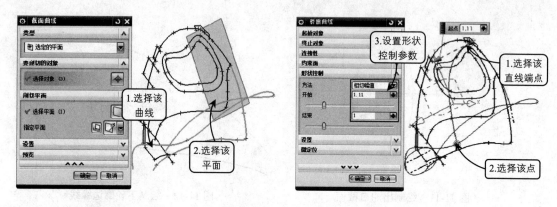

图 11-15　截面曲线 1　　　　　　　　　　图 11-16　桥接曲线 1

（17）创建直线 3。单击选项卡"曲线"→"直线"／按钮，打开"直线"对话框，在工作区中选择上轮廓边缘上的一点绘制平行-Z 轴的一段直线，如图 11-17 所示。

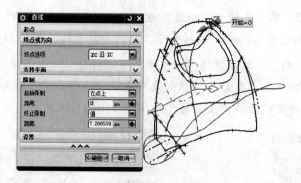

图 11-17　创建直线 3

（18）桥接曲线 2。单击选项卡"曲线"→"派生的曲线"→"桥接曲线"按钮，打开"桥接曲线"对话框，在工作区中选择步骤（13）的剖切点和直线 3，并在对话框"形状控制"选项组中设置参数，如图 11-18 所示。

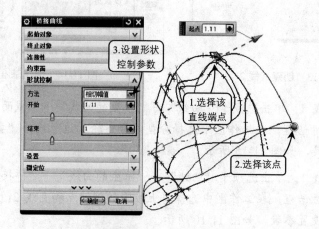

图 11-18　桥接曲线 2

(19) 创建网格曲面 1。单击选项卡"主页"→"曲面"→"通过曲线网格"图按钮，打开"通过曲线网格"对话框，在工作区中依次选择点、桥接曲线和出油口曲线为主曲线，选择分型线和上轮廓边缘线为交叉曲线，如图 11-19 所示。

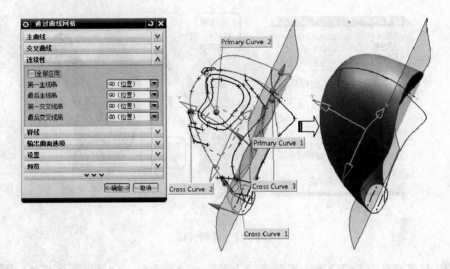

图 11-19　创建网格曲面 1

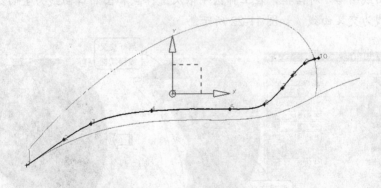

图 11-20　绘制分型面截面 2

(20) 绘制分型面截面 2。单击选项卡"主页"→"草图"图按钮，打开"创建草图"对话框，在工作区中选择 XY 平面为草图平面，绘制如图 11-20 所示的草图。草图中的所有曲线均利用"艺术样条"工具绘制，艺术样条上的控制点坐标值见表 11-3。

表 11-3　分型面截面 2 草图点坐标值

点数	X 坐标值	Y 坐标值	点数	X 坐标值	Y 坐标值
点 1	XC=-307.41	YC=-145.79	点 2	XC=-228.39	YC=-93.53
点 3	XC=-171.73	YC=-60.83	点 4	XC=-44.86	YC=-34.86
点 5	XC=120.16	YC=-32.00	点 6	XC=192.82	YC=-22.75
点 7	XC=230.11	YC=10.92	点 8	XC=250.64	YC=35.85
点 9	XC=276.33	YC=61.23	点 10	XC=306.05	YC=72.01

㉑ 修剪片体1。单击选项卡"主页"→"特征"→"更多"→"修剪片体"按钮，打开"修剪片体"对话框，在工作区中选择机油壶曲面为目标片体，选择上步骤创建的投影曲线为边界对象，修剪方法如图11-21所示。

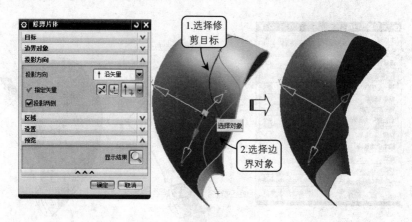

图 11-21　修剪片体 1

㉒ 创建网格曲面2。单击选项卡"主页"→"曲面"→"通过曲线网格"按钮，打开"通过曲线网格"对话框，在工作区中依次选择点和出油口曲线为主曲线，选择分型线和下轮廓线为交叉曲线，如图11-22所示。

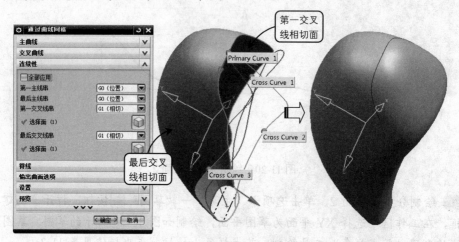

图 11-22　创建网格曲面 2

11.2.2 创建提手曲面

⓪⓵ 绘制提手下轮廓草图。单击选项卡"主页"→"草图"按钮，打开"创建草图"对话框，在工作区中选择 XY 平面为草图平面，绘制如图11-23所示的草图。草图中曲线利用"艺术样条"工具绘制，艺术样条上的控制点坐标值见表11-4。

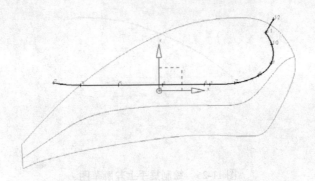

图 11-23　绘制提手下轮廓草图

表 11-4　提手下轮廓草图点坐标值

点数	X 坐标值	Y 坐标值	点数	X 坐标值	Y 坐标值
点 1	XC=110.54	YC=12.69	点 2	XC=-231.06	YC=19.09
点 3	XC=-171.46	YC=13.33	点 4	XC=7.01	YC=12.74
点 5	XC=-88.69	YC=13.06	点 6	XC=98.47	YC=12.73
点 7	XC=165.91	YC=15.00	点 8	XC=217.53	YC=30.60
点 9	XC=245.53	YC=57.27	点 10	XC=246.76	YC=97.15
点 11	XC=233.67	YC=121.73	点 12	XC=251.14	YC=150.53

02 修剪片体 2。单击选项卡"主页"→"特征"→"更多"→"修剪片体"按钮，打开"修剪片体"对话框，在工作区中选择机油壶上壳体为目标片体，选择上步骤创建的下轮廓草图为边界对象，修剪方法如图 11-24 所示。

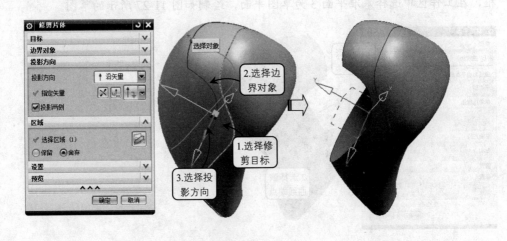

图 11-24　修剪片体 2

03 绘制提手上轮廓草图。单击选项卡"主页"→"草图" 按钮，打开"创建草图"对话框，在工作区中选择 XY 平面为草图平面，绘制如图 11-25 所示的草图。

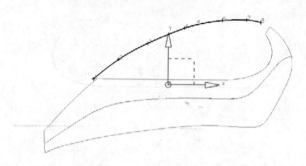

图 11-25　绘制提手上轮廓草图

04 草图中的曲线利用"艺术样条"工具绘制，艺术样条上的控制点坐标值见表 11-5。

表 11-5　提手上轮廓草图点坐标

点数	X 坐标值	Y 坐标值	点数	X 坐标值	Y 坐标值
点 1	XC=-182.48	YC=12.71	点 2	XC=-119.83	YC=59.07
点 3	XC=-50.95	YC=97.07	点 4	XC=39.11	YC=134.13
点 5	XC=67.58	YC=142.31	点 6	XC=129.43	YC=152.47
点 7	XC=188.71	YC=154.24	点 8	XC=221.95	YC=148.81

05 创建基准平面 3。单击选项卡"主页"→"特征"→"基准平面" ▢ 按钮，打开"基准平面"对话框，在"类型"下拉列表中选择"曲线和点"选项，在工作区中选择上一步骤绘制曲线的端点，如图 11-26 所示。

06 绘制扫掠截面。单击选项卡"主页"→"草图" ▣ 按钮，打开"创建草图"对话框，在工作区中选择基准平面 3 为草图平面，绘制如图 11-27 所示的草图。

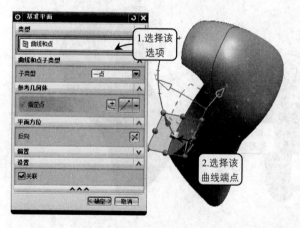

图 11-26　创建基准平面 3

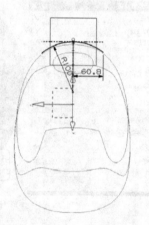

图 11-27　绘制扫掠截面

07 扫掠曲面。单击选项卡"主页"→"曲面"→"扫掠"按钮，打开"扫掠"对话框，在工作区中选择截面曲线和引导线，如图 11-28 所示。

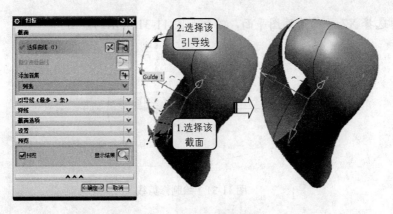

图 11-28　扫掠曲面

08 绘制提手轮廓。单击选项卡"主页"→"草图"![按钮]按钮，打开"创建草图"对话框，在工作区中选择 XZ 平面为草图平面，绘制如图 11-29 所示的草图。

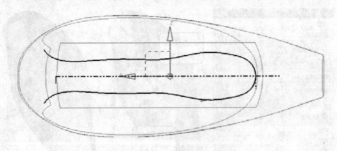

图 11-29　绘制提手轮廓

09 修剪片体 3。单击选项卡"主页"→"特征"→"更多"→"修剪片体"按钮，打开"修剪片体"对话框，在工作区中选择扫掠片体为目标片体，选择上步骤绘制的提手轮廓草图为边界对象，修剪方法如图 11-30 所示。

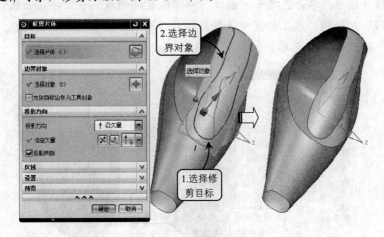

图 11-30　修剪片体 3

10 绘制修剪线。单击选项卡"主页"→"草图"![按钮]按钮，打开"创建草图"对话框，在工作区中选择XZ平面为草图平面，绘制如图11-31所示的草图。

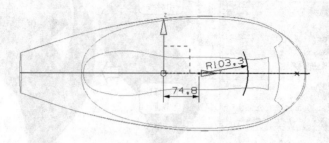

图 11-31 绘制修剪线

⑪ 修剪片体 4。单击选项卡 "主页" → "特征" → "更多" → "修剪片体" 按钮，打开 "修剪片体" 对话框，在工作区中选择扫掠片体为目标片体，选择上步骤绘制的修剪线草图为边界对象，修剪方法如图11-32所示。

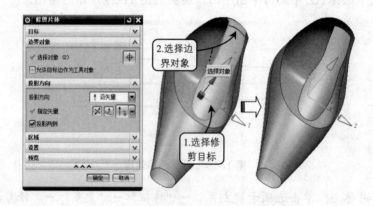

图 11-32 修剪片体 4

⑫ 桥接曲线 3。单击选项卡 "曲线" → "派生的曲线" → "桥接曲线" 按钮，打开 "桥接曲线" 对话框，在工作区中选择扫掠片体和壳体修剪片体的边缘线，并在对话框 "形状控制" 选项组中设置参数，如图11-33所示。

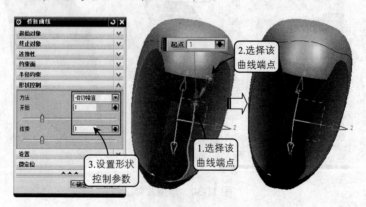

图 11-33 桥接曲线

⑬ 创建直线 4。单击选项卡"曲线"→"直线" ✏ 按钮，打开"直线"对话框，在工作区中连接两桥接曲线的端点，如图 11-34 所示。

⑭ 创建基准平面 3。单击选项卡"主页"→"特征"→"基准平面" ▢ 按钮，打开"基准平面"对话框，在"类型"下拉列表中选择"成一角度"选项，在工作区中选择 YZ 平面和直线 4，并在对话框中设置与参考平面垂直，如图 11-35 所示。

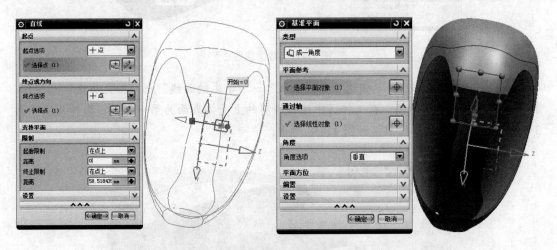

图 11-34 创建直线 4   图 11-35 创建基准平面 3

⑮ 创建基准平面 4。单击选项卡"主页"→"特征"→"基准平面" ▢ 按钮，打开"基准平面"对话框，在"类型"下拉列表中选择"按某一距离"选项，在工作区中选择 YZ 平面，并在对话框中设置偏置距离为 20，如图 11-36 所示。

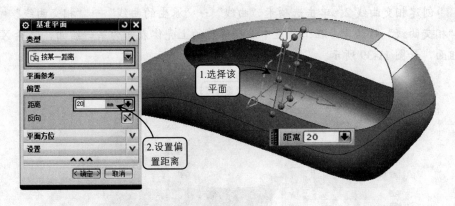

图 11-36 创建基准平面 4

⑯ 截面曲线 2。单击选项卡"曲线"→"派生的曲线"→"截面曲线" ▣ 按钮，打开"截面曲线"对话框，在工作区中选择分型线和下轮廓边缘线为"要剖切的对象"，选择基准平面为刀具，如图 11-37 所示。

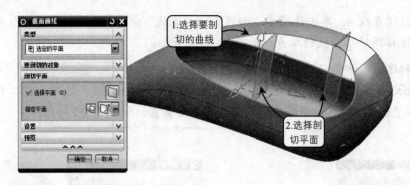

图 11-37　截面曲线 2

17 创建相交曲线 1。单击选项卡"曲线"→"派生的曲线"→"相交曲线" 按钮，打开"相交曲线"对话框，在工作区中选择修剪的上壳体表面为第一组面，选择基准平面 3 和基准平面 4 为第二组面，如图 11-38 所示。

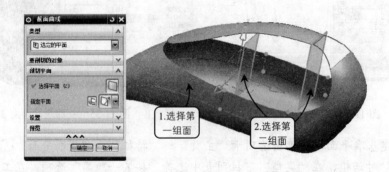

图 11-38　创建相交曲线 1

18 创建相交曲线 2。单击选项卡"曲线"→"派生的曲线"→"相交曲线" 按钮，打开"相交曲线"对话框，在工作区中选择修剪的上壳体表面为第一组面，选择 XY 平面第二组面，如图 11-39 所示。

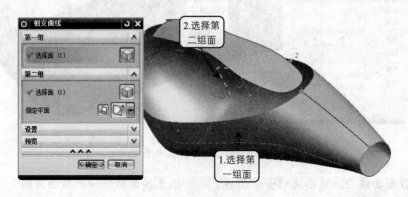

图 11-39　创建相交曲线 2

⑲ 创建直线段。单击选项卡"曲线"→"直线" ╱ 按钮，打开"直线"对话框，在工作区中选择步骤（15）创建的剖切点，绘制平行-Z 轴的 5 段直线，如图 11-40 所示。

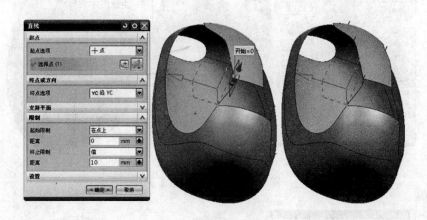

图 11-40　创建直线段

⑳ 桥接曲线 4。单击选项卡"曲线"→"派生的曲线"→"桥接曲线" 按钮，打开"桥接曲线"对话框，在工作区中选择上步骤绘制的直线段和对应的相交曲线，并在对话框"形状控制"选项组中设置参数，如图 11-41 所示。

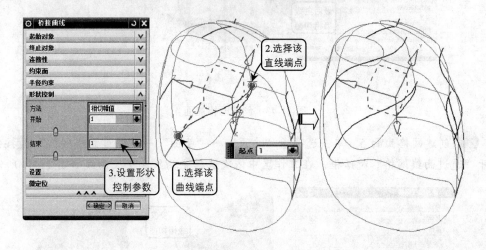

图 11-41　桥接曲线 4

㉑ 创建网格曲面 3。单击选项卡"主页"→"曲面"→"通过曲线网格" 按钮，打开"通过曲线网格"对话框，在工作区中依次选择点和出油口曲线为主曲线，选择分型线和下轮廓线为交叉曲线，如图 11-42 所示。

㉒ 创建网格曲面 4。单击选项卡"主页"→"曲面"→"通过曲线网格" 按钮，打开"通过曲线网格"对话框，在工作区中依次选择主曲线和交叉曲线，如图 11-43 所示。

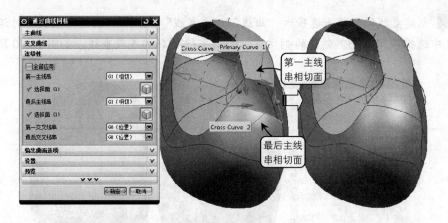

图 11-42　创建网格曲面 3

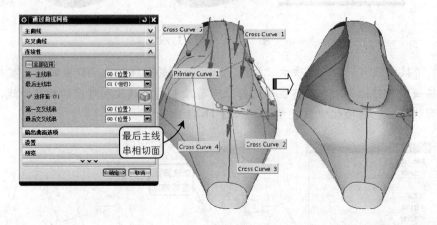

图 11-43　创建网格曲面 4

㉓　创建网格曲面 5。单击选项卡"主页"→"曲面"→"通过曲线网格"按钮，打开"通过曲线网格"对话框，在工作区中依次选择主曲线和交叉曲线如图 11-44 所示。

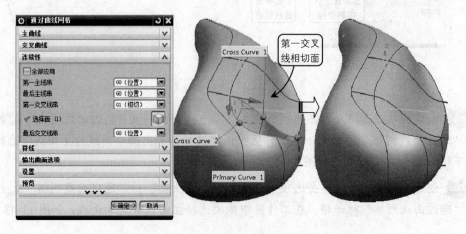

图 11-44　创建网格曲面 5

㉔　缝合曲面 1。选择菜单"插入"→"组合体"→"缝合"选项，打开"缝合"对话框，在工作区中选择网格曲面 4 为目标片体，选择其他所有面为刀具，如图 11-45 所示。

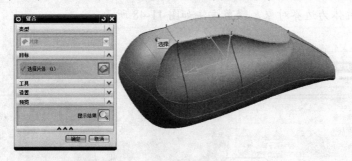

图 11-45　缝合曲面

㉕　创建拉伸片体 1。单击选项卡"主页"→"特征"→"拉伸"按钮，打开"拉伸"对话框。在工作区中选择机油壶截面轮廓草图 1 中的提手孔截面曲线，在"拉伸"对话框中，设置"限制"选项组中"开始"和"结束"的距离值为 150 和-150，如图 11-46 所示。

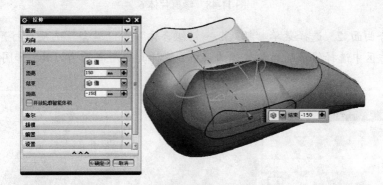

图 11-46　创建拉伸片体

㉖　修剪片体 5。单击选项卡"主页"→"特征"→"更多"→"修剪片体"按钮，打开"修剪片体"对话框，在工作区中选择上步骤创建拉伸片体目标片体，选择网格曲面 4 和网格曲面 5 为边界对象，修剪方法如图 11-47 所示。

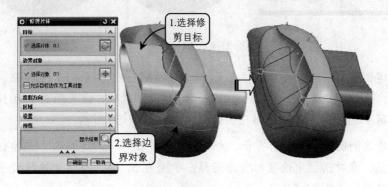

图 11-47 修剪片体 5

27 修剪片体 6。单击选项卡"主页"→"特征"→"更多"→"修剪片体"按钮，打开"修剪片体"对话框，在工作区中选择网格曲面 4 和网格曲面 5 为目标片体，选择上步骤创建拉伸片体为边界对象，修剪方法如图 11-48 所示。

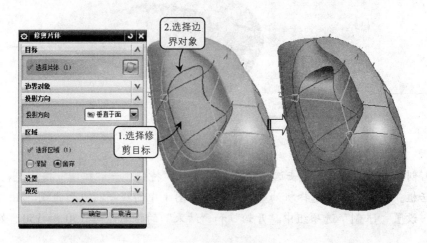

图 11-48　修剪片体 6

28 缝合曲面 2。选择菜单"插入"→"组合体"→"缝合"选项，打开"缝合"对话框，在工作区中选择修剪的拉伸片体为目标，选择其他所有面为刀具，如图 11-49 所示。

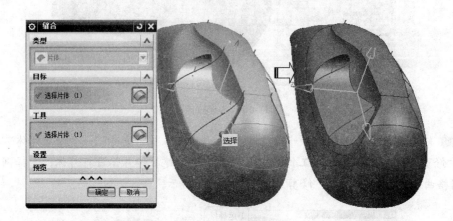

图 11-49　缝合曲面 2

29 创建倒斜角。单击选项卡"主页"→"特征"→"倒斜角" 按钮，打开"倒斜角"对话框，选择"横截面"下拉列表中的"非对称"选项，设置距离 1 为 14，距离 2 为 10，在工作区中选择提手曲面内侧孔的边缘线，如图 11-50 所示。

30 创建边倒圆 1。单击选项卡"主页"→"特征"→"边倒圆" 按钮，打开"边倒圆"对话框，在对话框中设置形状为圆形，半径为 5，在工作区中选择提手曲面与上壳体相交的边缘线，如图 11-51 所示。

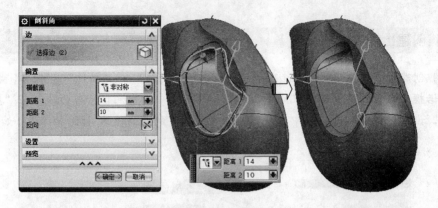

图 11-50　创建倒斜角

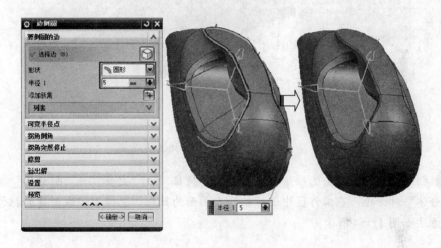

图 11-51　创建边倒圆 1

㉛　创建边倒圆 2。单击选项卡"主页"→"特征"→"边倒圆"按钮，打开"边倒圆"对话框，在对话框中设置形状为圆形，半径为 1，在工作区中选择倒斜角的边缘线，如图 11-52 所示。

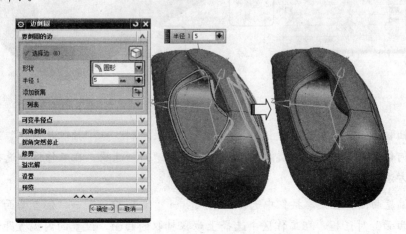

图 11-52　创建边倒圆 2

11.2.3 创建出油口曲面

01 创建拉伸片体 2。单击选项卡"主页"→"特征"→"拉伸" ■按钮,打开"拉伸"对话框。在工作区中选择机油壶截面轮廓草图 1 中的出油口修剪曲线,在"拉伸"对话框中,设置"限制"选项组中"开始"和"结束"的距离值为 150 和-150,如图 11-53 所示。

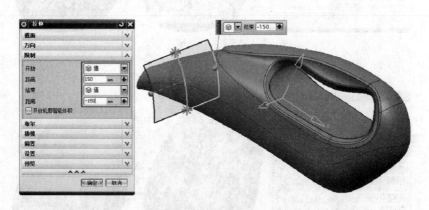

图 11-53　创建拉伸片体

02 创建拆分体。单击选项卡"主页"→"特征"→"更多"→"拆分体"按钮,打开"拆分体"对话框,在工作区中选择机油壶曲面为目标,选择上步骤创建的拉伸片体为刀具,方法如图 11-54 所示。

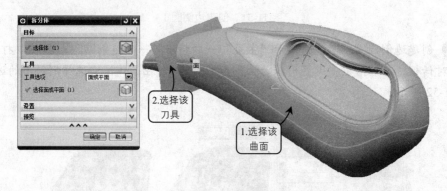

图 11-54　创建拆分体

03 抽取曲面。选择菜单按钮"插入"→"关联复制"→"抽取几何体"选项,打开"抽取几何体"对话框,在"类型"下拉列表选择"面"选项,在工作区中选择下半身曲面,创建方法如图 11-55 所示。

04 偏置曲面。在菜单按钮中选择"插入"→"偏置/缩放"→"偏置曲面"选项,打开"偏置曲面"对话框,在工作区中选择上步骤抽取的曲面,设置向内偏置距离为 5,如

图 11-56 所示。

图 11-55　抽取曲面

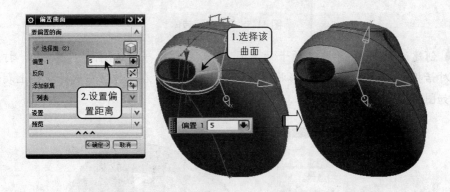

图 11-56　偏置曲面

11.2.4　创建旋钮

01　绘制旋钮截面。单击选项卡"主页"→"草图" 按钮，打开"创建草图"对话框，在工作区中选择 XY 平面为草图平面，绘制如图 11-57 所示的草图。

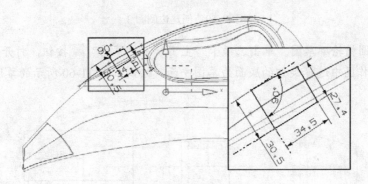

图 11-57　绘制旋钮截面

02　创建回转体。单击选项卡"主页"→"特征"→"旋转" 按钮，打开"旋转"对话框，在工作区中选择上步骤绘制的旋钮截面，并设置回转中心和回转角度，如图 11-58

所示。

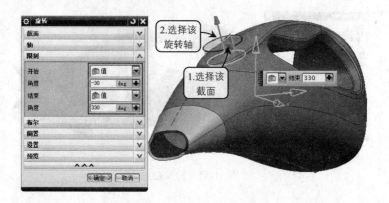

图 11-58　创建回转体

03 创建边倒圆 3。单击选项卡"主页"→"特征"→"边倒圆" 按钮，打开"边倒圆"对话框，在对话框中设置形状为圆形，半径为 3，在工作区中选择旋钮上表面的边缘线，如图 11-59 所示。

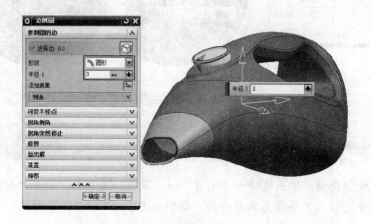

图 11-59　创建边倒圆 3

04 绘制圆槽轮廓草图。单击选项卡"主页"→"草图" 按钮，打开"创建草图"对话框，在工作区中选择旋钮的底面为草图平面，绘制如图 11-60 所示的草图。

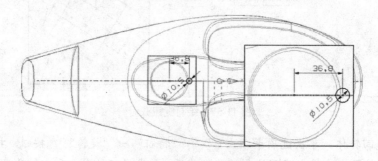

图 11-60　绘制圆槽轮廓草图

05 创建圆槽特征 1。单击选项卡"主页"→"特征"→"拉伸" ▥按钮，打开"拉伸"对话框。在工作区中选择上步骤绘制的圆槽轮廓草图，在"拉伸"对话框中，设置"限制"选项组中"开始"和"结束"的距离值为 10 和 40，并设置布尔运算为求差，如图 11-61 所示。

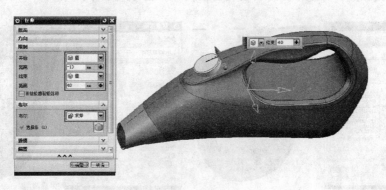

图 11-61 创建圆槽特征 1

06 对圆槽特征形成圆形阵列。单击选项卡"主页"→"特征"→"阵列特征" ▦按钮，打开"阵列特征"对话框，选择"布局"选项中的"圆形"选项，在工作区中选择要阵列的圆槽特征，设置阵列的数量为 15、节距角为 24，并确定阵列中心轴矢量，如图 11-62 所示。

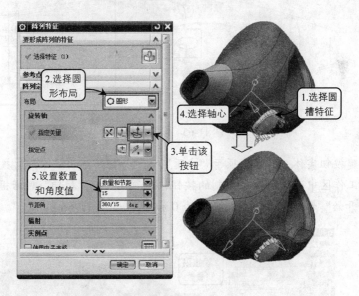

图 11-62 对圆槽特征形成圆形阵列

11.2.5 创建按钮

01 创建定位点。单击选项卡"曲线"→"点" ✛按钮，打开"点"对话框，在"类型"下拉列表中选择"点在曲线/边上"选项，在工作区中选择要创建边界点的圆弧上的一

点，定位按钮中心的位置，如图 11-63 所示。

02 创建基准平面 5。单击选项卡"主页"→"特征"→"基准平面" □ 按钮，打开"基准平面"对话框，在"类型"下拉列表中选择"点和方向"选项，在工作区中选择上步骤创建的定位点，并选择扫掠曲面指定法向，如图 11-64 所示。

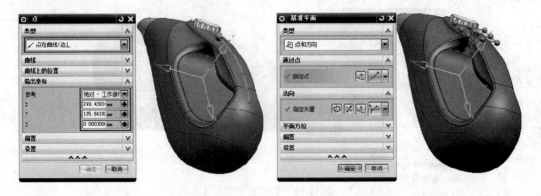

图 11-63　创建定位点　　　　　　　　图 11-64　创建基准平面 5

03 绘制按钮轮廓。单击选项卡"主页"→"草图" 📓 按钮，打开"创建草图"对话框，在工作区中选择上步骤创建的基准平面 5 为草图平面，绘制如图 11-65 所示的草图。

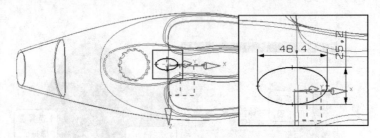

图 11-65　绘制按钮轮廓

04 创建按钮实体。单击选项卡"主页"→"特征"→"拉伸" 🗔 按钮，打开"拉伸"对话框。在工作区中选择上步骤绘制的按钮轮廓草图，在"拉伸"对话框中，设置"限制"选项组中"开始"和"结束"的距离值为 0 和-20，如图 11-66 所示。

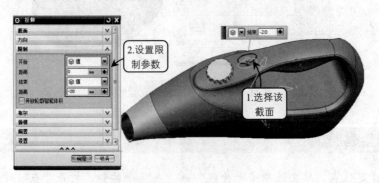

图 11-66　创建按钮实体

05 绘制按钮表面轮廓。单击选项卡"主页"→"草图" 按钮，打开"创建草图"对话框，在工作区中选择 XY 基准平面为草图平面，绘制如图 11-67 所示的草图。

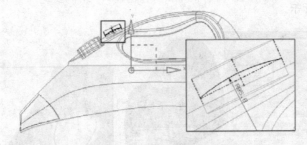

图 11-67　绘制按钮表面轮廓

06 创建拉伸片体 3。单击选项卡"主页"→"特征"→"拉伸" 按钮，打开"拉伸"对话框。在工作区中选择上步骤绘制的按钮轮廓草图，在"拉伸"对话框中，设置"限制"选项组中"开始"和"结束"的距离值为 20 和 -20，如图 11-68 所示。

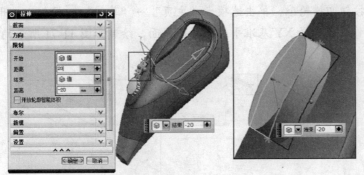

图 11-68　创建拉伸片体 3

07 创建修剪体 1。单击选项卡"主页"→"特征"→"修剪体"按钮，打开"修剪体"对话框，在工作区中选择按钮实体为目标，选择拉伸片体 3 为刀具，方法如图 11-69 所示。

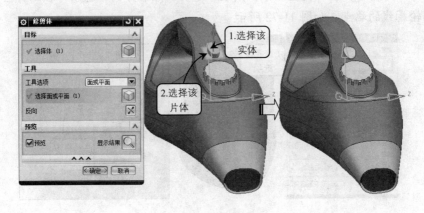

图 11-69　创建修剪体 1

08 创建边倒圆 4。单击选项卡"主页"→"特征"→"边倒圆"■按钮，打开"边倒圆"对话框，在对话框中设置形状为圆形，半径为 2，在工作区中选择按钮上表面的边缘线，如图 11-70 所示。

图 11-70　创建边倒圆 4

09 绘制按钮凹槽轮廓。单击选项卡"主页"→"草图"■按钮，打开"创建草图"对话框，在工作区中选择 XY 基准平面为草图平面，绘制如图 11-71 所示的草图。

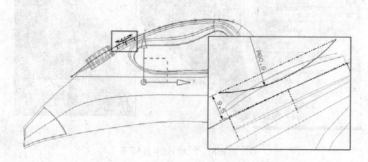

图 11-71　绘制按钮凹槽轮廓

10 创建基准平面 6。单击选项卡"主页"→"特征"→"基准平面"□按钮，打开"基准平面"对话框，在"类型"下拉列表中选择"点和方向"选项，在工作区中选择上步骤绘制轮廓线的端点，如图 11-72 所示。

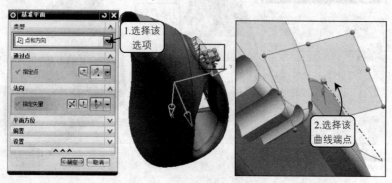

图 11-72　创建基准平面 6

11 绘制扫掠截面。单击选项卡"主页"→"草图" 按钮，打开"创建草图"对话框，在工作区中选择基准平面 6 为草图平面，绘制如图 11-73 所示的草图。

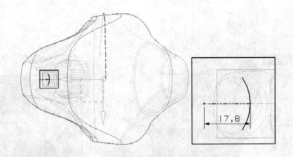

图 11-73　绘制扫掠截面

12 沿引导线扫掠片体。单击选项卡"主页"→"曲面"→"沿引导线扫掠"按钮，打开"沿引导线扫掠"对话框，在工作区中选择截面曲线和引导线，如图 11-74 所示。

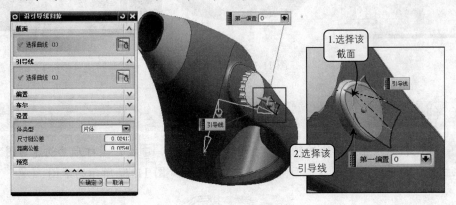

图 11-74　沿引导线扫掠片体

13 创建修剪体 2。单击选项卡"主页"→"特征"→"修剪体"按钮 ，打开"修剪体"对话框，在工作区中选择按钮实体为目标，选择扫掠片体为刀具，方法如图 11-75 所示。

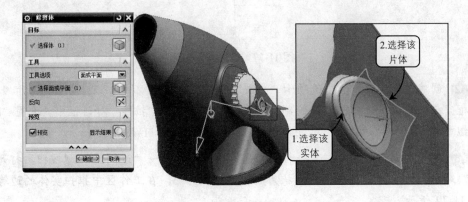

图 11-75　创建修剪体 2

14 创建边倒圆 5。单击选项卡"主页"→"特征"→"边倒圆" 按钮，打开"边倒圆"对话框，在对话框中设置形状为圆形，半径为 2，在工作区中选择修剪体 2 的边缘线，如图 11-76 所示。

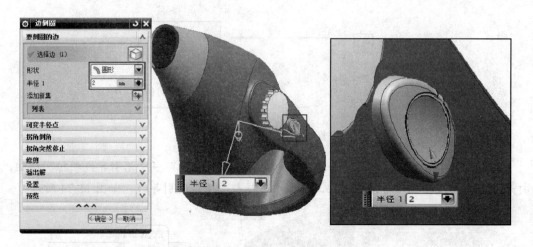

图 11-76　创建边倒圆 5

11.2.6 创建推钮

01 绘制推钮轮廓。单击选项卡"主页"→"草图" 按钮，打开"创建草图"对话框，在工作区中选择 XY 基准平面为草图平面，绘制如图 11-77 所示的草图。

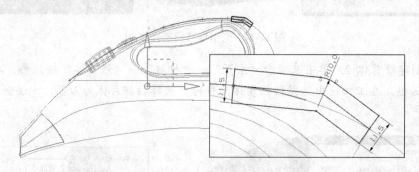

图 11-77　创建推钮轮廓

02 创建推钮实体。单击选项卡"主页"→"特征"→"拉伸" 按钮，打开"拉伸"对话框。在工作区中选择上步骤绘制的推钮轮廓草图，在"拉伸"对话框中，设置"限制"选项组中"开始"和"结束"的距离值为 12 和-12，如图 11-78 所示。

03 创建边倒圆 6。单击选项卡"主页"→"特征"→"边倒圆" 按钮，打开"边倒圆"对话框，在对话框中设置形状为圆形，半径为 3，在工作区中推钮实体的边缘线，如图 11-79 所示。

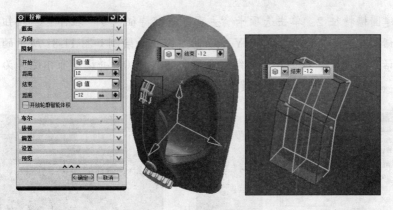

图 11-78　创建推钮实体

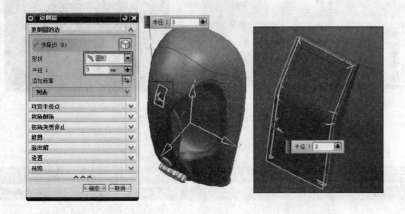

图 11-79　创建边倒圆 6

04　创建边倒圆 7。单击选项卡"主页"→"特征"→"边倒圆" 按钮，打开"边倒圆"对话框，在对话框中设置形状为圆形，半径为 3，在工作区中推钮实体的 4 个棱边的边缘线，如图 11-80 所示。

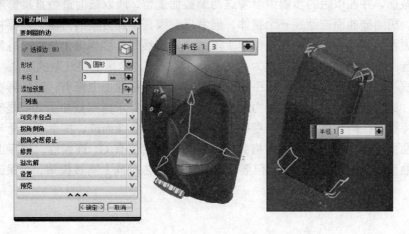

图 11-80　创建边倒圆 7

05 创建圆槽特征 2。单击选项卡"主页"→"特征"→"拉伸" 按钮，在弹出的"拉伸"对话框中单击 图标，以 XY 平面为草图平面绘制如图 11-81 所示的草图，返回"拉伸"对话框后，设置拉伸开始和结束距离为 30 和 0，并设置布尔运算为求差，如图 11-81 所示。高级汽车配件机油壶创建完成。

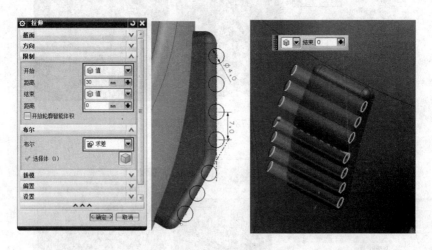

图 11-81　创建圆槽特征 2

11.3 设计感悟

　　本实例所设计的机油壶造型曲面具有光顺度高、美观、流线形等特点。并且考虑人手指及手臂用力，使其更加省力，符合人机工程的要求。下面对其中一些关键部位创建技巧总结如下：

　　机油壶壳体曲面创建过程较为复杂，需要首先通过一系列点绘制样条确定机油壶纵向和横向的截面，并在以后的步骤中参考这两个截面造型，所以截面造型直接影响到以下曲面的造型。机油壶曲面造型是一个整体，但考虑到模具设计分模的方便，需要将机油壶曲面分开通过两次网格曲面生成。在创建上下两个轮廓线时，要保证上下两个轮廓线相切，否则在设置上下网格曲面的连续性为 G1 连续时会失败，这是值得注意的。

　　创建提手曲面也非常复杂，提手曲面是在机油壶网格曲面上修剪，以及再次生成网格曲面而成。这里要充分考虑人手用力的部位，并根据这些考虑哪些曲面之间是有 G1 连续性。首先将机油壶网格曲面修剪，提手上表面通过扫掠曲面而成，提手上表面与壶身曲面通过网格曲面连接。显然中间的网格曲面需要和壶身曲面有 G1 连续性，提手上表面与过渡的网格曲面不需要设置连续性，但要保证其曲面在-Z 轴向上有拔模角，以保证模具能够分模。

第 12 章
综合实例——
剃须刀曲面造型设计

学习目标：

➤ 设计流程图
➤ 具体设计步骤
➤ 设计感悟

本实例是创建一个剃须刀曲面，效果如图 12-1 所示。剃须刀是男士常用的工具，在市场上设计的造型也非常多。其结构不是很复杂，由刀片罩、刀片固定盖、上下壳体、尾壳及推钮等组成。创建本实例时，首先要绘制主壳体的网格曲线，然后再在其基础上通过"偏置面""倒圆角"等特征建模工具创建凸台实体和推钮实体。通过本实例可以看出，灵活运用特征建模工具并结合自由曲面建模工具，能大大简化建模步骤，提高建模效率。

最终文件：	素材\第 12 章\剃须刀.prt
视频文件：	视频\第 12 章·剃须刀曲面造型

图 12-1　剃须刀曲面造型效果

12.1　设计流程图

在创建本实例时，可将模型分为 4 个阶段进行创建。可以先利用"基准平面""草图""拉伸""艺术样条""有界平面""缝合""通过曲线网格"等工具创建出主壳体曲面，并利用"拉伸""修剪体""抽壳"工具创建出主壳体。然后利"拆分体""边倒圆""偏置面""拉伸"等工具创建出推钮部位凸台和推钮实体，并利用"草图""直线""通过曲线网格""修剪片体""边倒圆""镜像特征"等工具创建出刀片固定盖实体。最后利用"拉伸""边倒圆""圆形阵列"等工具创建出刀片罩，即可完成本实例模型的创建。如图 12-2 所示。

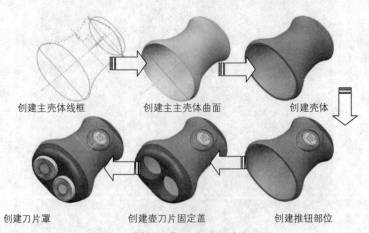

创建主壳体线框　　　　创建主主壳体曲面　　　　创建壳体

创建刀片罩　　　　创建壶刀片固定盖　　　　创建推钮部位

图 12-2　剃须刀曲面造型设计流程图

12.2 具体设计步骤

12.2.1 创建主壳体曲面

01 绘制主壳体轮廓草图。单击选项卡"主页"→"草图"📇按钮，打开"创建草图"对话框，在工作区中选择 XZ 平面为草图平面，绘制如图 12-3 所示的草图。

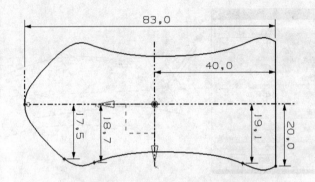

图 12-3　绘制主壳体轮廓草图

02 绘制主壳体侧面轮廓草图。单击选项卡"主页"→"草图"📇按钮，打开"创建草图"对话框，在工作区中选择 YZ 平面为草图平面，绘制如图 12-4 所示的草图。

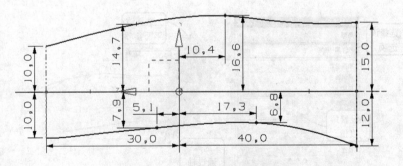

图 12-4　绘制主壳体侧面轮廓草图

03 创建基准平面 1。单击选项卡"主页"→"特征"→"基准平面"▭按钮，打开"基准平面"对话框，在"类型"下拉列表中选择"两直线"选项，并在工作区中选择轮廓线端面的两垂直直线，如图 12-5 所示。

04 创建直线 1。单击选项卡"曲线"→"直线"╱按钮，打开"直线"对话框，在工作区中选择上轮廓边缘上的一点绘制平行-Z 轴的一段直线，如图 12-6 所示。

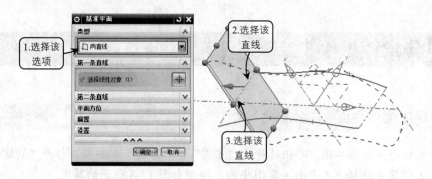

图 12-5　创建基准平面 1

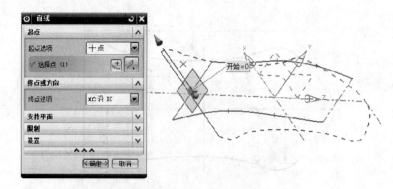

图 12-6　创建直线 1

05 创建基准平面 2。单击选项卡"主页"→"特征"→"基准平面"□按钮，打开"基准平面"对话框，在"类型"下拉列表中选择"成一角度"选项，并在工作区中选参考平面与通过周，设置角度为 90，如图 12-7 所示。

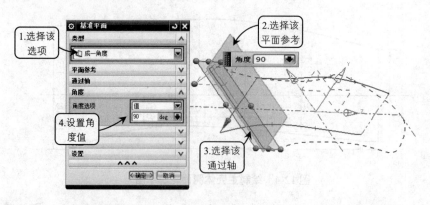

图 12-7　创建基准平面 2

06 绘制艺术样条 1。单击选项卡"曲线"→"曲线"→"艺术样条" ～按钮，打开"艺术样条"对话框，在对话框中勾选"封闭"复选框，在基准平面 2 内连接轮廓线端面的象限点和定位点，如图 12-8 所示的样条。

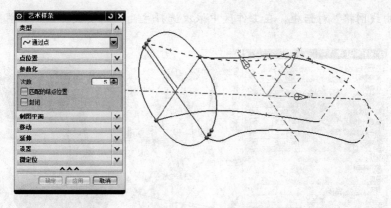

图 12-8 绘制艺术样条 1

07 创建基准平面 3。单击选项卡"主页"→"特征"→"基准平面" ☐ 按钮，打开"基准平面"对话框，在"类型"下拉列表中选择"成一角度"选项，并在工作区中选择 YZ 基准平面为参考平面，选择端面的直线为通过轴，设置角度为 0，如图 12-9 所示。

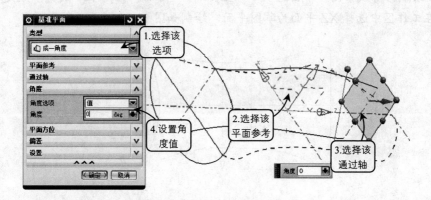

图 12-9 创建基准平面 3

08 绘制艺术样条 2。单击选项卡"曲线"→"曲线"→"艺术样条" 〜 按钮，打开"艺术样条"对话框，在对话框中勾选"封闭的"复选框，在基准平面 3 内连接轮廓线另一端面的象限点和定位点，如图 12-10 所示的样条。

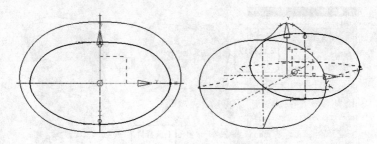

图 12-10 绘制艺术样条 2

09 创建网格曲面 1。单击选项卡"主页"→"曲面"→"通过曲线网格" ▦ 按钮，

打开"通过曲线网格"对话框，在工作区中依次选择主曲线与交叉曲线，如图 12-11 所示。

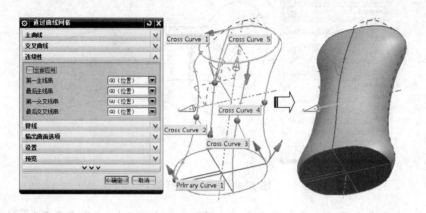

图 12-11　创建网格曲面 1

10 绘制修剪线草图。单击选项卡"主页"→"草图" 按钮，打开"创建草图"对话框，在工作区中选择 XZ 平面为草图平面，绘制如图 12-12 所示的草图。

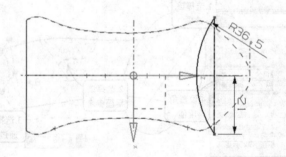

图 12-12　绘制修剪线草图

11 修剪片体 1。单击选项卡"主页"→"特征"→"更多"→"修剪片体"按钮，打开"修剪片体"对话框，在工作区中选择网格曲面为目标片体，选择上步骤绘制的修剪线为边界对象，修剪方法如图 12-13 所示。

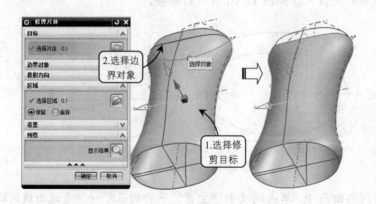

图 12-13　修剪片体 1

(12)　修剪曲线 1。单击选项卡 "曲线" → "编辑曲线" → "修剪曲线" ← 按钮，打开 "修剪曲线" 对话框，在工作区中选择主轮廓线草图为 "要修剪的曲线"，选择步骤（10）绘制的修剪线草图为 "边界对象 1"，修剪方法如图 12-14 所示。

(13)　创建相切直线。单击选项卡 "曲线" → "直线" / 按钮，打开 "直线" 对话框，在工作区中选择轮廓线的顶点绘制平行 X 轴的一段相切的直线，如图 12-15 所示。

图 12-14　修剪曲线 1　　　　　　　　　　　　图 12-15　创建相切直线

(14)　桥接曲线 1。单击选项卡 "曲线" → "派生的曲线" → "桥接曲线" 按钮，打开 "桥接曲线" 对话框，在工作区中选择上步骤绘制的直线段和对应的相交曲线，并在对话框 "形状控制" 选项组中设置参数，如图 12-16 所示。

(15)　实例几何体。选择菜单 "插入" → "关联复制" → "抽取几何体" 选项，打开 "抽取几何体" 对话框，在 "类型" 选项组中选择 "镜像体" 选项，在工作区中选择上步骤创建的桥接曲线，并选择 YZ 平面为镜像平面，如图 12-17 所示。

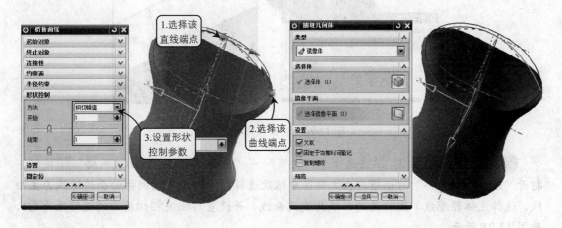

图 12-16　桥接曲线 1　　　　　　　　　　　　图 12-17　实例几何体

(16)　创建基准平面 4。单击选项卡 "主页" → "特征" → "基准平面" 按钮，打开 "基准平面" 对话框，在 "类型" 下拉列表中选择 "曲线和点" 选项，并在工作区中选择轮廓线的交点和壳体轮廓线的弧线，如图 12-18 所示。

⑰ 绘制有界平面边缘线。单击选项卡"主页"→"草图"⊞按钮，打开"创建草图"对话框，在工作区中选择基准平面 3 为草图平面，绘制如图 12-19 所示的草图。

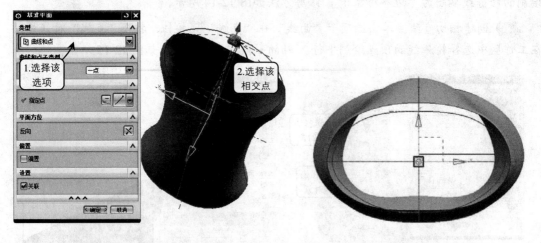

图 12-18　创建基准平面 4　　　　　　　图 12-19　绘制有界平面边缘线

⑱ 创建有界平面 1。单击选项卡"主页"→"曲面"→"更多"→"有界平面"选项，打开"有界平面"对话框，在工作区中选择上步骤绘制的草图，如图 12-20 所示。

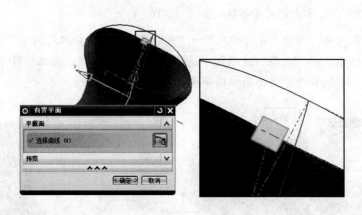

图 12-20　创建有界平面 1

⑲ 创建网格曲面 2。单击选项卡"主页"→"曲面"→"通过曲线网格"按钮，打开"通过曲线网格"对话框，在工作区中依次选择顶点和修剪的网格曲面边缘线为主曲线，选择主体轮廓线草图相关的曲线为交叉曲线，并设置与相关相切曲面的连续性为 G1，如图 12-21 所示。

⑳ 创建有界平面 2。单击选项卡"主页"→"曲面"→"更多"→"有界平面"按钮，打开"有界平面"对话框，在工作区中选择网格曲面的边缘线，如图 12-22 所示。

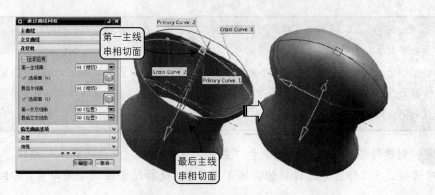

图 12-21　创建网格曲面 2

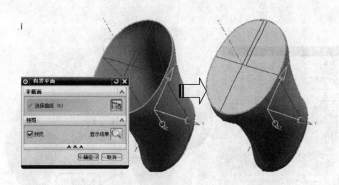

图 12-22　创建有界平面 2

㉑　缝合曲面 1。在菜单中选择"插入"→"组合体"→"缝合"选项，打开"缝合"对话框，在工作区中选择有界平面 2 为目标体，选择工作区中的网格曲面为刀具，如图 12-23所示。

㉒　创建拉伸实体 1。单击选项卡"主页"→"特征"→"拉伸" 按钮，在"拉伸"对话框中单击"草图" 图标，选择有界平面为草图平面，绘制比缝合曲面稍大的矩形后返回"拉伸"对话框，设置"限制"选项组中"开始"和"结束"的距离值为 0 和 100，如图 12-24 所示。

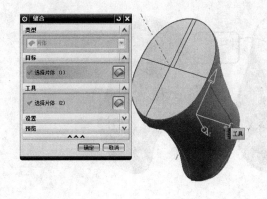

图 12-23 缝合曲面 1

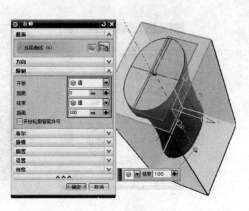

图 12-24　创建拉伸实体 1

提示： 在 UG NX 10 建模实体化时，缝合封闭的曲面系统会自动实体化封闭的空间，但如果缝合的曲面公差太小，实体化将不成功，因此可以通过修改缝合公差促使封闭曲面实体化。如果此方法还是不能实体化，说明缝合曲面有多处公差太小，可以通过检查几何体工具检查曲面的公差，再进行修改，这需要对 UG 有一定的认识。初学者可以通过创建大于封闭曲面的拉伸体，利用"修剪体"工具来实体化封闭曲面。

㉓ 创建修剪体 1。单击选项卡"主页"→"特征"→"修剪体"按钮，打开"修剪体"对话框，在工作区中选择拉伸实体 1 为目标，选择缝合曲面 1 为刀具，方法如图 12-25 所示。

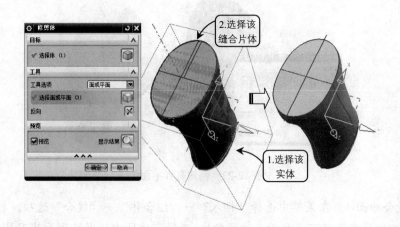

图 12-25　创建修剪体 1

㉔ 创建壳体 1。单击选项卡"主页"→"特征"→"抽壳"按钮，打开"抽壳"对话框，在工作区中选中主壳体端面为"要穿透的面"，设置壳体厚度为 1，如图 12-26 所示。

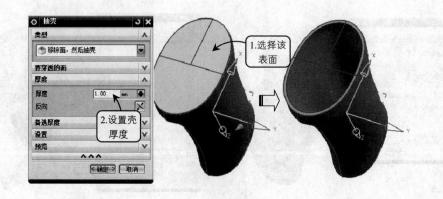

图 12-26　创建壳体 1

12.2.2　创建推钮部位

01 绘制推钮部位截面。单击选项卡"主页"→"草图" 按钮，打开"创建草图"对话框，在工作区中选择 XZ 平面为草图平面，绘制如图 12-27 所示的草图。

02 创建拉伸片体 1。单击选项卡"主页"→"特征"→"拉伸" 按钮，打开"拉伸"对话框。在工作区中选择上步骤绘制的推钮部位截面草图，设置"限制"选项组中"开始"和"结束"的距离值为 0 和 20，如图 12-28 所示。

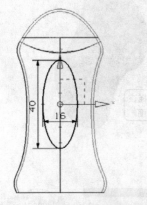

图 12-27　绘制推钮部位截面

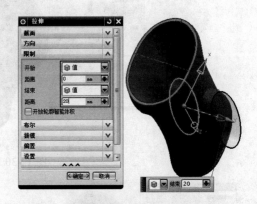

图 12-28　创建拉伸片体 1

03 创建拆分体。单击选项卡"主页"→"特征"→"更多"→"拆分体"按钮，打开"拆分体"对话框，在工作区中选择主壳体为目标，选择上步骤创建的拉伸片体为刀具，方法如图 12-29 所示。

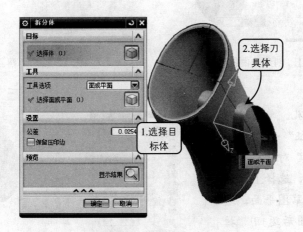

图 12-29　创建拆分体

04 偏置面。在菜单按钮中选择"插入"→"偏置/缩放"→"偏置面"选项，打开"偏置面"对话框，在工作区中选择上步骤拆分体的推钮部位，设置偏置距离为 0.7，如图 12-30 所示。

05 创建边倒圆 1。单击选项卡"主页"→"特征"→"边倒圆" ⬛ 按钮，打开"边倒圆"对话框，在对话框中设置形状为圆形，半径为 1，在工作区中选择偏置面的边缘线，如图 12-31 所示。

06 创建基准平面 5。单击选项卡"主页"→"特征"→"基准平面" ⬛ 按钮，打开"基准平面"对话框，在"类型"下拉列表中选择"按某一距离"选项，在工作区中选择XZ 基准平面为参考平面，并设置偏置距离为 20，如图 12-32 所示。

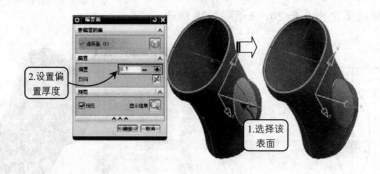

图 12-30　偏置面

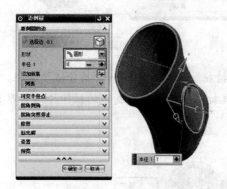

图 12-31　创建边倒圆 1

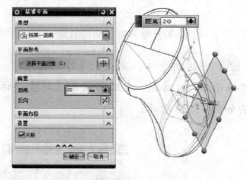

图 12-32　创建基准平面 5

07 创建推钮孔。单击选项卡"主页"→"特征"→"拉伸" ⬛ 按钮，在"拉伸"对话框中单击"草图" ⬛ 图标，选择上步骤创建的基准平面为草图平面，绘制如图所示的椭圆后返回"拉伸"对话框，设置"限制"选项组中"开始"和"结束"的距离值为 0 和 5，并设置布尔运算为求差，如图 12-33 所示。

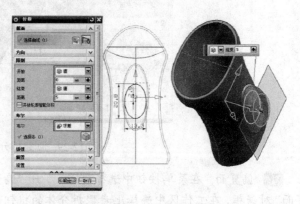

图 12-33　创建推钮孔

08 求和实体。单击选项卡"主页"→"特征"→"求和" 按钮，打开"求和"对话框，在工作区中选择上步骤创建的推钮部位为目标，选择其他的实体为刀具，单击"确定"按钮即可完成求和运算，如图 12-34 所示。

09 创建基准平面 6。单击选项卡"主页"→"特征"→"基准平面" 按钮，打开"基准平面"对话框，在"类型"下拉列表中选择"按某一距离"选项，在工作区中选择 XZ 基准平面为参考平面，并设置偏置距离为 17，如图 12-35 所示。

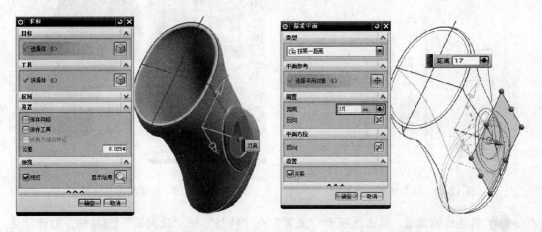

图 12-34　求和实体　　　　　　　　　　　图 12-35　创建基准平面 6

10 绘制推钮部位截面。单击选项卡"主页"→"草图" 按钮，打开"创建草图"对话框，在工作区中选择基准平面 5 为草图平面，绘制如图 12-36 所示的草图。

11 创建拉伸实体 2。单击选项卡"主页"→"特征"→"拉伸" 按钮，打开"拉伸"对话框，在工作区中选择上步骤绘制的推钮轮廓草图，设置"限制"选项组中"开始"和"结束"的距离值为 0 和 1.1，如图 12-37 所示。

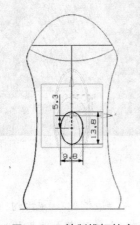

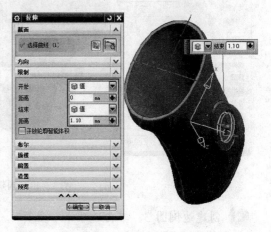

图 12-36　绘制推钮轮廓　　　　　　　　　图 12-37　创建拉伸实体 2

12 绘制椭圆凸台轮廓。单击选项卡"主页"→"草图" 按钮，打开"创建草图"对话框，在工作区中选择基准平面 5 为草图平面，绘制如图 12-38 所示的草图。

⑬ 创建椭圆凸台实体。单击选项卡"主页"→"特征"→"拉伸" 按钮，打开"拉伸"对话框，在工作区中选择上步骤绘制的椭圆凸台轮廓草图，设置"限制"选项组中"开始"和"结束"的距离值为 0 和 0.3，并设置布尔运算为求和，如图 12-39 所示。

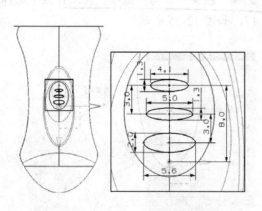

图 12-38　绘制椭圆凸台轮廓

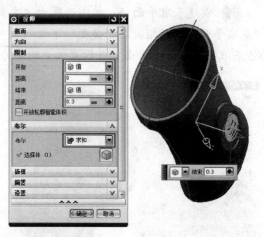

图 12-39　创建椭圆凸台实体

⑭ 创建边倒圆 2。单击选项卡"主页"→"特征"→"边倒圆" 按钮，打开"边倒圆"对话框，在对话框中设置形状为圆形，半径为 0.2，在工作区中选择椭圆凸台的边缘线，如图 12-40 所示。

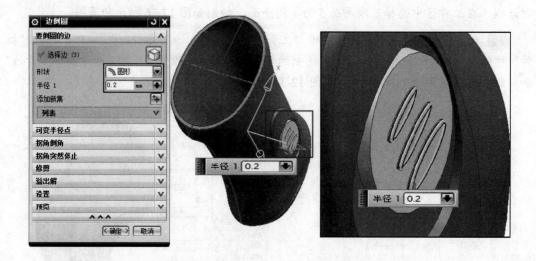

图 12-40　创建边倒圆 2

⑮ 创建边倒圆 3。单击选项卡"主页"→"特征"→"边倒圆" 按钮，打开"边倒圆"对话框，在对话框中设置形状为圆形，半径为 0.7，在工作区中选择推钮表面的边缘线，如图 12-41 所示。

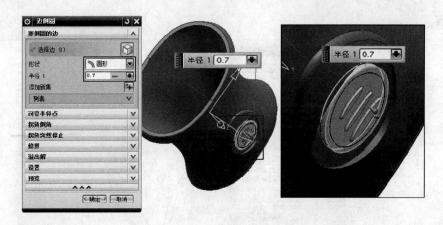

图 12-41　创建边倒圆 3

12.2.3　创建刀片固定盖

01 创建基准平面 7。单击选项卡"主页"→"特征"→"基准平面"□按钮，打开"基准平面"对话框，在"类型"下拉列表中选择"按某一距离"选项，在工作区中选择剃须刀壳体端面为参考平面，并设置偏置距离为 9，如图 12-42 所示。

02 绘制固定盖上轮廓线。单击选项卡"主页"→"草图"□按钮，打开"创建草图"对话框，在工作区中选择基准平面 6 为草图平面，绘制如图 12-43 所示的草图。

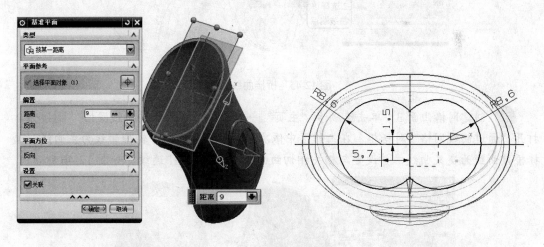

图 12-42　创建基准平面 7　　　　　　　图 12-43　绘制固定盖上轮廓线

03 创建直线 2。单击选项卡"曲线"→"直线"□按钮，打开"直线"对话框，在工作区中连接上步骤绘制两个圆的象限点，如图 12-44 所示。

04 桥接曲线 2。单击选项卡"曲线"→"派生的曲线"→"桥接曲线"□按钮，打开"桥接曲线"对话框，在工作区中选择上步骤绘制的直线段和对应壳体轮廓边缘线，并在对话框"形状控制"选项组中设置参数，如图 12-45 所示。按同样的方法创建另一侧的桥接曲线。

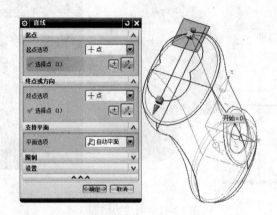

图 12-44　创建直线 2

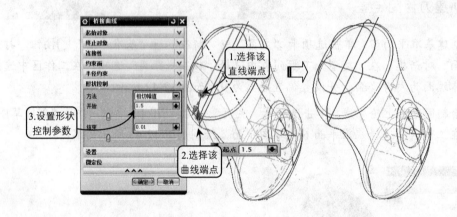

图 12-45　桥接曲线 2

05 创建网格曲面 3。单击选项卡"主页"→"曲面"→"通过曲线网格" 按钮，打开"通过曲线网格"对话框，在工作区中依次选择固定盖的上下轮廓曲线为主曲线，选择桥接曲线为交叉曲线，并设置与相关相切曲面的连续性为 G1 连续，如图 12-46 所示。

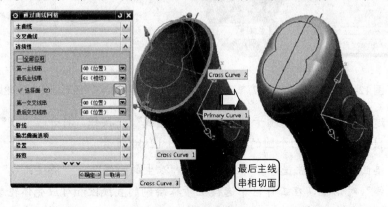

图 12-46　创建网格曲面 3

06 创建拉伸片体 2。单击选项卡"主页"→"特征"→"拉伸"图标⬚，打开"拉伸"对话框。在"拉伸"对话框中单击⬚图标，打开"创建草图"对话框，选择 XZ 平面为草绘平面，绘制如图 12-47 所示尺寸的草图，返回拉伸对话框后，在"拉伸"对话框中，设置"限制"选项组中"开始"和"结束"的距离值为 20 和-20，如图 12-47 所示。

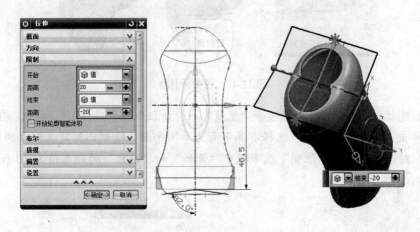

图 12-47　创建拉伸片体 2

07 修剪片体 2。单击选项卡"主页"→"特征"→"更多"→"修剪片体"按钮，打开"修剪片体"对话框，在工作区中选择网格曲面为目标片体，选择上步骤创建的拉伸片体 2 为边界对象，修剪方法如图 12-48 所示。

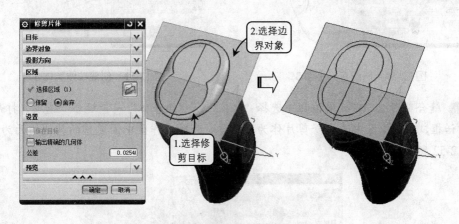

图 12-48　修剪片体 2

08 修剪片体 3。单击选项卡"主页"→"特征"→"更多"→"修剪片体"按钮，打开"修剪片体"对话框，在工作区中选择拉伸片体 2 为目标片体，选择网格曲面为边界对象，修剪方法如图 12-49 所示。

09 创建有界平面 3。单击选项卡"主页"→"曲面"→"更多"→"有界平面"按钮，打开"有界平面"对话框，在工作区中选择固定盖下端的边缘线，如图 12-50 所示。

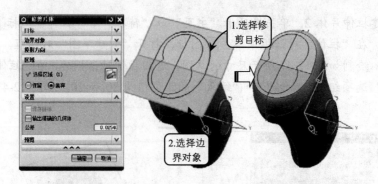

图 12-49　修剪片体 3

10 创建拉伸实体 3。单击选项卡"主页"→"特征"→"拉伸" 按钮，在"拉伸"对话框中单击"草图" 图标，选择有界平面为草图平面，绘制比固定盖稍大的矩形后返回"拉伸"对话框，设置"限制"选项组中"开始"和"结束"的距离值为 10 和 0，如图 12-51 所示。

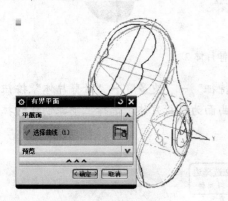

图 12-50　创建有界平面 3

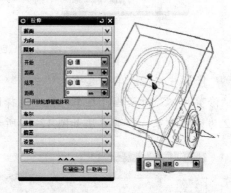

图 12-51　创建拉伸实体 3

11 缝合曲面 2。在菜单按钮中选择"插入"→"组合体"→"缝合"选项，打开"缝合"对话框，在工作区中选择修剪片体为目标体，选择工作区中固定盖的其他曲面为刀具，如图 12-52 所示。

图 12-52　缝合曲面 2

⑫ 创建修剪体 2。单击选项卡"主页"→"特征"→"修剪体"按钮,打开"修剪体"对话框,在工作区中选择拉伸实体 3 为目标,选择缝合曲面 2 为刀具,方法如图 12-53 所示。

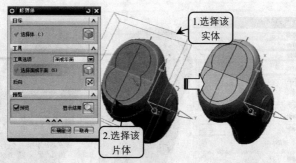

图 12-53 创建修剪体 2

⑬ 创建边倒圆 4。单击选项卡"主页"→"特征"→"边倒圆" 按钮,打开"边倒圆"对话框,在对话框中设置形状为圆形,半径为 4,在工作区中选择固定盖上端的边缘线,如图 12-54 所示。

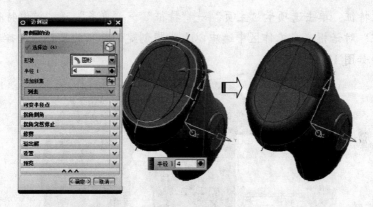

图 12-54 创建边倒圆 4

⑭ 绘制刀片孔截面。单击选项卡"主页"→"草图" 按钮,打开"创建草图"对话框,在工作区中选择固定盖一侧的表面为草图平面,绘制如图 12-55 所示的草图。

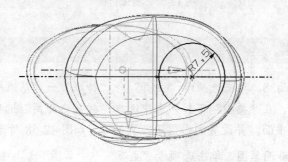

图 12-55 绘制刀片孔截面

15 创建刀片孔。单击选项卡"主页"→"特征"→"拉伸" 按钮，打开"拉伸"对话框，在工作区中选择上步骤绘制的刀片孔截面草图为截面，设置"限制"选项组中"开始"和"结束"的距离值为 10 和 0，并设置布尔运算为求差，如图 12-56 所示。

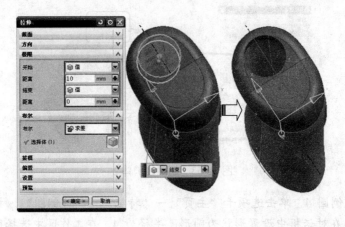

图 12-56　创建刀片孔

16 镜像特征。单击选项卡"主页"→"特征"→"更多"→"镜像特征"按钮，打开"镜像特征"对话框，在工作区中选中以上步骤创建的特征为目标，选择 YZ 基准平面为镜像平面，如图 12-57 所示。

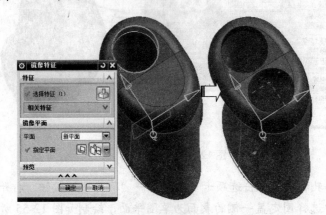

图 12-57　镜像特征

12.2.4　创建刀片罩

01 创建基准平面 8。单击选项卡"主页"→"特征"→"基准平面" 按钮，打开"基准平面"对话框，在"类型"下拉列表中选择"按某一距离"选项，在工作区中选择固定盖上表面为参考平面，并设置向内偏置距离为 2，如图 12-58 所示。

02 绘制刀片罩截面草图。单击选项卡"主页"→"草图" 按钮，打开"创建草图"对话框，在工作区中选择固定盖一侧的表面为草图平面，绘制如图 12-59 所示的草图。

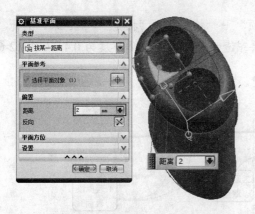

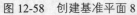

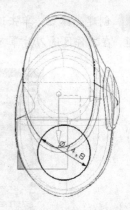

图 12-58　创建基准平面 8　　　　　　　　图 12-59　绘制刀片罩截面草图

03 创建拉伸实体 4。单击选项卡"主页"→"特征"→"拉伸" 📖 按钮，打开"拉伸"对话框，在工作区中选择上步骤绘制的刀片罩截面草图，设置"限制"选项组中"开始"和"结束"的距离值为 0 和 4，如图 12-60 所示。

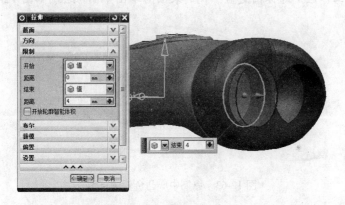

图 12-60　创建拉伸实体 4

04 创建边倒圆 5。单击选项卡"主页"→"特征"→"边倒圆" 🟫 按钮，打开"边倒圆"对话框，在对话框中设置形状为圆形，半径为 0.7，在工作区中选择刀片罩的边缘线，如图 12-61 所示。

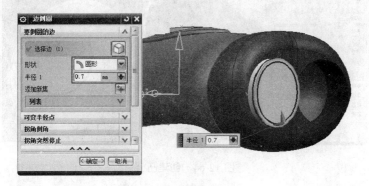

图 12-61　创建边倒圆 5

05 创建壳体 2。单击选项卡"主页"→"特征"→"抽壳"[按钮],，打开"抽壳"对话框，在工作区选刀片罩下端面为"要穿透的面"，设置壳体厚度为 0.4，如图 12-62 所示。

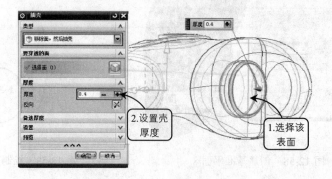

图 12-62　创建壳体 2

06 绘制中心凸台轮廓草图。单击选项卡"主页"→"草图"[按钮]，打开"创建草图"对话框，在工作区中选择固定盖一侧的表面为草图平面，绘制如图 12-63 所示的草图。

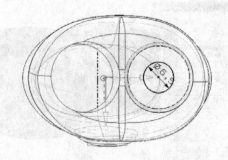

图 12-63　绘制中心凸台轮廓草图

07 创建凸台。单击选项卡"主页"→"特征"→"拉伸"[按钮]，打开"拉伸"对话框，在工作区中选择上步骤绘制的中心凸台轮廓草图，设置"限制"选项组中"开始"和"结束"的距离值为 0 和 0.2，如图 12-64 所示。

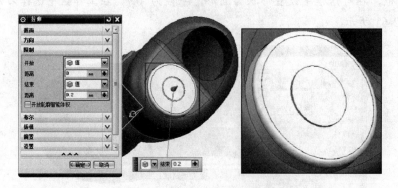

图 12-64　创建凸台

08 创建边倒圆 6。单击选项卡"主页"→"特征"→"边倒圆"[按钮]，打开"边倒圆"对话框，在对话框中设置形状为圆形，半径为 0.7，在工作区中选择凸台的边缘线，如图 12-65 所示。

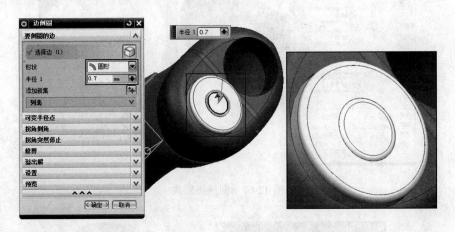

图 12-65　创建边倒圆 6

09 绘制进须孔截面草图。单击选项卡"主页"→"草图" 📷 按钮，打开"创建草图"对话框，在工作区中选择凸台的表面为草图平面，绘制如图 12-66 所示的草图。

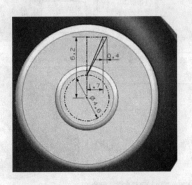

图 12-66　绘制进须孔截面草图

10 创建进须孔。单击选项卡"主页"→"特征"→"拉伸" 📖 按钮，打开"拉伸"对话框，在工作区中选择上步骤绘制的进须孔截面草图，设置"限制"选项组中"开始"和"结束"的距离值为 0 和 1，并设置布尔运算为求差，如图 12-67 所示。

11 对进须孔特征形成圆形阵列。单击选项卡"主页"→"特征"→"阵列特征" 🔩 按钮，打开"阵列特征"对话框，选择布局选项中的"圆形"选项，在工作区中选择要阵列的进须孔特征，设置阵列的数量为 50、节距角为 7.2，并确定阵列中心轴矢量，如图 12-68 所示。

12 创建镜像体。选择菜单按钮"插入"→"关联复制"→"抽取几何体"选项，打开"抽取几何体"对话框，在"类型"下拉列表中选择"镜像体"选项，在工作区中选中以上步骤创建的特征为目标，选择 YZ 基准平面为镜像平面，如图 12-69 所示。剃须刀曲面造型完成。

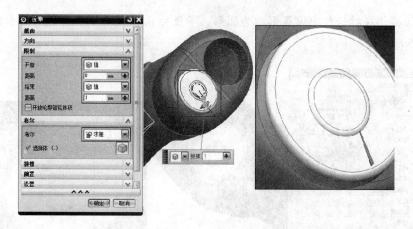

图 12-67 创建进须孔

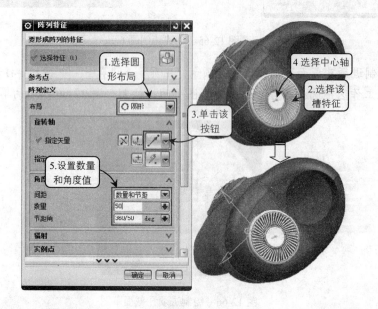

图 12-68 对进须孔特征形成圆形阵列

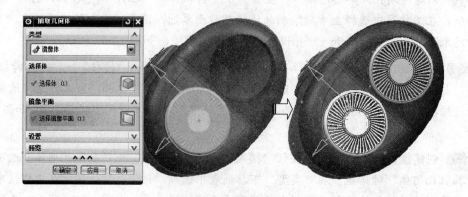

图 12-69 创建镜像体

12.3　设计感悟

　　本实例所设计的剃须刀曲面具有美观、实用、流线形等特点。曲面造型设计充分考虑人手的握力，使其容易抓在手中，符合人机工程的要求。下面对其中一些关键部位创建技巧总结如下：

　　剃须刀的主壳体曲面造型为本例的主要曲面，首先绘制了主壳体轮廓草图，在绘制主壳体的两个轮廓时，要保证纵向和横向的两个草图截面端点在同一平面上，否则创建的艺术样条不能在一平面上。主壳体的艺术样条是对称图形，但却不在截面处对称，所以在创建艺术样条之前要绘制艺术样条的对称线。此外，绘制艺术样条时，艺术样条要通过截面的四个端点，否则在下面创建网格曲面时不会成功。在创建尾壳的网格曲面时，顶点处要创建相切的片体设置 G1 连续，以保证尾部顶端光顺度，这是值得注意的。

　　另外，创建推钮部位的结构运用了很多特征建模的工具。首先通过创建推钮部位轮廓，通过拉伸片体与主壳体创建拆分体，并通过"偏置面"工具，非常精简的几个步骤就创建出了按钮部分的凸台，并且保持了凸台与主壳体曲线的流畅性。下面建模过程中，在凸台的基础上通过特征建模工具就可以创建出推钮。在这部分创建中充分体现了 UG NX 10 特征建模与自由曲面建模结合（即混合建模）的强大。